Cletus Weilner

Die Eiszeitseen des Bayerischen Waldes

Cletus Weilner

Die Eiszeitseen des Bayerischen Waldes

Großer Arbersee
Kleiner Arbersee
Rachelsee

Regen 1997

Herausgeber: Cletus Weilner

Gesamtherstellung:
Isar-Post, Druck- und Verlags-GmbH, D-84051 Landshut/Altheim

ISBN 3-924943-04-4

Inhaltsverzeichnis

Vorwort 7

Geleitworte 8, 9

Einführung 10

Der Bayerische Wald 11

Name und Lage des Bayerischen Waldes 11

Entstehung der Landschaft 11

Wesentliche Gesteinsarten 12

Wirtschaftliche Nutzung der Gesteine und Mineralien 15

Der Wald 17

Die Vegetationsentwicklung nach der Eiszeit 17

Entstehung der Moore 18

Entstehung der Eiszeitseen 19

Die schwimmenden Inseln (Filze) 22

Versauerung der Seen und Konsequenzen für die Tier- und Pflanzenwelt 23

Ursache der Versauerung 23

Auswirkung der Versauerung auf die Wasserqualität 24

Auswirkung der Versauerung auf die Biologie 25

Wissenschaftliche Bestimmungen zur Geschichte der Versauerung 26

Ausblick 27

Tabelle mit Angaben über die würmeiszeitlichen Karseen des Bayerischen Waldes 28

Großer Arbersee 29

Sagen 29

Weiße Gestalten 29

Fische mit goldenen Schuppen 30

Der Fischer 30

Der See am Arber 30

Die Rache des Arbersees 33

Der Arbersee will seine Opfer haben 33

Über den Großen Arbersee im 19. Jahrhundert 34

Der Große Arbersee – Lage, Struktur und Hydrologie 35

Geomorphologische Entstehung des Seebeckens 36

Die schwimmenden Halbinseln (Filze) 36

Versauerung des Großen Arbersees und Auswirkung auf die Tier- und Pflanzenwelt 37

Tierwelt 37

Pflanzenwelt 38

Artenliste der im Großen und Kleinen Arbersee entnommenen Makrophytenproben 41

Vegetationsprofile des Makrophytenbewuchses 42

Tagebuch über die Tauchabstiege im Großen Arbersee 1992 46

Seekarte mit Tauchrouten 53

Tagebuch über die Tauchabstiege im Großen Arbersee 1995 55

Seekarte mit dominierenden, submersen Pflanzen 57

Seekarten mit Orten der Probenentnahme 58, 62

Auflistung der im Großen Arbersee gefundenen Mikroorganismen 64

Übersicht der im Großen Arbersee gefundenen Mikroorganismenarten 76

Mikroskopische Aufnahmen von Mikroorganismen aus dem Großen Arbersee 77

Zeichnungen von Mikroorganismenproben aus dem Großen Arbersee 80

Tabellen mit chemischen und physikalischen Werten des Großen Arbersees 86

Bild-Anhang Großer Arbersee 88

Kleiner Arbersee 119

Sagen 119

Vom Kleinen Arbersee 119

Die unterirdische Verbindung 119

Der Kleine Arbersee – Lage, Struktur und Hydrologie 120

Geomorphologische Entstehung des Seebeckens 121

Die schwimmenden Inseln (Filze) 121

Versauerung des Kleinen Arbersees und Auswirkung auf die Tier- und Pflanzenwelt 122
Tierwelt 123
Pflanzenwelt 124

Vegetationsprofile des Makrophytenbewuchses 128

Artenliste der im Großen und Kleinen Arbersee entnommenen Makrophytenproben 130

Ein merkwürdiger Fund 131

Tagebuch über die Tauchabstiege im Kleinen Arbersee 1991 133
Seekarte mit Tauchrouten 143

Tagebuch über die Tauchabstiege im Kleinen Arbersee 1995 147
Seekarte mit dominierenden, submersen Pflanzen 149
Seekarten mit Orten der Probenentnahme 150, 154

Auflistung der im Kleinen Arbersee gefundenen Mikroorganismen 156

Übersicht der im Kleinen Arbersee gefundenen Mikroorganismenarten 162

Mikroskopische Aufnahmen von Mikroorganismen aus dem Kleinen Arbersee 163

Zeichnungen von Mikroorganismenproben aus dem Kleinen Arbersee 167

Tabellen mit chemischen und physikalischen Werten des Kleinen Arbersees 171

Bild-Anhang Kleiner Arbersee 179

Rachelsee 209

Sagen 209
Ein Rachen des Todes 209
Der Rachelsee und die Unterwelt 209
Eiserne Pantoffel 210
Sühne 210
Pilatus 210
Mörder 210
Büßer 210
Voller Geister 210
Gräfin Weklin 211
Vum Rachlsee 211
Die Geisterfische 212
Der tiefe See 212
Eine Frau wird in den Rachelsee verschafft 212
Schwimmende Pferdeköpfe 213
Der See redet 213

Der Rachelsee – Lage, Struktur und Hydrologie 214

Geomorphologische Entstehung des Seebeckens 215

Versauerung des Rachelsees und Auswirkung auf die Tier- und Pflanzenwelt 216
Tierwelt 217
Pflanzenwelt 217

Der heilige See 218

Tagebuch über die Tauchabstiege im Rachelsee 1989 223
Seekarte mit Tauchrouten 230

Die Makrophyten-Vegetation des Rachelsees (Kartierung) 231

Tagebuch über den Tauchabstieg im Rachelsee 1995 233
Seekarte mit Orten der Probenentnahme 236

Auflistung der im Rachelsee gefundenen Mikroorganismen 237

Übersicht der im Rachelsee gefundenen Mikroorganismenarten 238

Zeichnungen von Mikroorganismenproben aus dem Rachelsee 239

Tabellen mit chemischen und physikalischen Werten des Rachelsees 242

Bild-Anhang Rachelsee 248

Gegenüberstellung der in den würmeiszeitlichen Karseen des Bayerischen Waldes gefundenen Mikroorganismenarten 278

Isoëtes-Vorkommen im Böhmerwald 280

Literatur 281

Fotoaufnahmen 282

Dank 283

Vorwort

Dieses Buch ist das Ergebnis längerer Forschungsarbeiten. Es beinhaltet die Entwicklungsgeschichte und den biologischen Stand der drei eiszeitlichen Seen des Bayerischen Waldes

Großer Arbersee
Kleiner Arbersee
Rachelsee

sowie die Entstehung und Besonderheiten der sie umgebenden Landschaft.
Die Vielschichtigkeit dieser Region spiegelt sich im Aufbau und der Gliederung des Buches, in dem auch die jahrhundertelange Auseinandersetzung der Bevölkerung mit ihrer Heimatlandschaft in Erzählungen und Sagen zum Ausdruck kommt.
Im Zentrum jedoch stehen die interessanten Ergebnisse einer biologischen Bestandsaufnahme.
Erstmalig wurde in den Seen mit großangelegten, gezielten Probenentnahmen durch Taucher die Welt unter Wasser untersucht. Überraschend sind die neuen Erkenntnisse über Mikroorganismen, besonders über die Algen.
Die Tagebücher der einzelnen Tauchabstiege wurden ungekürzt übernommen, da es sich um Dokumentationen handelt, die bei künftigen Forschungen für weitergehende Auswertungen und Anregungen zur Verfügung stehen sollten.
Die im Text beschriebenen Beobachtungen sind durch reichhaltiges Bildmaterial veranschaulicht.
So dürfte dieses Werk nicht nur den Wissenschaftler ansprechen, sondern auch den interessierten Laien und Naturfreund. Es sollte in keiner Schulbibliothek fehlen.
Möge das Buch auch dazu beitragen, mehr Verantwortungsbewußtsein und Tatkraft für den aktiven Umweltschutz zu wecken.

April 1997

Cletus Weilner

Geleitwort

Über den Bayerischen Wald ist schon viel geschrieben worden. Robert Gradmann bemerkte über ihn: „In seinen . . . urwaldartigen Beständen beherbergt er die großartigsten und ehrwürdigsten Waldbilder, die in Deutschland überhaupt zu finden sind, die Alpen nicht ausgeschlossen. Hier überzeugen wir uns erst, was die deutschen Wälder einst gewesen und wieviel wir an ihnen verloren haben."

Echte Kleinode, Juwele stellen innerhalb des Bayerischen Waldes die vor etwa 10 000 Jahren entstandenen Schmelzwasserseen, der Große Arbersee, der Kleine Arbersee und der Rachelsee, dar.

Während meiner Gymnasialzeit in Metten (1966 bis 1972) hatte ich oftmals Gelegenheit, zu diesen Eiszeitseen zu kommen. Schon damals war ich tief bewegt und zugleich auch fasziniert von der Einsamkeit und Schönheit sowie der Klarheit des Wassers.

Sehr treffend schildert Adalbert Stifter die Situation in seiner Beschreibung des auf tschechischer Seite gelegenen Plöckensteinsees, der den bayerischen Seen sehr ähnelt: „Ein Gefühl der tiefsten Einsamkeit überkam mich jedesmal, unbesieglich, so oft und gern ich zu dem märchenhaften See hinaufstieg. . . . . Oft entstieg mir ein und derselbe Gedanke, wenn ich an diesen Gestaden saß: als sei ein unheimlich Naturauge, das mich hier ansehe, tief schwarz, überragt von der Stirn und Braue der Felsen, gesäumt von der Wimper dunkler Tannen, darin das Wasser regungslos wie eine versteinerte Träne."

Es ist Herrn Cletus Weilner, dem Autor dieses Werkes, sehr zu danken, daß er mit seinen Tauchern in mühevoller Kleinarbeit über sieben Jahre hinweg sich diesen Schmelzwasserseen gewidmet und diese „Naturaugen" für unsere Augen geöffnet hat. Die Datenfülle und die Systematik der Probenentnahmen sowie die Erforschung der Bereiche unterhalb der schwimmenden Inseln (Filze) bestechen.

Dank dieser Bemühungen wissen wir jetzt mehr über das Innere dieser Seen und können vielleicht auch die Sagen, die es jeweils zu den Seen gibt, anders, tiefgründiger erleben und bewerten.

Möge dieses Buch in vielerlei Hinsicht Anwendung finden und die Attraktivität dieser Seen in naturverträglicher Art und Weise erhöhen.

Dr. Christoph Goppel

Direktor
der Bayerischen Akademie
für Naturschutz und Landschaftspflege

Geleitwort

Der Bayerische Wald zeichnet sich durch keinen großen Reichtum an natürlichen Seen aus. Das ist sicherlich der Grund dafür, daß die wenigen Seen seit jeher eine besondere Aufmerksamkeit auf sich gezogen haben. Der Große und Kleine Arbersee sowie der Rachelsee weisen einen Bekanntheitsgrad auf, der von ähnlich großen Seen des gewässerreichen Alpenvorlandes kaum erreicht wird. Man muß bedenken, daß die drei Seen des Bayerischen Waldes jeweils nur zwischen knapp sechs und sieben Hektar Fläche einnehmen. Alle drei zeichnen sich aber durch eine große Höhenlage aus, die von vielen Seen im Gebirge nicht erreicht wird. Der von hohen Felsmassiven umgebene Königssee liegt z. B. auf 603 m über NN, dem Rachelsee fehlen nur 135 m, dann würde er doppelt so hoch liegen! Sie sind also schon etwas ganz Besonderes, die Bayerwaldseen!

Um welche Besonderheiten es sich dabei handelt, hat C. Weilner in seinem Buch über die Eiszeitseen des Bayerischen Waldes sehr genau und anschaulich herausgearbeitet. Während sich die Menschen früher durch Sagen und Gedichte in den Bann dieser Seen gezogen fühlten, lockt heute das Naturerlebnis eines Besuches jährlich viele Zehntausende an und schließlich gibt es noch eine kleine Schar von Wissenschaftlern, die sich heute für diese Seen brennend interessiert. C. Weilner hat alle Aspekte in seinem Buch erfaßt, die uns die Bayerwaldseen näherbringen können. Neben einer fundierten Einführung in die dominierenden Gesteinsarten und deren Nutzung durch den Menschen werden auch glazialgeologische und zahlreiche ökologische Fakten beleuchtet bis hin zum aktuellen Problem der Gewässerversauerung.

In drei separaten Kapiteln werden dann die spezifischen Besonderheiten des Großen und Kleinen Arbersees sowie des Rachelsees ausführlich und umfassend erläutert. Hier kommt weder die Sagenwelt zu kurz, noch die Hydrologie und Biologie und vor allem nicht die durch faszinierendes Fotomaterial dokumentierte Unterwasserwelt. C. Weilner gehört unter den Hobbytauchern zu den Profis, und das merkt man dieser Dokumentation an. Viele der unter Wasser beobachteten Phänomene und Strukturen konnten bisher wissenschaftlich noch nicht erklärt und abgesichert werden. Um so wertvoller sind die exakten fotografischen und schriftlichen Unterlagen, die das vorliegende Buch für künftige Forschungsaufgaben enthält.

Da ich in den drei Seen des Bayerischen Waldes selbst getaucht bin und dort wissenschaftliche Untersuchungen durchgeführt habe, kann ich die Bedeutung der Arbeit von C. Weilner sehr gut ein- und abschätzen. Dem Buch wäre eine weite Verbreitung zu wünschen, denn dadurch würde nicht nur das allgemeine Wissen über die drei Seen gefördert, sondern mit Sicherheit auch die Sensibilität dafür gestärkt, diese Gewässer weiterhin zu schützen und die erwähnten Besonderheiten zu bewahren.

Prof. Dr. Arnulf Melzer

Leiter
der Limnologischen Station
der Technischen Universität München

Einführung

Nach langjähriger Tätigkeit in einem Elektronikunternehmen in Landshut wurde mir eines Tages eine sehr interessante Stelle als Werkleiter in einem Kunststoffbetrieb in Regen angetragen. Trotz dieses verlockenden Angebots fiel mir die Entscheidung schwer, Landshut zu verlassen und diese neue Aufgabe anzunehmen.
Schon nach kurzer Zeit empfand ich den Bayerischen Wald als etwas Besonderes, als eine Landschaft, die mich tief beeindruckte. Es war wohl die Urwüchsigkeit, die wilde Schönheit der Natur, es waren aber auch die Menschen mit ihrem naturverbundenen Wesen, ihren Bräuchen und ihrer Gastfreundschaft, die mich faszinierten. Insbesondere die Seen

Großer Arbersee,
Kleiner Arbersee,
Rachelsee

beschäftigten mich zunehmend. Diese sind in der letzten Eiszeit entstanden. Traumhaft in die Landschaft eingebettet, sagenumwoben, sind sie ein überaus beliebtes Ausflugsziel.
Ich fand eine Reihe von Arbeiten, in denen Geomorphologie, Wasserqualität, Tier- und Pflanzenwelt der Seen untersucht worden waren. Viele Fragen sind jedoch offen geblieben und eine Unterwasserfotodokumentation zu diesem Thema schien bisher zu fehlen.

Über Jahre hinweg hatte ich meinen Urlaub dazu benutzt, um in den Weltmeeren zu filmen und zu fotografieren.
Nach und nach wurde nun aber auch mein Interesse an den Schönheiten der engeren Heimat und damit den Fragen ihres Schutzes und ihrer ökologischen Entwicklung geweckt. Als ich aus den Arbeiten über die Seen des Bayerischen Waldes erfuhr, daß anthropogene Umwelteinflüsse ihre Fauna und Flora deutlich verändert hatten, erwachte in mir der Wunsch, diesen Fragen im Rahmen eines größeren Forschungsprojektes mit Tauchgerät und Kamera nachzugehen.
Nach Vorlage eigener einschlagiger, wissenschaftlicher Arbeiten bei den zuständigen Regierungen und Fachstellen erhielt ich die beantragte Taucherlaubnis. Nun konnte ich mit einem Team der Wasserwacht darangehen, die Unterwasserwelt der Bayerwaldseen zu erforschen und zu dokumentieren.
Dieses Projekt, das teilweise bei einer Wassertemperatur von weit unter 10 °C durchgeführt werden mußte, erstreckte sich über 7 Jahre. Mancher Tauchabstieg unter die schwimmenden Inseln wurde zum Abenteuer. Einige unserer Entdeckungen blieben rätselhaft.

Der Verfasser

Der Bayerische Wald

Name und Lage des Bayerischen Waldes

Die Bayern, die seit dem 6. Jahrhundert in den Landstrichen an Lech, Isar und Inn siedelten, nannten das Waldgebirge zwischen Donau und Moldau „Nordwald".
Dieses Waldgebirge kannten bereits die Römer, als die Donau die nördlichste Grenze ihres Weltreiches bildete.
In den lateinischen Urkunden des hohen Mittelalters ist dieser Markwald gegen Böhmen als „silva Bohemica" bezeichnet. Bald darauf wurde dieses Gebiet auch deutsch „Böhmerwald" genannt. Seine Bewohner, die „Waldler" hießen ihn schlicht den „Wald". Seit dem späten Mittelalter wurde für den bayerischen Anteil am Grenzgebirge auch der Name „Bayerischer Wald" verwendet, wobei bis zum Jahre 1750 diese Bezeichnung nur ganz vereinzelt gebräuchlich war. Erst seit dieser Zeit ist der Name „Bayerischer Wald" allgemein üblich geworden (PRAXL, 1968).
Als Bayerischer Wald wird heute jener Teil des Waldgebirges bezeichnet, der sich entlang der östlichen Landesgrenze von der Cham-Further Senke bis Passau ausdehnt. Er erstreckt sich über eine Fläche von ca. 6000 km^2.

Entstehung der Landschaft

Auf fünf Milliarden Jahre schätzen wir das Alter der Erde. Über die Entwicklung der Erdoberfläche bis vor 2,9 Milliarden Jahren ist wenig bekannt. Seit dieser Zeit wird die Erdgeschichte als Geschichte des Lebens geschrieben. Der Bayerische Wald gehört mit zu den ältesten Festlandsteilen unseres Planeten. Bis in das Präkambrium (4,5 Milliarden Jahre bis 590 Millionen Jahre vor der Gegenwart) reicht seine Entstehungsgeschichte zurück (MURAWSKI, 1983). Er ist Teil des Moldanubikums (nach Moldau und Donau benannt), das sich über die tschechische Grenze nach Osten erstreckt. Dieses Urgebirge (kristallines Grundgebirge) war damals mächtiger als die Alpen heute. Doch im Laufe von mehreren hundert Millionen Jahren haben Frost, Wärme, Wind und Wasser durch Erosion das Gebirge abgetragen. Sicher wäre es bereits zum Flachland geworden, hätte nicht weitere Tektonik[1]) den Gebirgssockel hochgeschoben und zerteilt. Die letzten mächtigen Hebungen ereigneten sich im Tertiär (Beginn vor 60 Millionen Jahren).
Wieder veränderten die Kräfte der Verwitterung die Gebirgsoberfläche. Die heutige Landschaftsgestalt war bereits weitgehend entstanden, als die Eiszeit kam. Sie währte 2,5 Millionen Jahre und bedeckte in mehreren Kaltzeiten die Hochlagen des Gebirges mit Firn und Eis, das aus grobkristallinem, hochverdichtetem Schnee entstanden war. Gletscher schliffen die heutigen, felsigen Seewände, schürften die Seebecken aus und häuften Moränen auf.
Als die letzten Eismassen vor ca. 10 000 Jahren schmolzen, war das heutige Landschaftsbild nahezu geprägt. Die höchsten Erhebungen[2]) Bayerns außerhalb der Alpen finden sich in folgenden Kammlinien:

Hoher Bogen – Osser – Zwercheck-Massiv (Burgstall 976 m, Schwarzriegel 1079 m, Kleiner Osser 1266 m, Großer Osser 1293 m, Zwercheck 1333 m)

---

1) Lehre vom Bau der Erdkruste und den Bewegungen und Kräften, die diesen erzeugt haben.
(Bewegungen wie Hebung und Senkung der Erdkruste, die durch erdeigene, innere Kräfte verursacht werden).

2) Höhenangaben: Topographische Karte 1 : 25000, Normalausgabe, Bayerisches Landesvermessungsamt München, Ausgabe 1992, 1996 (Höhenangaben gerundet).

Kaitersberg – Schwarzeck – Enzian-Arber-Massiv
(Großer Riedelstein 1133 m, Schwarzeck 1236 m, Enzian 1285 m, Kleiner Arber 1384 m, Großer Arber 1453 m)

Falkenstein – Rachel – Lusen-Massiv
(Falkenstein 1315 m, Kleiner Rachel 1399 m, Großer Rachel 1452 m, Lusen 1373 m)

Dreisessel – Plöckenstein – Bärenstein-Massiv
(Dreisesselberg 1333 m, Bayerischer Plöckenstein 1363 m, Plöckenstein an der tschechisch-österreichischen Grenze 1379 m, Großer Bärenstein 1332 m)

Das größte Felsenmeer des Bayerischen Waldes ist das „Steinerne Meer". Es liegt zwischen dem Dreisesselberg und Dreiländereck am Südhang des Bayerischen Plöckensteins.

Wesentliche Gesteinsarten

Gneise und Granite nehmen im Bayerischen Wald etwa den gleichen Flächenanteil ein. Der Bayerische Pfahl, Graphitvorkommen und sulfidische Erzlagerstätten (Pyrit und Magnetkies) setzen besondere geologische Akzente.

Im Grundgebirge des Bayerischen Waldes gibt es keine Fossilien.

Ein Teil der Hauptmasse des Bayerischen Waldes besteht aus Gneis und Glimmerschiefer. Sie sind aus sandigen und tonigen Meeresablagerungen vor 340 Millionen Jahren, also im Paläozoikum (Erdaltertum), durch Absenkung ins Erdinnere unter hohem Druck und hoher Temperatur entstanden und während der anschließenden Gebirgsbildung an die Oberfläche emporgehoben worden.

Weitere Hauptgesteinsarten sind verschiedene Granite als Intrusivgesteine (magmatische Tiefengesteine) innerhalb der Erdkruste, die nach Freilegung durch Erosion kuppelförmige Landschaftsformen bilden. Typische Formationen dieser Art treten beispielsweise im Regensburger Wald bei Hauzenstein zutage.

Durch Krustenbewegungen vor ca. 250 Millionen Jahren entstand eine 150 km lange Störung mit begleitenden Auffiederungen (Fiederkluftsystem), die Pfahlbruchlinie. Aus der Tiefe drang heißes Wasser mit gelösten Mineralien mehrere Male in die Klüfte ein und hinterließ Kieselsäure, die auskristallisierte. Diese kristallisierte Kieselsäure (Quarz) ist trübweiß, grau und oft durch Eisenlösungen bräunlich-gelb bis rötlich gefärbt worden. Damit war der „Bayerische Pfahl" entstanden.
Nachdem das weichere umliegende, hauptsächlich durch Horizontalbewegungen entlang der Pfahlbruchlinie zerriebene Gestein leichter verwitterte und abgetragen wurde, ragt nun die Quarzmauer des Pfahls streckenweise bis zu 40 m aus der Erdoberfläche. Die geologische Störungslinie ist auf eine Strecke von über 150 km zwischen Schwarzenfeld/Naab bis Oberösterreich nachgewiesen und erreicht maximal 120 m Breite.
Am schönsten tritt der Pfahl an der Burgruine Weißenstein, am Kalvarienberg bei Viechtach und bei Thierlstein zutage. Beeindruckend ist sein weißblinkender Rücken und die außergewöhnliche Flora.
Als geologische Besonderheit steht der Bayerische Pfahl heute zum größten Teil unter Naturschutz.
Auch auf der böhmischen Seite existiert eine derartige Formation, der Böhmische Pfahl. Er setzt am Osthang der Schwarzkoppe (Čerchov) an und endet nördlich von Tachau. Doch tritt der Böhmische Pfahl nicht so stark in Erscheinung und ist deshalb weniger bekannt.
In der Jurazeit (vor 195 Millionen Jahren bis 140 Millionen Jahren) wurde durch das Jurameer in Randbereichen des Bayerischen Waldes Kalk abgelagert. Die Ablagerungen aus dieser Epoche sind jedoch weitgehend abgetragen worden. Als Beleg für solche Vorkommen werden die Jura-Kalkschollen bei Münchsmünster, nördlich von Straubing, angesehen.

Die wesentlichen im Bayerischen Wald vorkommenden Gesteinsarten auf einen Blick (RUTTE, 1992):

Hauptsächliche Fundstätten:

Gneise mit mannigfaltigen Varietäten:
Gneise sind höher metamorphe Gesteine (d. h. durch höhere Drücke und höhere Temperaturen stärker umgewandelte Gesteine)

in vielen Bereichen

- Paragneise
  Sie sind das Hauptgestein des Bayerischen Waldes. Die chemische Zusammensetzung und andere Hinweise lassen den Schluß zu, daß sie aus Sedimenten entstanden sind. Im Kambrium (vor 590 Millionen bis 500 Millionen Jahren) existierte hier ein Meer, das mächtige sandig-tonige Schichtenfolgen, in die kalkiges Material und Arkosen (Quarz-Feldspat-Sande) eingeschaltet waren, abgelagert hat. Sie wurden in größere Erdtiefen abgesenkt und dabei in mehreren Phasen umgewandelt.

  weit verbreitet, besonders Pfahlzone, Gipfelfelsen des Arbers

- Lagen- und Bändergneise

  Vorderer und Hinterer Bayerischer Wald

- Mischgesteine, wie beispielsweise diatektischer (extrem umgeformter) Cordieritgneis

  Regenhütte und Zwieselberg

- Perlgneis
  Der Name kommt von der perlschnurartigen Anordnung von Feldspäten im Gestein.

  Umgebung von Deggendorf

- Körnelgneise
  Granitisch körniger Gneis.

  Regensburger Vorwald

- Winzergesteine
  Granite und Gneise, die durch Durchbewegung zu einem neuen, niedriger methamorphen Gesteinstyp, dem „Winzergestein" (Winzergneise und Winzergranite), umgeformt wurden.
  Das Gestein ist nach dem Vorkommen bei Winzer/Osterhofen benannt.

  an Donaurandbruch gebunden

- Graphitgneis

  Passauer Wald

- Andere Varietäten mit geringerer Häufigkeit:
  Serpentinit, Amphibolit, Marmor und Kalksilikatgesteine.

  sporadisch vorkommend

Phyllite und Glimmerschiefer:
Dies sind niedriger metamorphe Gesteine (d. h. durch niedrigere Drücke und niedrigere Temperaturen weniger stark umgewandelte Gesteine). Sie führen zum Teil kalksilikatische Einschaltungen, zuweilen mit Graphit und Pyrit.

Raum Osser, Bayerisch Eisenstein

Granite:
Bei den Graniten des Bayerischen Waldes unterscheidet man altersverschiedene Generationen:

- Kristallgranit I
  auch älterer Granit genannt. Sein Alter wird mit 360 Millionen Jahren angegeben.

  große Gebiete im Regensburger Vorwald und im Südostteil des Bayerischen Waldes

Z.T. große Gebiete im Bayerischen Wald (z. B. Hauzenberg, Fürstenstein)	– Massiv- und Stockgranite (Zweiglimmergranite)
Regensburger Wald	– Kristallgranit II auch jüngerer Granit genannt, wird der oberkarbonischen Hauptphase der Gebirgsbildung etwa vor 310 Millionen Jahren zugeordnet.
Vorderer und Hinterer Bayerischer Wald	Granodiorite: Sie nehmen nach ihrer chemischen und mineralogischen Zusammensetzung eine Stellung zwischen den Graniten und den Dioriten ein.
	Diorite:
Regensburger Vorwald	– Quarzglimmerdiorit Dieses Gestein liegt in seinem Entstehungsalter zwischen dem Kristallgranit I und dem Kristallgranit II.
Gebiet um Tittling	– Titanitfleckendiorit
Gebirgsstock „Hoher Bogen" (= Gabbroamphibolitmassiv von Neukirchen b. Hl. Blut)	Gabbro: Dunkles, körniges magmatisches Tiefengestein, das hauptsächlich aus kalziumreichem Feldspat und Pyroxen besteht. Das Alter der Gesteine vom „Hohen Bogen" ist prävariskisch, d. h. älter als ca. 400 Millionen Jahre.
	Quarz: Siehe S. 12 und S. 15.
Silberberg bei Bodenmais und Lambachtal	Magnetkieslager: Das Hauptlager mit Magnetkies, Pyrit, Zinkblende, Bleiglanz, Kupferkies, Magnetit und Silber ist in Linsen den dortigen Cordieritgneisen eingeschaltet. Es wurde bis in unser Jahrhundert zur Gewinnung von Eisen und Silber abgebaut. Poliermittel für die Spiegelglaswerke, wie beispielsweise das bekannte rote Hämatitpulver („Pariser Rot"), wurden hergestellt. Bis 1962 wurden auch Vitriol und Alaun gewonnen. Bei der Verarbeitung der Erze entstanden schwefelsaure Gase, welche die Vegetation stark geschädigt haben. Auch heute trägt der Silberberg noch ein sehr karges Pflanzenkleid.
Obernzell, Zwiesel, Tiefenbach, Kropfmühl	Graphit: Dieses Mineral kommt in Form von Flözen, ebenfalls eingelagert in Gneisen, vor. Es entstand aus Kohleflözen durch Metamorphose. Dabei bildeten sich millimetergroße Schuppen. Dieser Graphit wird als Flockengraphit bezeichnet. Das Vorkommen umfaßt Flöze von wenigen Zentimetern bis 20 Meter Mächtigkeit. Die Lagerstätte ist durch starke Hebungen und Senkungen von Gesteinspartien verworfen (unregelmäßig).

Wirtschaftliche Nutzung der Gesteine und Mineralien

- Die Granitgewinnung und -verarbeitung ist der größte rohstoffbezogene Wirtschaftszweig im Bayerischen Wald. Etwa 150 Steinbrüche sind in Betrieb. Die meisten liegen im Raum Hauzenberg und Tittling. Es werden Werksteine (Säulen, Treppen, Randsteine u. a.), Pflastersteine und Schotter in verschiedenen Körnungen für den Straßenbau hergestellt.
- Quarz (Pfahlquarz) wird hauptsächlich bei March, Arnetsried und Viechtach gewonnen. Er wird unter anderem zu Schotter zerkleinert und zum Straßen- und Wegebau verwendet.

  Für die Glasherstellung wurden früher pegmatitische Quarze, vor allem im Bereich des Grenzkammes, abgebaut. Dieser Quarz zeichnet sich durch hohe Reinheit aus.
- Graphit kam als abbauwürdige Formation bei Kropfmühl vor. Es existierten zur Gewinnung mehrere aufgefahrene Sohlen mit über 40 km Streckenlänge. Das Bergwerk wurde 1995 stillgelegt.

  Der Graphit ist besonders gut geeignet zur Herstellung feuerfester Tiegel für die Metallindustrie, für Hochtemperatur-Schmiermittel, als Isoliermittel für ionisierende Strahlen und Bremsmittel für Neutronenstrahlen. Obernzell hatte früher für die Herstellung von Schmelztiegeln das Weltmonopol.
- Pegmatite am Hühnerkobel wurden im Tage- und Untertagebau abgebaut. Quarz und Feldspat fanden in der Keramik- und Glasindustrie Verwendung.

  Pegmatitvorkommen bei Arnbruck, Böbrach, Bodenmais und Frauenau werden wegen der großen, schwarzen Turmaline und der Granat- und Andalusitkristalle gerne von Mineraliensammlern aufgesucht.
- Feldspat wurde hauptsächlich bei Arnbruck und Vilshofen abgebaut. Als Zusatz für keramische Massen und Glasuren ist er ein wichtiger Rohstoff.

Aus: Sabine Becker, Der Böhmerwald (Šumava), Grafenau 1992 (Morsak-Verlag)

Der Wald

Das Waldgebirge dürfte während des Tertiärs mit einer dem Klima entsprechenden subtropischen bis tropischen Vegetation bedeckt gewesen sein. Klima und Vegetation erfuhren mehrfach einen Wandel, als vor 2,5 Millionen Jahren ein Wechsel von Kalt- und Warmzeiten einsetzte.

Vor 10 000 Jahren schmolzen die Gletscher und hinterließen eine rauhe Erdoberfläche. In der grobkörnigen Verwitterungsdecke konnte ein Teil der Niederschläge als Grundwasser zurückgehalten werden, dessen Überlauf in vielen kleinen Quellen zutage trat. In einzelnen Rinnsalen oder gesammelt sprudelten sie zwischen Geröll und Klüften ins Tal. Die Gletscher hatten Becken herausgearbeitet, in denen nun Seen entstanden. Es entwickelte sich allmählich eine nacheiszeitliche Vegetation. Gräser, Blumen, Sträucher und Bäume besiedelten das Gebirge. Tiefgründige Verwitterung, fallende Blätter und Nadeln, verrottende Bäume, abgestorbene Pflanzenteile schufen die Voraussetzung für diese neue üppige Vegetation.

Stürme rissen Lichtungen in die Wildnis. Auch so mancher der enormen Baumriesen stürzte unter der Gewalt des Windes und brach anderes Gehölz mit zu Boden. Mannigfaltige Baumschwämme und Moose fanden Nahrung auf den umgefallenen Stämmen.

Nieder- und Hochmoore mit einer seltenen Flora entwickelten sich. Zahlreiche Kleinlebewesen haben sich den Wald zu ihrer Heimat gemacht. Ameisen ziehen ihre Bahnen, schillernde Käfer, zahlreiche Mückenarten und bunte Schmetterlinge finden hier Schutz und Nahrung. Ebenso bevölkern auch viele größere Tiere den Wald. Zahlreiche Vogelarten, Fuchs, Dachs, Luchs, Hirsche, Rehe und Wildschweine sind seine Bewohner.

Bis in das 18. Jahrhundert gab es Wölfe, Bären und Wisente, wie sie heute im Tier-Freigelände des Nationalparks Bayerischer Wald gehalten werden.

Die Vegetationsentwicklung nach der Eiszeit

Methode zur Ermittlung der Vegetationsgeschichte und zeitlichen Einordnung der Vegetation (STEINBERG und HARTMANN-ZAHN, 1989):

In den Sedimenten der Seen und in den Torfmooren finden sich eingewehte Pollen (Blütenstaub), die von der Natur dort konserviert wurden. Über die Pollenanalyse läßt sich feststellen, von welchen Pflanzen sie stammen. Man kennt heute das Klima, das bestimmte Pflanzen vorziehen bzw. in dem sie lebensfähig sind. So kann durch die Ermittlung der Pflanze auf das zu jener Zeit herrschende Klima geschlossen werden. Um die Zeit, in der bestimmte Pflanzen existierten, festzustellen und somit auch auf die Klimazonen schließen zu können, wurden die Schichten von gebohrten See-Sedimentkernen untersucht.
Ebenso wurden Meßdiagramme nach der Kohlenstoff^{14}-Methode zur zeitlichen Bestimmung von Pollenprofilen aus Mooren des Grenzkammes (Hinterer Bayerischer Wald) herangezogen. Es ergibt sich folgendes Bild:

- *Spätglazial,* auch Tundrenzeit genannt,
  ca. 14 000 bis 10 000 Jahre vor der Gegenwart.
  Entwicklung geschlossener Birken-Kiefernwälder.
  Auflichtung der Wälder in der Jüngeren Dryas durch Klimaverschlechterung, letzte Kaltphase.

- *Postglazial,* auch Nacheiszeit oder Holozän genannt,
  ca. 10 000 Jahre bis zur Gegenwart. Die Temperaturen stiegen an.

- *Präboreal,* auch Vor-Wärmezeit genannt,
  ca. 10 000 bis 9000 Jahre vor der Gegenwart. Wieder dominieren geschlossene Birken-Kiefernwälder, die Krautvegetation geht stark zurück.

- *Boreal,* auch Frühere Wärmezeit genannt,
  ca. 9000 bis 7500 Jahre vor der Gegenwart. Ausbreitung der wärmeliebenden Haselnuß, Eichenmischwälder mit Eiche und Ulme.

Gegen Ende des Boreals
Haselnuß nimmt ab, Birke und Kiefer treten noch stärker in den Hintergrund, Fichte und Erle treten verstärkt auf.

- *Älteres Atlanticum,* auch Mittlere Wärmezeit genannt,
  ca. 7500 bis 6000 Jahre vor der Gegenwart.
  Es muß warmes Klima mit hohen Niederschlägen angenommen werden.
  Eichenmischwälder dominieren mit Eiche, Fichte, Ulme, Esche, Linde und Erle.
- *Jüngeres Atlanticum,*
  ca. 6000 bis 4500 Jahre vor der Gegenwart.
  Buche verdrängt die anderen Laubbäume, wie Ulme, Esche und Linde. Tanne tritt neu auf.
- *Subboreal,* auch Späte Wärmezeit genannt,
  ca. 4500 bis 2800 Jahre vor der Gegenwart.
  Kälteres Klima, vermutlich trockener als im Atlanticum.
  Fichte geht etwas zurück, Tanne breitet sich aus.
- *Älteres Subatlanticum,* auch Nach-Wärmezeit genannt,
  ca. 2800 bis 1000 Jahre vor der Gegenwart.
  Hainbuche erscheint, ansonsten bleibt das Waldbild ähnlich.
- *Jüngeres Subatlanticum,*
  ca. 1000 Jahre bis zur Gegenwart.
  Pollen, die nicht von Bäumen stammen, nehmen zu. Dies wird auf Besiedlung mit Rodungen zurückgeführt.
  Seit dem 16./17. Jahrhundert treten Kulturanzeiger, wie Plantago (Wegerich) und Cerealia (Getreide) vermehrt auf. In diese Zeit fällt auch die sogenannte „Kleine Eiszeit", eine Phase der Klimaverschlechterung. Seit dem 18. Jahrhundert wird es wieder wärmer.

Entstehung der Moore

In der großräumigen Waldlandschaft finden sich Moore mit einzigartiger Vegetation. Sie entstanden nach der letzten Kaltzeit (Würmeiszeit), die vor 70 000 Jahren begann und vor 10 000 Jahren endete.

Die nach dieser Eiszeit eintretende Vor-Wärmezeit dauerte von 10 000 Jahren bis 9000 Jahre vor der Gegenwart. Als die letzten Eisreste geschmolzen waren und der Dauerfrostboden infolge zunehmender Erwärmung endgültig auftaute, belebten sich die Quellen wieder. Allmählich kam die Vegetation zurück. Die altverdichteten, eiszeitlichen Unterlagen verhinderten das Absickern des Wassers. Es sammelte sich in den flachen Mulden nährstoffreiches Quell- und Hangabflußwasser sowie nährstoffarmes Niederschlagswasser.
Solange das nährstoffreiche Wasser und Belüftung vorherrschten, bildete sich aus den Pflanzenresten schwarzer, speckiger Auhumus, das Niedermoor. Im Bayerischen Wald wird es Au genannt, im Oberpfälzer Wald nennt man es Lohen.
Das Klima änderte sich, es wurde kühler und regnete mehr. Nun überwog nährstoffarmes Niederschlagswasser. Allmählich setzte Torfbildung ein. Auf dem Niedermoor (Au) entwickelte sich ein Übergangsmoor mit Rückgang der Bodenbelüftung. Es traten andere Pflanzen auf, insbesondere Torfmoose, deren Reste als brauner, saurer Torf konserviert wurden. So entstand das Hochmoor, im Bayerischen Wald Filz genannt. Das Wachstum des Torfes betrug in 1000 Jahren zwischen 30 cm und 80 cm, so daß Lagen mit einer Stärke bis etwa 6 m gefunden wurden (PRIEHÄUSSER, 1965).
Hochmoore und Moorseen sind stets eine Gefahr für das Weidevieh. „Der Hirte auf dem Kohl- und dem Großen Schachten war ängstlich bestrebt die ‚Waldstiere' (Galtvieh) vom Beweiden des Geländes mit den ‚Seelacken', wie die Moorseen auch genannt wurden, abzuhalten, da schon manches Rind bei einem Sturz in einem Moorsee verlorenging. Rotwild und Rehe meiden instinktiv die Moorseen und suhlen sich dort, wo sich Schlenken (Moortümpel) entwickeln können." (PRIEHÄUSSER, 1974).
Entsprechend der Nährstofführung des Wassers sind die unterschiedlichsten Nieder- und Hochmoorformen entstanden, deren Weiterentwicklung entscheidend auch vom Klima abhängt. Durch Untersuchung der in die

Schichtenfolgen einst eingewehten Arten und der Menge von Blütenstaub aus Bohrproben konnten das Klima und die Entwicklung der Moore zurück bis zum Beginn der Nacheiszeit verfolgt werden.

Entstehung der Eiszeitseen

Im Bayerischen Wald sind als Folge der Eiszeit drei Seen entstanden

Großer Arbersee
Kleiner Arbersee
Rachelsee

PRIEHÄUSSER (1965) beschreibt ihre Entstehung in etwa so:

Zu Beginn der Eiszeit, etwa 600 000 Jahre[1]) vor der Gegenwart, war die heutige Landschaftsgestalt weitgehend entwickelt.

Noch trugen die Berge eine Verwitterungsdecke über den Gesteinsmassiven. Die nun folgende Eiszeit änderte durch ihre charakteristische Arbeit in mehreren Kaltperioden und wärmeren Zeitabschnitten nur noch die Oberfläche. Klimaänderung und starke Niederschläge kündigten die Eiszeit an. Der Verwitterungsschutt wurde abgetragen und in den Talweitungen aufgeschüttet.

Entsprechend der Höhenlage bewirkten die Eisdecke, der Bodenfrost, die Schmelzwasser und Staubverwehungen Veränderungen der Bodenbedeckung und der Gesteinsoberfläche. Im Laufe der acht Kaltzeiten verloren durch die stete Arbeit der Natur Steilhänge an Oberflächenmaterial, das teilweise auf flachen Stellen, Hangabsätzen, in Mulden und Talweitungen am Fuße der Hänge in charakteristischen Folgen zur Ablagerung kam. Durch diese Ablagerungen läßt sich eine Vorstellung der Auswirkung vorhergegangener Kaltzeiten ableiten.

Hauptsächlich aus der letzten Kaltzeit (Würmeiszeit) – sie begann vor ca. 70 000 Jahren und endete vor etwa 10 000 Jahren – sowie aus den letzten 10 000 Jahren sind die Spuren der Wirkkräfte auf die Landoberfläche mehr oder weniger ungestört erhalten geblieben.

In der letzten Kaltzeit reichte die „Firneisdecke"[2]) stellenweise bis ca. 800 m herab. Beim Aufbau der Firnschichtung aus den periodischen Schneefällen und während der unterschiedlichen Abwärtsbewegung der Eislamellen an den Hängen mischte sich aus der Unterlage Schutt zwischen die Eismassen. Die weicheren Bestandteile wurden zu Sand zerrieben, die härteren gerundet und geglättet, fester Fels wurde abgeschliffen.

Während des Abschmelzens der „Firneisdecke" am unteren Rand häufte sich der dort ausgeschmolzene (ausgeschiedene) Schutt so lange zu einer Schuttstufe an, als der Eisnachschub und die Abschmelzgeschwindigkeit sich die Waage hielten. Zur Absetzung solcher Schuttablagerungen kam es bei allen Rückschmelz-Stillstandstufen hangaufwärts. Sie verlaufen teils parallel zur Höhenkurve, teils fallen sie in die Täler ein und sind dort etwas vorgezogen.

Im Bereich der östlich bis nördlich exponierten Talschlüsse größerer Hangtäler höchster Gebirgsmassive erfuhren die reichlichen Schneeanhäufungen von ca. 900 m aufwärts starke Verfirnung (Umwandlung von Schnee zu Eis). Zungenförmig drang das Eis als kleiner Gletscher in das darunter anschließende Hochtal hinein. Während des folgenden Zurückschmelzens wurde die Eiszunge kürzer und schmäler. So entstand bei jeder Abschmelzperiode ein entsprechend kleineres Wallsystem, bestehend aus wirr gelagerten, teils gerundeten Blöcken, oft mit grauer, lehmig-sandiger Grundmasse. Durch die letzte Wallmoräne wurde der Talverlauf mit dem Talschluß abgedämmt. So entstand ein dichtes Becken, in dem sich die Schmelzwässer zu einem See ansammeln konnten.

Schemas entsprechend heutiger Vorstellung siehe S. 20 und 21.

---

[1]) Nach heutigem Wissensstand müssen für die Dauer der Eiszeit 2,5 Millionen Jahre gerechnet werden.

[2]) Dieser von Priehäußer geprägte Begriff wird in der geologischen Fachliteratur nicht mehr verwendet. Es handelt sich hier um Firn = öfter umkristallisierten-grobkristallinen, verdichteten Schnee.

Entstehung eines Kar-Endmoränensees (Schema)
Großer Arbersee und Rachelsee

Angenommene Situation während des Hochwürms
und möglicher Seewasserstand nach dem Abschmelzen des Eises

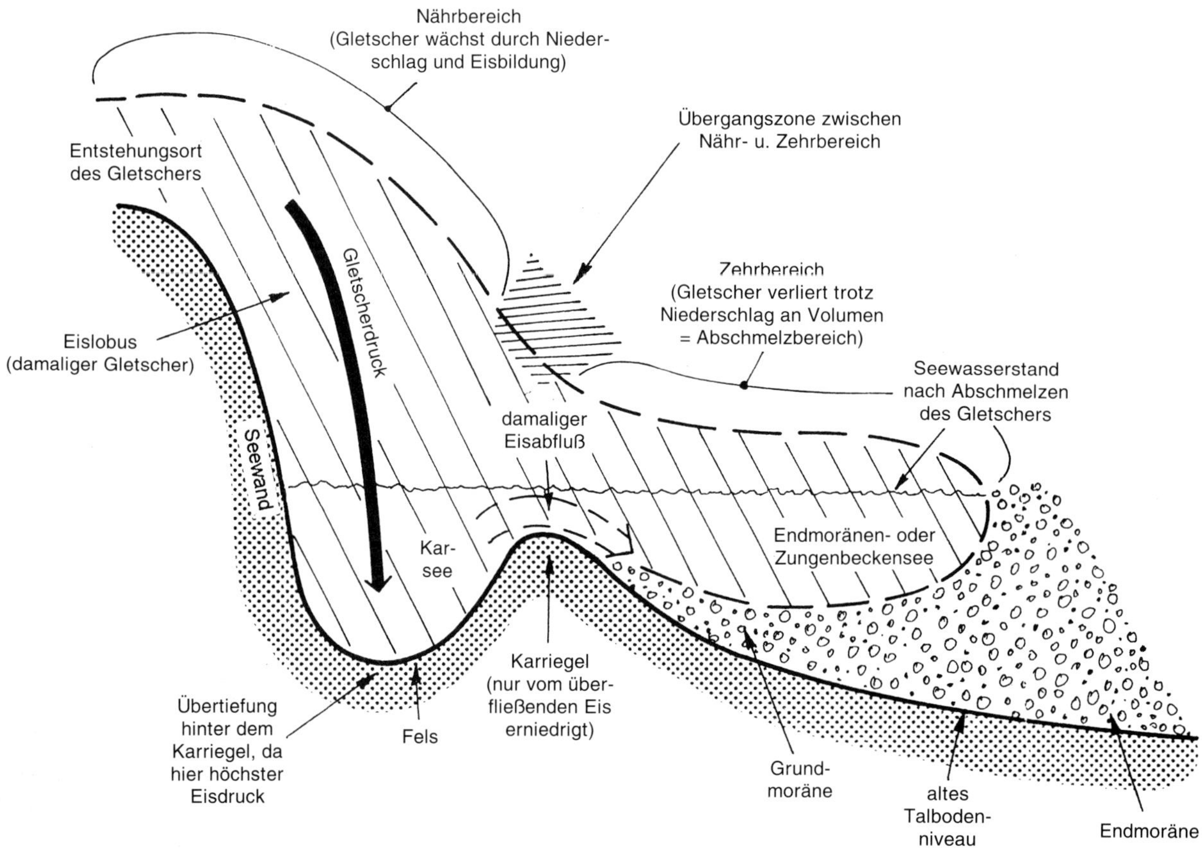

Der Große Arbersee (Tiefe 15 m) und der Rachelsee (Tiefe 13 m) werden als solche Kar-Endmoränenseen oder Kar-Zungenbeckenseen bezeichnet, da die Mulde vom Gletscher im hinteren Bereich (an der Seewand) als Karmulde und im vorderen Bereich als Endmoränenmulde (auch Zungenbecken genannt) ausgebildet wurde. Der Karriegel liegt in beiden Seen unter der Wasseroberfläche, so daß sich ein geschlossener Seespiegel über die gesamte Formation (Karbecken, Karriegel, Endmoränenmulde/Zungenbecken) erstreckt.

Entstehung eines Endmoränensees
(Schema)
Kleiner Arbersee
Angenommene Situation während des Hochwürms
und möglicher Seewasserstand nach dem Abschmelzen des Eises

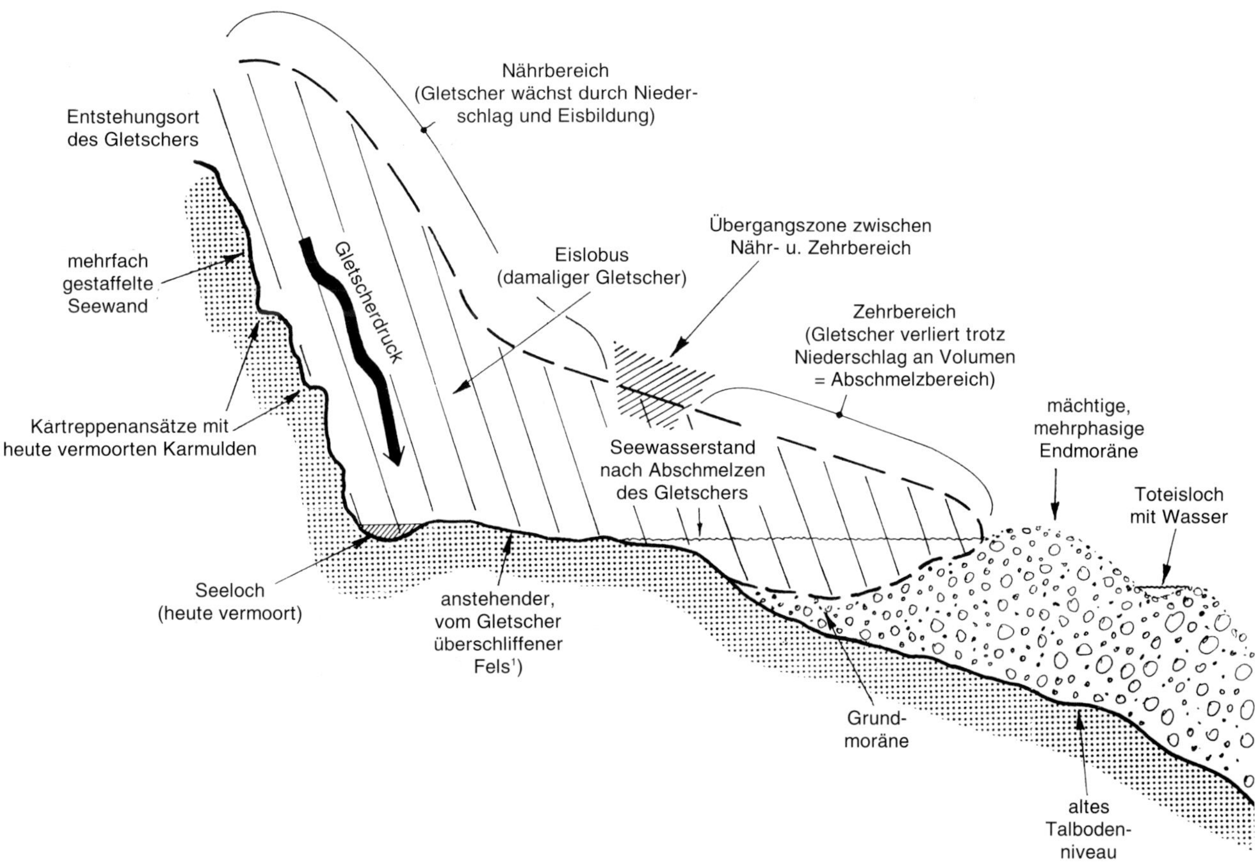

Der Kleine Arbersee (Tiefe 9 m) ist als Endmoränensee (Zungenbeckensee) einzustufen, da er außerhalb des Kares durch die Endmoränenstaffel aufgestaut wird. Interessanterweise wurde hier unmittelbar vor den Karwänden kein Karriegel deutlich ausgeschürft. Es ist lediglich eine breite, sichtbar überschliffene Schwelle im Anstehenden ausgebildet, die einige Meter über dem Seespiegel vor dem sogenannten Seeloch liegt (s. oben [1])).

Den Entstehungsort des Gletschers bezeichnet man als Kar. Die Karmulden mit den darüber aufragenden Karwänden waren jeweils Ort der Schnee-, Firn- und Eisakkumulation und damit der Gletscherbildung. Der Gletscher schliff den Fels ab, schob das Grundmaterial aus und lagerte Wall- und Grundmoränen ab. Entsprechend dieser typischen Gletscherarbeit sind die Becken muldenförmig ausgebildet. Wenn sich die hinter dem Karriegel gelegene Karmulde (Mulde an Seewand) postglazial (nacheiszeitlich) mit Wasser füllte, so bezeichnet man diesen See als Karsee.
Lagerte der Gletscher vor dem Karriegel eine Endmoräne ab und füllte sich die dadurch entstandene Doppel-Mulde mit Wasser, spricht man von einem Kar-Endmoränen- oder Kar-Zungenbeckensee (Abb. S. 20).
Wurde nur unmittelbar hinter der Endmoräne ein See gebildet, so nennt man diesen Endmoränensee (Abb. S. 21).

Die schwimmenden Inseln (Filze)
Siehe auch „Entstehung der Moore", S. 18

Die „schwimmenden Inseln" bestehen im wesentlichen aus Torf mit Übergangs- und Hochmoorbewuchs und kommen innerhalb des Bayerischen Waldes nur im

Großen Arbersee
und im
Kleinen Arbersee

vor. Sie werden auch Schwing-, Schwimmrasen oder Filze (im Bayerischen Wald Bezeichnung für Hochmoore) genannt. Die schwimmenden Inseln erreichen eine Mächtigkeit bis zu ca. 3,5 m, wovon nur 20 cm bis 30 cm aus dem Wasser herausragen.
Beim künstlichen Aufstau der Seen für die Trift von Baumstämmen (Transport ins Tal durch Wasserströmung), lösten sich die Pflanzendecken der früheren Ufer vom Untergrund ab und schwimmen seitdem als Inseln auf den beiden Seen.
Auf ihnen haben sich die typischen Pflanzengesellschaften der Übergangs- und Hochmoore mit seltenen Arten erhalten, wie z. B. Moosbeere, Moor-Bärlapp, Wollgras, Rosmarinheide und Sonnentau. Am mineralstoffreicheren Ufer wachsen u. a. Sumpf-Calla und Fieberklee.

Tauchen unter den schwimmenden Inseln

Unter den schwimmenden Inseln herrscht eine Welt wie in „1001 Nacht". Mancher Tauchabstieg wurde zum Abenteuer. Neue Überraschungen? Wird alles gut gehen? Das Tageslicht dringt nur wenige Meter in die absolute Dunkelheit vor. Die Moornacht drückt auf unser Gemüt. Auf der Zunge liegt ein fauliger Geschmack. Der sichtbare Bereich läßt keine Lebewesen erkennen. Nicht einmal Insektenlarven sind dort anzutreffen. In dieser Welt scheint alles tot. Von der Unterseite der schwimmenden Inseln sinkt ständig in geringen Mengen organischer und anorganischer Schlamm zu Boden.
Jeder Taucher ist durch eine Sicherheitsleine mit seinem Signalmann auf dem Boot verbunden. Im Scheinwerferlicht erscheint eine gespenstische Landschaft. Reiches, bis ca. 2 m langes, faseriges, mit Schlamm überdecktes Wurzelwerk hängt in fast allen Bereichen herab. Nur an manchen Stellen ist die Moorunterseite mit kleineren Wurzeln ausgebildet oder sogar relativ glatt und fein verstrickt. Die Farben gehen von Schwarz in unterschiedliche, auch sehr helle Brauntöne über, wobei die Brauntöne vorherrschen. Wenige Meter unter die schwimmenden Inseln hinein fanden sich zuweilen beige, fädige teils verzweigte Gehänge bis 5 m Länge und maximal 3 cm Durchmesser. Bereits bei leichten Wasserdruckwellen oder geringster Berührung zerfallen sie zu Wolken aus Feinmaterial. Ähnlich aussehende Gebilde lagen schleifenförmig ausgebreitet, sporadisch verteilt auf dem Schlammboden. Schlägt man mit der Faust gegen die Moordecke, so empfindet man einen dumpfen, massiven Widerstand.
Immer wieder wird die Sicherheitsleine, an der wir mit einem festen Knoten gesichert sind, durch das Wurzelwerk blockiert. Dann können keine Signale als Leinenzugzeichen zum oder vom Signalmann am Boot übertragen werden. Damit ist die Sicherheit nicht mehr

gegeben. In diesem Falle müssen wir an der Leine zurückschwimmen und uns selbst befreien. Dies ist nicht einfach, da sich vom Hinweg so viel aufgewirbeltes Sediment in der Schwebe befindet, daß die Sicht auf Null zurückgeht und nun alles ertastet werden muß.
Aus der Schlammwolke herausgeschwommen, haben wir wie gewöhnlich mehrere Meter Sicht, so daß die Scheinwerfer wieder nützen, vor allem, um unseren Luftvorrat abzulesen. Plötzlich erscheint aus einem Moordurchbruch ein greller Lichtstrahl und erhellt die ewige Dunkelheit. Diese Durchbrüche sind selten und meist zu eng, um hier aussteigen zu können. Dort, wo das Licht auftrifft, haben Algenkolonien den lockeren, tiefgründigen Sedimentboden besiedelt.
Der Abstand der Filzdecke zum Seegrund ist sehr verschieden. Größere Abstände wechseln mit sehr engem Raum, der kaum zu durchtauchen ist. Dies erschwert die Erkundung der zentralen und hinteren Bereiche der Moorinseln besonders. Oft kommen wir auch an Stellen, wo die Inseln auf dem Seegrund aufsitzen, oder uns der Weg durch große Wurzeln versperrt ist. Dann müssen wir uns an unserer Sicherheitsleine durch den aufgewühlten Schlamm zurücktasten.
Da bei dieser Trübung kein Instrument mehr abgelesen werden kann, wäre es problematisch, ohne Sicherheitsleine in den offenen See hinauszufinden.

Versauerung der Seen und Konsequenzen für die Tier- und Pflanzenwelt

Ursache der Versauerung

Nach einer beeindruckenden Entstehungsgeschichte in sauberer Natur begann für die Seen im Zuge der Industrialisierung eine signifikante Veränderung. Seit dem 19. Jahrhundert treten im Seeschlamm Ablagerungen von Schwermetallen auf und darüber hinaus setzte eine Versauerung der Seen ein. Dies hatte drastische Veränderungen in der Tier- und Pflanzenwelt zur Folge (STEINBERG, u. a., 1988).

Die Schwermetalle stammen hauptsächlich von Industrieemissionen, sie wurden aus der Atmosphäre eingetragen.

Die Ursache für die Versauerung (pH-Wert-Senkung) liegt im wesentlichen

A) in der Vegetation, durch natürliche Beeinflussung
(Anteil untergeordnet)

B) in anthropogenen (von außen einwirkenden) Vorgängen, durch den Menschen provoziert
(Anteil bedeutend)

  a) in verarbeiteten sulfidischen Erzen im Bayerischen Wald
  (Anteil zeitweilig bedeutend)

  b) in Emissionen der Glasmanufakturen im Bayerischen Wald
  (Anteil zeitweilig bedeutend)

  c) in weltweiter Kontamination (Verschmutzung)
  (Anteil sehr bedeutend)

zu A) Einfluß der Vegetation
Die Seen sind mit Nadelhölzern (Coniferen) umgeben. Durch die sauer verwitternde Streu der Nadeln wird der Boden versauert. Mit der Bodenversauerung sinkt in den betroffenen Landschaften auch der pH-Wert der Gewässer. Der Anteil, der durch die Vegetation versauert wird, ist jedoch untergeordnet (STEINBERG u. HARTMANN-ZAHN, 1989).

zu B) Anthropogene Vorgänge

zu a) Verarbeitung sulfidischer Erze im Bayerischen Wald
Sulfidische Erze wurden teilweise auch in der Nachbarschaft der Seen gewonnen und dort verarbeitet. Bei diesem Hüttenprozeß ist aus den Erzen Schwefel freigesetzt worden.

zu b) Emissionen der Glasmanufakturen im Bayerischen Wald
Eine deutlich erhöhte Schwefel-

emission wurde für die Periode 1825 bis 1875 im Gebiet des Hinteren Bayerischen Waldes aufgrund der bestehenden frühindustriellen Glasmanufakturen nachgewiesen. Es wird vermutet, daß diese über dem deutschen Mittelwert lag.

zu c) Weltweite Kontamination

Die Versauerung der Gewässer innerhalb Europas war in großem Umfang zuerst in Skandinavien festzustellen. Verantwortlich gemacht wurden die aus den Industriegebieten Mitteleuropas und Großbritanniens emittierten luftverunreinigenden Stoffe, speziell SO_2 und NO_x-Gase. Die pH-Werte der Niederschläge sanken in Skandinavien durchschnittlich auf 4,2 bis 4,5. Im Bayerischen Wald am Brotjacklriegel zwischen 1967 und 1972 ermittelte Werte lagen mit durchschnittlich 4,42 im gleichen Bereich. Ebenso wurde aus dem Gebiet des Kanadischen Schildes und in Nordamerika eine deutliche Gewässerversauerung festgestellt, die auf saure Niederschläge zurückzuführen ist (MELZER u. ROTHMEYER, 1983). SO_2 und NO_x-Gase bilden sich hauptsächlich durch die Verbrennung der fossilen Energieträger Kohle und Erdölprodukte, wie Benzin, Dieselöl und Heizöl. Es entstehen direkt versauernde, starke Mineralsäuren als Schwefelsäure und Salpetersäure. Indirekt versauernd wirkt dagegen das Ammonium, welches vornehmlich aus den Massentierhaltungen der landwirtschaftlichen Industrie stammt und in vielen Gegenden nicht mehr als Stickstoffdünger, sondern als Substrat für die Nitrifikation (Oxidation von Ammoniak zu Salpetersäure) wirkt.

In Gebieten mit Kalkformationen, wie beispielsweise im Jura, tritt die Versauerung der Gewässer nicht oder abgeschwächt auf, weil hier durch die Verwitterung von Kalk und anderen Karbonaten eine Pufferung (Neutralisierung der Säure) erfolgt. In Gegenden jedoch, wo silikatisches Gestein den Untergrund bildet und damit natürlicherweise eine geringe Pufferkapazität des Bodens besteht, sind die pH-Werte besonders tief abgesunken. Diese Verhältnisse treffen auch für die Seebecken des Bayerischen Waldes zu. Sie bestehen aus Gneis und Granit. Bei starkem Regen und während der Schneeschmelze kann das Zulaufwasser bis zu 1,5 pH-Stufen unter den pH-Wert der Seen fallen. Dann sinkt in der Zeit dieser Belastung auch der pH-Wert der Seen entsprechend.

Auswirkung der Versauerung auf die Wasserqualität

Die einstmals dunkelbraunen Bergseen mit einem pH-Wert von 5 bis 6 erfuhren durch die Versauerung eine deutliche pH-Wertsenkung, wobei der tiefste Wert von pH 3,3 am 23. Juni 1987 im Rachelsee gemessen wurde (Tabellen S. 86 f, 171 ff., 242 ff.).

Das saure Wasser greift das Gestein und den Boden an und löst teilweise giftige Metalle wie Aluminium, Blei, Zink u. a. heraus. Es bilden sich Verbindungen, die sich an den in Schwebe befindlichen Wasserhumus anlagern und diesen mit auf den Seegrund ziehen. So wurde das Wasser hell und klar, wodurch die Seen heute widersinnigerweise dem Betrachter als Ausdruck unbelasteter Natur erscheinen.

Versauerte Seen zeigen auch in ihrem Sediment bestimmte Charakteristika (STEIN-

BERG, u. a., 1985): Die Gehalte an Aluminium, Schwermetallen und Pflanzenpigmenten nehmen in Richtung Sedimentoberfläche zu, die Erdalkaligehalte nehmen ab. Das Aluminium wird durch die Niederschläge sowohl als Kationensäure[1]) aus dem versauerten Boden des Einzugsgebietes ausgetragen, als auch aus Aerosolen[2]) in der Luft abgelagert. Ähnliches gilt für die Schwermetalle. Die Versauerung des Sees und seines Sedimentes setzt darüber hinaus Erdalkalimetalle aus dem Sediment frei (Tabellen S. 86 f, 171 ff., 242 ff.).

Auswirkung der Versauerung auf die Biologie

Die Versauerung verändert die Seen so deutlich, daß Umstellungen mit bloßem Auge sichtbar werden. Berichte über Seen im Bayerischen Wald verdeutlichen dies (STEINBERG, u. a., 1985):
„,Kesselförmige Vertiefungen sammeln düster und unfreundlich das braune Wasser der Gebirgsquellen in sich', heißt es in der 1868 veröffentlichten, hervorragenden geognostischen Monografie (Gesamtwerk der Erdwissenschaften) des ostbayerischen Grenzgebirges von GÜMBEL über die Seen allgemein.
Über die einzelnen Seen ist folgendes zu lesen: ,Bayerischerseits ist der größte, der Große Arbersee am Fuße des Arbers (40 Tagwerke groß) mit köstlichen Forellen, dann der wilde Kleine Arbersee ... und der öde Rachelsee (18 Tagwerke groß) am Fuße der großen Rachelspitze.' Oder: ,Der dunkle, unfreundliche Rachelsee mit seinem kaffeebraunen, wenig belebten Wasser, unbewohnbar. Für Forellen scheint allerdings das Wasser nicht geeignet, dagegen bemerkte ich in dem Wasser des Sees sowohl Larven von Libellen als auch Schwimmkäfer, den Gyrillus (wahrscheinlich der Taumelkäfer Gyrinus natator) in großer Menge, die Wasserspinne und den Wasserfloh.'
Die Beobachtungen GÜMBELS decken sich mit dem heutigen Wissen über saure und versauerte Seen gut: Fehlen der Fische u. a. weil sie durch Versauerung ausgestorben sind; dann wird ihre Stelle als oberster Konsument[3]) im Ökosystem durch räuberische Insekten und Spinnentiere eingenommen, von denen GÜMBEL einige aufzählt.
Die heutige Lage ist völlig verändert. Die ,köstlichen Forellen' der Arberseen sind ausgestorben, ohne daß dies von der Öffentlichkeit gleich bemerkt wurde. Auffällig ist das helle, klare Wasser."
Welche Veränderungen im tierischen und pflanzlichen Artenspektrum aufgetreten sind, ist nur teilweise untersucht worden. Die Ergebnisse zeigen jedoch eine deutliche Verschiebung.
Durch die Sedimentation der Humusstoffe im Wasser und der damit verbundenen Aufklarung des Gewässers, dringt Licht tief in den See ein, so daß das Lichtklima verändert wurde. Dies und der langfristig niedrige pH-Wert bewirkten eine submerse Florenverschiebung (Verschiebung der Pflanzenwelt unter Wasser) zu Pflanzenarten, welche im tieferen pH-Bereich leben (MELZER u. ROTHMEYER, 1983). Es verschwanden blühende Unterwasserpflanzen und blütenlose vermehrten sich. Beispielsweise erschienen Sphagnen (wasserbewohnende Torfmoose) in einer förmlichen Invasion und breiten sich weiter aus. Ebenso gedeiht die Binse Juncus bulbosus f. fluitans in diesem Medium. Fische, die in den Seen lebten, sind ausgestorben. Grund für das Aussterben ist das Absinken des pH-Wertes unter die Verträglichkeitsgrenze von ca. 5,5 als Dauerzustand sowie die Giftigkeit der im Seewasser gelösten Metalle Blei, Zink, Cadmium und der hohe Aluminiumgehalt. Dies hat weitergreifende Konsequenzen:
Normalerweise stehen Fische am Ende einer Nahrungskette. Sie fressen selektiv die größeren und gut sichtbaren Organismen. Fehlen die Fische, so wird dieser Freßdruck aufgehoben. Räuberische Insektenlarven, wie beispielsweise die der Libellen, treten vermehrt auf und übernehmen die Rolle als oberste Kon-

[1]) Positiv geladene Ionen (Kationen), die in wässerigen Lösungen als Säure wirken.

[2]) Kolloidale Verteilung flüssiger (Nebel) oder fester Teilchen (Rauch) in Luft oder einem anderen Gas.

[3]) Glied in der Nahrungskette, das nicht selbst über Fotosynthese Nahrungsstoffe aufbauen kann.

sumenten. Weil das Freßverhalten der Insektenlarven von dem der Fische abweicht, kommt es zu einer Verschiebung in der Nahrungskette.
Von den Insekten und Insektenlarven sind wegen ihrer dekorativen Köcher die in diesen Seen häufig vorkommenden Köcherfliegenlarven besonders auffällig. Auf Nahrungssuche ziehen sie ihre Bahnen im Schlamm, auch in der Dunkelheit der größten Seetiefe. Der Name kommt von dem köcherartigen Gebilde, das die Larve als ihr „Haus" zum Schutz gegen die räuberischen Feinde aufbaut. In diesem Köcher verbringt sie ihre ganze Larvenzeit. Die Köcher sind filigran aus regelmäßigen, bunten Segmenten zusammengefügt, welche die Larve mit ihren Mundwerkzeugen aus Laub herausschneidet und auf ihre seidenartige Hülle setzt. Bedingt durch das Wachstum der Larve wird der Köcher nach vorne konisch erweitert gebaut und erhält schließlich eine Länge von 50 mm und einen durchschnittlichen Außendurchmesser von ca. 7 mm.
Außer einigen Kleinlebewesen wurden keine Tiere, auch keine Muscheln in diesen Seen gefunden.

Wissenschaftliche Bestimmungen zur Geschichte der Versauerung
(STEINBERG, u. a., 1988, und STEINBERG u. HARTMANN-ZAHN, 1989)

Den Nachweis über Beginn und Ausmaß des geochemischen Prozesses (chemische Abläufe und Reaktionen auf der Erde) erbringt die Wissenschaft durch Bestimmung biologischer Systeme, die sogenannten „Totengemeinschaften". Dies sind Ansammlungen von Resten abgestorbener Organismengruppen, welche in Art und Häufigkeit abhängig vom Grad der Versauerung oder der Alkalität auftreten. Dazu wurde deren Chronologie (Reihenfolge und Häufigkeit) in den einzelnen Sedimentschichten untersucht. Die Probenahme aus den Seen erfolgte mit einem Rammkolbenlot für lange und mit einem Gravitationslot für kurze Sedimentkerne. Das Gravitationslot wurde deshalb zusätzlich herangezogen, da hiermit Verspülungen, also Störungen der recht flüssigen oberen 10 cm des Sedimentes (jüngste Schichten), ausgeschlossen werden können.
Für das Auftreten der „Totengemeinschaften" mit der größten Häufigkeit bei verschiedenen pH-Bereichen wurde folgende Definition geschaffen:

acidobiont (acb):
größte Häufigkeit bei pH $< 5{,}5$

acidophil (acf):
größte Häufigkeit bei pH ≤ 7

circumneutral (circ):
größte Häufigkeit um den Neutralpunkt oder knapp darunter

alkaliphil (alkf):
größte Häufigkeit bei pH ≥ 7

alkalibiont (alkb):
größte Häufigkeit bei pH $\gg 7$

Bei den Sedimentuntersuchungen des Großen Arbersees, des Kleinen Arbersees und des Rachelsees fanden sich identifizierbare Mikrofossilien (biologische Reste) einiger Arten von

- Diatomeen (Kieselalgen),
- Mallomonadaceen (schuppentragende Goldalgen),
- litoralbewohnenden Chydoriden (Uferzone bewohnende Wasserflöhe),

welche im pH-Bereich unterhalb 5,5 besonders häufig vorkommen. Sie sind acidobiont. Weil die biologischen Reste im Schlamm konserviert werden, geben die abgestorbenen Gesellschaften im Extremfall bis zurück zur Entstehung der Seen Aufschluß über die Entwicklung der Säuregehalte.
Die zeitliche Einordnung der Ablagerungen erfolgte über Zeitmarken:
In bestimmten Schichten treten radioaktive Stoffe auf, z. B. das Cäsium-Isotop 137 und das Blei-Isotop 210. Das Cäsium-Isotop 137 kommt in der Natur nicht vor. Es wurde bei atmosphärischen Kernwaffentests freigesetzt, tritt also erst seit ca. 1950 auf. Das Blei-Isotop 210 entsteht durch den radioaktiven (natürlichen) Zerfall des Uran-Isotops 238.

Ausblick

Zu einer deutlichen Verringerung auch der Luftbelastung muß es sowohl im nationalen als auch im internationalen Rahmen kommen. Schon der altgriechische Dichter PINDAR schrieb in einem Liederzyklus: „Das Beste aber ist das Wasser".
Diese alte Erkenntnis wiederholt der Eingangssatz der Wassercharta von 1968: „Ohne Wasser gibt es kein Leben." Aber nur gesundes Wasser ermöglicht gesundes Leben.

Wollen wir auf unserem schönen Planeten wieder gesund leben und nachwachsenden Generationen einen intakten Lebensraum „übergeben", so können die Voraussetzungen nur vom Verursacher (Industrie und Privatbereich) geschaffen werden. Es ist höchste Zeit, daß weltweit die Reduzierung der Emissionen konsequent verfolgt und wirksame Maßnahmen realisiert werden.

Die würmeiszeitlichen Karseen des Bayerischen Waldes

(amtliche Angaben)

Lage der Seen

Großer Arbersee: Südost-Hang Großer Arber (1453,2 m)[1])

Kleiner Arbersee: Nördlich zwischen Großem und Kleinem Arber (1383,6 m)[1])

Rachelsee: Südost-Hang Großer Rachel (1451,7 m)[2])

See									Seewand und Seemoränen				
	Höhenlage des Sees über NN (m)	Länge (m)	Größte Breite (m)	Wasserfläche ohne Filze (ha)	Filze (ha)	Maximale Seetiefe (m)	Vermoorung	Haupt-Exposition	Seewandhöhe über NN (m)	Etwaige Seewandhöhe (m) und Lage zum See	Mittlere Neigung der Seewand (%)	Grundgestein der Seewand	Untere Moränengrenze über NN (m)
Großer Arbersee	934,0[1])	550	185	6,85	1	15	Schwimmender Filz (2 Halbinseln)	O	1314[1])	380 W	63	Paragneis	850
Kleiner Arbersee	918,4[1])	590	235	6,36	2,2	9	Schwimmender Filz (3 Inseln)	N	1260[1])	342 S	30	Paragneis	830
Rachelsee	1070,5[2])	375	225	5,7	–	13	–	SO	1345[2])	274 N	50	Paragneis	870

Höhenangaben: Topographische Karte 1 : 25 000, Normalausgabe, Bayerisches Landesvermessungsamt München,
1) Ausgabe 1996,
2) Ausgabe 1992.
(Höhenangaben der Berge: Trigometrischer Punkt).

NN (Normalnull): Dies ist die Bezeichnung derjenigen Niveaufläche, deren Höhenlage bei der Einführung von NN (1879) der des Amsterdamer Pegelnulls (AP) und in etwa dem langjährigen Mittel des Wasserstandes (Meeresspiegel) an der Deutschen Ostseeküste entsprach.

In Deutschland sind die Höhenangaben der Landesvermessung (topographische Höhen) auf NN bezogen.

Großer Arbersee

Der große Arbersee.

Aus: H. REDER, Der Bayerwald, Regensburg 1861

Sagen

Sagenumwoben liegt der Große Arbersee in einem dicht bewaldeten, geheimnisvoll erscheinenden Talschluß am Hang des Großen Arber.
Noch um 1900 besteigen die Bodenmaiser ungern diesen Berg. Er gilt damals als ein „läder Plotz", als ein unheimlicher und deshalb zu fliehender Ort, wenn man nicht Holzhauer, Grasweib oder Hirte ist und die verdächtigen Plätze notgedrungen begehen muß. Die in den Wäldern am Arberhang arbeiten müssen, bringen von dorther ständig neue Geschichten mit und schüren den Volksglauben mit angeblich eigenen Erfahrungen. Hexen tanzen unter zerzausten Birken – die wilde Jagd stürmt über die Wälder dahin – unerlöste Seelen, die den Vorüberziehenden anbetteln, werden in die unergründlichen Tiefen des Sees verbannt, da sie dort dem Fegfeuer am nächsten wohnen – und viele andere „Erlebnisberichte".

Weiße Gestalten

Auf dem Eise des Arbersees sollen zu Weihnachten weiße Gestalten herumtanzen und unter Jubel und Gesang bei Sturm und Wetter hier bis zum ersten Hahnkrat verweilen.

Fische mit goldenen Schuppen

Im Arbersee im Bayerischen Wald schwimmen Fische mit goldenen Schuppen und Augen von Edelsteinen, so daß jeder ein Königreich wert ist, aber einem derselben nachstellen kostet das Leben.

Der Fischer

Der Fischer klomm wohl den Arber hinan,
Er klomm wohl hinauf zum See –
Zum See, umgürtet mit Fels und Tann',
Und kühler als Nordlands Schnee.

Er barg sich tückisch im Uferrohr
Und warf die Schnur in die Well',
Bald zog er ein zappelndes Fischlein empor:
„Ei grüß dich, du blanker Gesell!"

Da rief's: „Was trennst du vom Liebchen mich los,
Du Mann mit dem falschen Stab?
Erbarmung! es spielt sich so lustig im Moos –
Ich bin ja zu fröhlich für's Grab.

Horch auf! Es schwimmen viel Fischlein hold
Tief unten, – tief angle hinein;
Die prangen mit Schuppen von Silber und Gold,
Ihr Auge ist Edelgestein.

Sie schlafen des Nachts in korall'nem Bett',
Von Perlen erbaut ist ihr Haus;
Wer solch ein Fischlein gefangen hätt',
Der lachte wohl Könige aus."

„Ho!" Sprach der Fischer, „fort ärmlicher
Wicht, Nur flugs in die Pfütze hinein;
Du sättigst den hungrigen Magen mir nicht,
Mich lüstet's nach Edelgestein."

Und neiget sich vor, und neiget sich sehr,
Will langen bis tief in den Schlund;
Da wird ihm das gierige Herz zu schwer, –
Er stürzt – und sinket zu Grund.

Drob freute das listige Fischlein sich fast,
Rief seine Gespielen all;
Die kamen von Nord und von Süden zu Gast –
Sie kamen zum Leichenmahl.

Der See am Arber

Vor vielen Jahre lebte unten in der Bergstadt Bodenmais, die am Fuße des Arber liegt, ein armer Bergknappe, denn es wurde schon damals in den umliegenden Bergen am Hollaberg und an der Bischofshaube in Gruben gearbeitet und allerlei Steine aus der Erde gegraben: ja die Leute wollten wissen, die Bergwerke seien damals viel ausgedehnter und ergiebiger gewesen, denn wo man jetzt nur Schwefelkies und rothes Eisenerz gräbt, da soll damals Gold nichts Seltenes, das Silber aber ganz gewöhnlich gewesen sein. Der arme Knappe nun, er hieß Oswald, war nicht so gar arm, daß er nicht sein Auskommen gehabt hätte, denn er verdiente mit dem Fäustel wohl so viel, daß er das Leben durchbrachte; es blieb auch noch ein bischen was übrig, um sich ein Gutes thun und sich sehen lassen zu können, wenn der Jahrtag der Knappen war, und die Burschen ihre Mädels zu Tanze führten. Das war ihm aber nicht genug, er wollte mehr verdienen und mehr haben, und wenn er so allein in dem Stollen stand und bei seinem Grubenlichte vor sich hinhämmerte, da legte er oft den Werkzeug hin und sinnierte und grübelte darüber nach, wie er es wohl angehen müsse, ein reicher Mann zu werden. Das war ihm so in den Kopf gekommen, seit auf dem letzten Jahrtag die Glashüttenleute von der Frauenau und vom Rabenstein mit ihren Frauen und Mädeln herübergekommen waren. Die stattlichen wohlhäbigen Männer in ihrer schmucken eigenthümlichen Tracht, die Weiber, mit allerlei Zierath reichlich angethan, und der Geldüberfluß den sie blicken ließen, hatten in seinen Augen die Bergknappen in ihren dunklen Gewändern und dem schwarzen Schurzfell gewaltig in Schatten gestellt; darum war ihm seine Arbeit verleidet, und er hatte keinen sehnlichern Wunsch, als auch einer von diesen glücklichen Menschen zu sein, die nicht Noth hatten, in die finstern Berge hinabzusteigen, und deren lichte zierliche Arbeit so glänzend bezahlt wurde, als sie selber aussah. Die Hauptsache dieses Wunsches mochte aber wohl sein, daß er auf dem Jahrtag die Tochter des Glasfürsten von Rabenstein, die schöne Corona, gesehen und seitdem nicht mehr vergessen hatte; Glasfürsten haben ihres Reichthums wegen die Besitzer von Glashütten geheißen. Wenn er nun im Stollen saß, so gaukelte ihm das Bild

der schönen Corona vor den Augen herum, und wenn das Licht auf den Krystalladern im Gestein funkelte, zeichneten ihm die Schatten ganz deutlich ihre Züge auf die Wände hin.
Und einmal, wie er eben ausrastete und beim Scheine seines Grubenlichts das Gestein anstarrte, an dem er eben gearbeitet hatte, und in welchem eine lichte Ader von Schwefelkies blinkte, da kam es ihm zu Sinn, wie es wäre, wenn die Ader nicht solch' geringes Metall, sondern wirkliches Gold enthielte, was er dann Alles beginnen und wie er in einem vierspännigen Wagen zu dem Glasfürsten von Rabenstein hinüber fahren würde – dann aber fiel er plötzlich wieder aus seinem geträumten Himmelreich, denn wenn er auch pures blankes Gold aus dem Gestein gehauen hätte, wäre ihm damit doch nicht geholfen gewesen; das Gold hätte ja den Herren von der Gewerkschaft gehört, er aber wäre der arme Knappe geblieben nach wie vor.
Wie er nun so da saß und sinnierte, da kam es ihm vor, als wenn ein Schatten über das Gestein huschte, dann aber, als wenn ein kleines Männlein vor demselben stünde und ihn mit lachendem Grinsen ansähe, gleich ihm als Bergmann gekleidet mit dem schwarzen Kittel und dem schwarzen Rutschleder darüber. Erst als das Männlein laut zu lachen anfing, sah er, daß es keine Einbildung, sondern ein wirklicher Mensch war, der Gruben-Veitl, ein zwerghafter Mensch, den man im Bergwerk zum Ausfahren des Erzes auf den Karren verwendete und litt, weil er als Knabe in den Schacht gestürzt war und sich so schwer beschädigt hatte, daß er ganz verkrüppelt und verwachsen blieb und manchmal auch im Kopfe nicht richtig zu sein schien.
„Erschrickst Du an mir, schmucker Knappe", kicherte er Oswald mit unheimlichem Tone entgegen. „Hast nicht Ursache! Ich hab' Dich oft beobachtet, wo Du geglaubt hast, allein zu sein – ich weiß was Dir fehlt, und könnte Dir gar wohl helfen!"
Oswald wußte nicht, wie ihm geschah. „Du mir helfen?" fragte er unsicher entgegen und trat dem Alten wie unwillkürlich einen Schritt näher.
„Freilich wohl, mein schmucker Knappe", fuhr der Zwerg mit widerlich grinsendem Lachen fort – „möchtest gerne reich sein, möchtest gern die schöne Corona zum Bräutchen haben! Droben im See ist, was Dir dazu helfen kann! Hier unten an das taube Gestein schlägst Du umsonst – im freien Wald, unter freiem Himmel, droben im Arbersee, da sind Fischlein, die haben Schuppen von Silber – die Flossen aber sind gediegenes Gold und die Augen pures Edelgestein. Wer ein Netz voll solcher Fischlein hätte! Geh hinauf, schmucker Knappe und hol sie Dir! Um Mitternacht, wenn der Vollmond in den See scheint, ist die rechte Stunde! Geh hinauf, wirf Dein Netz aus und dann fahre vierspännig hinüber zum Rabensteiner Glasfürsten! Aber gib wohl Acht, daß du kein Steinchen und wär's nur so groß wie eine Erbse, in den See wirfst, oder daß unter Deinem Fußtritt keines locker wird und hineinrollt, sonst hat der See Gewalt über Dich und Du bist verloren!"
Oswald stand betäubt, es sang ihm vor den Ohren, daß er die Reden des Zwerges nur undeutlich vernahm und doch schoß ihm jedes Wort in die Seele. Der Alte kam ihm noch näher. „Will Dich auch das Sprüchlein lehren, das die Fische bannt", murmelte er. „Horch auf! –

„Ihr Geister in Wasser, in Wald und Gestein
Ich will Euch wieder zu Diensten sein,
Jagt mir die Fische ins Netz hinein!"

„Merk Dir's fein, schmucker Knappe – hol' Dir die Fischlein, hol' Dir die Braut!"
Damit war der Zwerg am Gestein wie verschwunden, von droben aber durch den Einfahrtschacht tönten die entfernten Schläge einer Glocke und verkündeten, daß es Zeit sei, Abendschicht zu machen und daß droben auf der Erde eben zum Abendgebete geläutet werde.
Oswald stand noch eine Sekunde wie versteint, dann rieb er sich die Augen, wie einer, der aus einem Traume aufwacht und wollte eben den Weg zum Auffahrtschachte einschlagen, als sich ihm eine Hand auf die Schulter legte, und eine tiefe, ernste Stimme ihn freundlich anredete.

„Hol' Dir die Fische nicht, Knappe", sagte die Stimme, es war die des Steigers – „vergiß das Sprüchlein, das Dich der Neidhart gelehrt hat. Ich will Dir dafür ein's sagen das besser ist, das heißt: „Bete und arbeite und trotze dem Teufel!" – Ich habe Dein Gespräch mit dem Zwerg angehört und es ist mir jetzt doppelt lieb, daß ich noch einen Rundgang durch die Stollen gemacht habe, weil ich Dich nun retten kann. Komm mit mir herauf in's Dorf. Du bist immer ein ordentlicher Bursche gewesen, sieh daß Du es auch bleibst und unmögliche Dinge muß ein rechter Bursche sich aus dem Kopf schlagen!"
Mit diesen Worten faßte er Oswalds Arm, der sich auch wie willenlos führen ließ und geleitete ihn unter freundlichem Zureden aus den Gruben hinaus bis an die Thüre seiner Wohnung. „Geh hinein", sagte er dann, indem er sich zum Gehen wendete, „verschlafe die bösen Gedanken und sprich vorher Dein Abendgebet, daß nichts Böses zu Dir hinein kann! Gute Nacht!"
Damit ging der wackere Steiger. Oswald trat in seine Stube, aber er konnte nicht beten und nicht schlafen, obwohl er sich auf's Bett hinlegte. Seine Gedanken waren immer bei der schönen Corona und es kam ihm vor, als säh' er draußen, wo inzwischen der Vollmond aufgegangen war und hell herunterschien, den Gruben-Veitl stehen und zum Arber hinaufdeuten. Lange kämpfte er mit sich selbst, ob er gehen solle oder nicht – da schlug es vom Kirchthurme zehn Uhr. Nun wäre es noch möglich, wenn er rasch ging, bis Mitternacht zum See hinauf zu kommen – wenn er zögerte, so war die gute Stunde vielleicht auf lange versäumt, denn da der See in einem tiefen Abgrund liegt, trifft es sich nur zu gewissen Zeiten, daß der Mond so steht, daß er auf das Wasser scheinen kann. Das entschied – er stieß die Thüre auf, und flog, das hastig ergriffene Netz auf dem Rücken, dem Arber zu. Der Weg kam ihm so kurz vor wie noch nie – die Bäume rauschten hinter ihm her, als jagten sie ihn, und fast athemlos kam er am Ufer des Sees an. Schwarz wie das Grab lag das Wasser da und in der Mitte spiegelte sich der Vollmond in hellster Klarheit – ringsum war das tiefste Schweigen – von ferne aber und ganz schwach hörte man die Thurmuhr der Bergstadt die zwölfte Stunde schlagen.
Oswald säumte nicht. Vorsichtig näherte er sich dem Ufer des Sees, um nicht das Kiesgeröll durch einen falschen Tritt locker zu machen, daß es ins Wasser hinabfiele – wie er dann festen Fuß gefaßt hatte, senkte er hastig sein Netz unter und rief:

„Ihr Geister in Wasser, in Wald und Gestein
Ich will Euch wieder zu Diensten sein,
Jagt mir die Fische ins Netz hinein!"

Da fingen die alten Schwarztannen um den See herum zu wanken und zu ächzen an, als wäre ihnen unheimlich zu Muth; über das Wasser strich es, wie ein nebliger Schleier, wenn ihn der Wind wegnimmt, und das Netz tanzte auf und ab, als wollt' es aus dem Wasser heraus. Es wurde immer schwerer in Oswalds Hand – er hob es empor – da wimmelte es darinnen von Fischen, die hatten alle silberne Schuppen und Augen von Edelstein, die Flossen aber waren gediegenes Gold. Rasch war der kostbare Fang am Ufer und Oswald fing an, die Fische in ein Tuch einzubinden, das er mitgebracht. Die Fische aber wollten sich nicht binden lassen und schnalzten und sprangen in die Höhe, wie es die Fische machen, wenn sie auf's Trockene kommen. Wie nun Oswald dennoch alle beisammen hatte, da sprang noch ein Fischlein lustig in die Höh' und fiel aus dem Tuch auf die Kiesel am Strande. Oswald hatte wohl das ganze Tuch voll der schönsten Fische, aber der herausgesprungene war doch beinahe der allergrößte – in seiner Habgier wollte er ihn nicht zurücklassen und haschte eilig darnach, aber in der Hast glitt er aus, die Kiesel lockerten sich unter ihm und rollten den Abhang hinunter in den See. Da wurde mit einemmal der ganze Himmel schwarz, wie zuvor das Wasser gewesen war, dies aber schäumte hoch auf und brauste und tobte, während Blitz auf Blitz auf die Tannen niederfuhr und sie übereinander stürzte und über Alles hinaus Schlag auf Schlag der Donner brüllte.
Wie es wieder ruhig geworden war am Ufer, war von den Fischen, die Oswald gefangen, und auch von ihm selber nichts mehr zu sehen.

Am anderen Tage, als er nicht kam, wie man zur Schicht einläutete, erzählte der Steiger voller Bestürzung, was er wußte. So erfuhr auch die schöne Corona von der Liebe des Knappen zu ihr, und weil sie ihn bedauerte, bewog sie ihren Vater, zuhöchst auf dem Arber über der Felswand, die sich über den See absenkt, ein Kirchlein bauen zu lassen – die Leute aber sagten, auch sie habe den Knappen Oswald in der Stille im Herzen getragen und es wäre nicht unmöglich gewesen, daß ihr der alte Glasfürst ihren Willen gelassen haben würde.

Das Kirchlein wurde an dem Tage, an dem Oswald zu Grunde ging, – das war am St. Bartholomäus-Tag – über's Jahr eingeweiht. Seitdem ist die Macht der See-Geister gebrochen – im See aber ist weder ein Fisch, noch sonst ein lebendiges Geschöpf zu finden.

Die Rache des Arbersees

Einmal wollte ein Mann die Tiefe des Arbersees wissen. Er fuhr mit einem Kahn auf den See hinaus, band einen Stein an ein langes Seil und ließ den Stein ins Wasser hinunter. Da hörte er aus der Tiefe eine Stimme: „Willst du mich erdrücken, so will ich dich ersticken." In demselben Augenblick stürzte der Kahn um, und der Mann ging unter. Er kam nicht wieder an die Oberfläche.

Der Arbersee will seine Opfer haben

Einmal ging ein Wanderer am Arbersee vorbei. Da hörte er aus dem See eine tiefe Stimme. Diese rief: „Die Stunde ist da, und sie sind noch nicht gekommen." Nach dem Wanderer kamen zwei junge Leute daher. Sie wollten zum Baden gehen. Da hörte er nochmals die gleiche Stimme: „Die Stunde ist da, und sie sind gekommen." Die zwei jungen Leute schwammen in den See hinaus. Sie lachten und scherzten, plötzlich wurden sie in der Mitte des Sees in die Tiefe gezogen und nicht mehr gesehen.

(HALLER, 1983)

Hinweis: Die Sagen wurden im Originaltext übernommen.

Aus: Sabine Becker, Der Böhmerwald (Šumava), Grafenau 1992 (Morsak Verlag)

Über den Großen Arbersee im 19. Jahrhundert

Von der Spitze des Großen Arbers in südöstlicher Richtung niedersteigend gelangt man an den großen Arbersee. Er liegt ungemein malerisch in einem tiefen Bergkessel, der eine halbe Stunde im Umfange haben mag und nur an einer Stelle offen ist, dem Wasser dort einen engen Weg zum Abflusse lassend. Ungestört treibt in diesem entlegenen Erdwinkel die Natur ihr ewiges Spiel des Niederreißens und des Wiederaufbauens tausendfachen Lebens aus tausendfachem Tode. Die Landschaft, wenn schon bei Weitem nicht so düster, wie um den Rachelsee, zeigt doch auch in hohem Grade den Charakter des Wildschönen, welchen die Feder nur in schwachen Umrissen wiederzugeben vermag. Hohe, steile Bergwände, mit dunklen Föhren und Fichten bekleidet, bilden rings das Seebecken. Alles ist Wald, den Raum ausgenommen, welchen der See einnimmt. Darüber erhebt hoch und feierlich der Arber sein königliches Haupt. Die den See umschließenden Hänge baden ihren Fuß in tiefen Morästen, welche von den feuchten Niederschlägen der Atmosphäre und wahrscheinlich auch durch Quellen, die aus dem Innern des Gebirges hervorsickern, genährt werden. Es wäre unmöglich, über sie hinweg zu kommen, wenn nicht allenthalben umgestürzte Ranen (Baumstämme) in Menge herumlägen, auf welche man beim Fortschreiten fußen kann. Oft muß man aber von Rane zu Rane einen ziemlich weiten Sprung wagen. Die Eingebornen gehen sicher auf diesen unfährtigen Wegen, während sie für den Ungeübten nicht ohne Gefahr sind. Im See halten sich Steinforellen auf.

(GRUEBER, 1846)

**Der Große Arbersee –
Lage, Struktur und Hydrologie**

Der Große Arbersee liegt 934 m über NN (Normal Null d.h. Meeresspiegel) südöstlich des 1453 m hohen Arbergipfels.
Er ist eingebettet in einen weit zur Gipfelregion vorgedrungenen Talschluß (Erosionskerbe) und hat eine Wasserfläche von 6,85 ha. Den geologischen Untergrund im Einzugsgebiet bilden vorwiegend Gneise (Paragneise und Biotit-Plagioklas-Gneise). Gneise sind metamorphe, also umgewandelte Gesteine aus Feldspat (z. B. Plagioklas), Quarz und Glimmer (z. B. Biotit) und Sillimanit. Auf diesem Untergrund haben sich flache Braunerden und Podsole, beides basenarme Böden, entwickelt (STEINBERG u. HARTMANN-ZAHN, 1989).
Im Westen des Sees liegt die zu einem großen Teil aus mehreren Felshängen bestehende Seewand (ehemalige Kar-Rückwand) mit dem Geigenbach auf der Nord- und dem Bärnbach auf der Südflanke über dem Seeloch. Die „Geige" weist bis 45 ° Hangneigung auf. Die Seewände über dem Seeloch sind steiler und werden von zahlreichen glatten Felswänden unterbrochen. Der See ist unter dem Wasserspiegel in zwei Becken gegliedert, die durch eine Karschwelle getrennt sind

- das westliche Becken mit einer maximalen Tiefe von ca. 9 m
- das östliche mit einer maximalen Tiefe von ca. 15 m.

Die Wasserfläche ist auf ca. 6,85 ha reduziert, da 1 ha von schwimmenden Halbinseln (Filzen) abgedeckt wird.
Der gesamte Seegrund besteht aus einer teils mehrere Meter dicken Schlammschicht.
Das Wassereinzugsgebiet erstreckt sich über ca. 2,6 km^2. Der größte Zufluß ist der Geigenbach, der im Nordwesten neben der Seewand einfließt und am entgegengesetzten östlichen Ende neben dem Arberseehaus wieder austritt.
Geringer Zufluß kommt vom Bärnbach sowie von Sickerquellen direkt aus der Seewand.
Etwa 3 km Bachstrecke nach dem Austritt aus

dem See und nach 300 m Höhenverlust mündet der Geigenbach bei Seebachschleife in den Großen Regen.

Durch die geschützte Lage des Sees im Talkessel und die Windabschirmung der umschließenden Mischwaldgürtel findet keine Durchmischung der obersten Wasserschichten statt. Die Temperatursprungschicht[1]) beginnt im Sommer direkt an der Wasseroberfläche. Der See erwärmte sich zu dieser Jahreszeit in den letzten Jahren an der Oberfläche bis zu 22,8 °C. In der Tiefe von ca. 15 m lag die Temperatur im Sommer bei durchschnittlich 6,7 °C. Dieser Wert wurde ermittelt aus den jährlichen Messungen zwischen 1985 und 1994.

Siehe Tabellen S. 86 f.

Geomorphologische Entstehung des Seebeckens

(Siehe auch „Entstehung der Eiszeitseen" S. 19)

Der Große Arbersee ist ein Kar-Endmoränensee (Kar-Zungenbeckensee). Er entstand während der letzten Kaltzeit (Würmeiszeit).

Diese letzte Kaltzeit begann vor etwa 70 000 Jahren und endete vor ca. 10 000 Jahren. Die Mächtigkeit des Großen Arbersee-Gletschers wurde in einer Höhe von 1050 m auf 125 m geschätzt. Das Gletscherende wurde bei 850 m Höhe festgestellt (RATHSBURG, 1929).

Als vor etwa 10 000 Jahren die Eismassen innerhalb eines Zeitraumes von 100 bis 200 Jahren schmolzen, hinterließen sie eine Mulde im Gesteinsuntergrund, die sich mit Wasser füllte. Durch diese Mulde fließt heute der Geigenbach. Die Mulde ist in zwei Becken gegliedert, ein westliches und ein östliches Seebecken.

- Westliches Seebecken (Karbecken):
  Es ist durch die schleifende Wirkung des Eises auf der Paragneisunterlage herausgearbeitet worden. Das Becken liegt quer zur Seewand und hat heute eine Tiefe von ca. 9 m.
- Östliches Seebecken (Zungenbecken):
  Über dem Gesteinsuntergrund liegen lehmige Gesteinsmassen. Der Gletscher hat diese vor seinem endgültigen Rückzug auf dem Seeboden als Grundmoräne und in Form eines Walles als Endmoräne abgelagert. Auf diese Weise wurde das nun ca. 15 m tiefe Seebecken abgedichtet.

Die mehrgliedrige Seewand am Westende des Sees ist durch die charakteristische Gletscherbewegung abgeschliffen worden. Zahlreiche Felsblöcke bedecken den Fuß der Seewand und finden sich in den anschließenden Moränenwällen. Der See ist girlandenförmig von mehreren Seitenmoränen umgeben. Besonders deutlich sind diese auf der Nordflanke, weniger klar auf der Südflanke ausgebildet. Sie begleiten das Seeufer in einigem Abstand und vereinigen sich unterhalb der Straßengabelung Regenhütte/Bodenmais zur mächtigen über 100 m hohen Endmoränenstaffel.

Auf dem im Osten liegenden innersten Endmoränenwall, welcher als jüngste Ablagerung angesehen wird, steht das Seehaus.

Zur Entstehung des Seebeckens siehe Schema als angenommene Situation während des Hochwürms, S. 20.

Die schwimmenden Halbinseln (Filze)

Siehe auch „Entstehung der Moore", S. 18, und „Die schwimmenden Inseln (Filze)", S. 22.

Die schwimmenden Halbinseln entstanden aus dem Hochmoor (Filz), das sich im Westen des Sees unterhalb der Seewand entwickelt hatte. Bis etwa 1950 machte man sich das Wasser zunutze, um Baumstämme in das Tal zu triften (transportieren), wozu der See entsprechend aufgestaut wurde. Dabei löste sich das Hochmoor vom Untergrund ab und es entstanden die schwimmenden Halbinseln mit einer derzeitigen Gesamtfläche von ca. 1 ha:

- eine nördliche Halbinsel und
- eine südliche Halbinsel

(Siehe Bild S. 88 und Seekarte S. 53)

[1]) Grenzschicht zwischen der oben liegenden warmen Wasserschicht und der kalten Schicht darunter.

Sie sind am Westufer angewachsen. Zwischen den beiden Halbinseln tritt der Geigenbach ein. Die Stärke dieser schwimmenden Halbinseln liegt bei 1,5 m bis 3,5 m. Etwa 20 cm bis 30 cm der Gesamtstärke ragen über die Wasseroberfläche heraus. Heute bestehen die Halbinseln im wesentlichen aus Torf mit Übergangs- und Hochmoorbewuchs. Er wird hauptsächlich von Sphagnen (Torfmoosen), Seggen, Fieberklee, Moosbeere, Rosmarinheide und Sonnentau gebildet. Selbst einige Krüppelfichten kämpfen gegen die Moorbedingungen an. Diese Vegetationsgemeinschaft wächst ständig, wenn auch z. Zt. mit einer sehr geringen Wachstumsrate. 1803 bis 1897 wuchsen die Halbinseln schneller, so daß der See eine Fläche von 1,46 ha verlor. Um die weiter „drohende Verfilzung" zu verhindern, wurden um 1899 Teile abgesprengt, abgestochen und an Land gezogen (PRIEHÄUSSER, 1974).

Die nördliche schwimmende Halbinsel hat zwischen Unterseite und Seeboden einen Abstand von max. 1 m, meist jedoch weniger, so daß man nur an manchen Stellen darunter eindringen kann. Oft ist bereits nach wenigen Metern durch herabhängendes üppiges, teils starkes Wurzelwerk ein weiteres Vordringen unmöglich. Hier zeigen sich Verlandungserscheinungen.

Bei der südlichen schwimmenden Halbinsel variiert der Abstand zwischen Unterseite und Seeboden von 4 m bis Null. Reiches faseriges, mit Schlamm überdecktes Wurzelwerk hängt bis etwa 1,5 m Länge von der Decke herunter. Manchmal ist die schwimmende Moordecke durchbrochen. Ein schmaler Lichtstrahl dringt in die ewige Dunkelheit und erhellt die gespenstische Landschaft. Die Öffnungen sind meist zu eng, um hier auszusteigen. Dort, wo der Schlammgrund ausreichend Licht bekommt, bilden sich Algen. Der Boden besteht aus tiefem, lockerem Schlamm.

Durch das Wachstum der schwimmenden Halbinseln und durch den „Dauerregen" an organischen und anorganischen Teilchen, vor allem unter den schwimmenden Inseln, besteht die Neigung zur allmählichen Verlandung.

Versauerung des Großen Arbersees und Auswirkung auf die Tier- und Pflanzenwelt

Ursache und Auswirkung der Versauerung wurden für den Großen Arbersee, den Kleinen Arbersee und den Rachelsee allgemein unter „Versauerung der Seen und Konsequenzen für die Tier- und Pflanzenwelt" S. 23 geschildert. Tabellen mit chemischen und physikalischen Werten des Großen Arbersees s. S. 86 f.

Im folgenden werden einige Details des Großen Arbersees speziell behandelt.

Der Große Arbersee erfuhr vor der gegenwärtigen Versauerung eine Periode der gelinden Versauerung, die auf erzverarbeitende Industrien im benachbarten Ort Bodenmais zurückgeführt wird. Hier wurden sulfidische Erze für die Polierrotherstellung (Polierrot fand Verwendung als Schleifmittel in der Glasindustrie) geröstet. Die verarbeiteten sulfidischen Erze enthielten etwa 40 % Fe (Eisen), 25 % S (Schwefel), 2,5 % Zn (Zink), 0,2 % Cu (Kupfer) und 0,06 % Pb (Blei). Das Rösten dieser Erze auf Holz und Kohle setzte neben SO_2 (Schwefeldioxid) auch Metalle frei, die dann im Einzugsgebiet und im See selbst niedergingen.

Die größte Menge des Polierrotes wurde Anfang dieses Jahrhunderts hergestellt. Als die Erzrösterei schließen mußte, erholte sich der pH-Wert des Sees wieder kurzfristig. Nachdem die früheren lokalen Versauerungsquellen abgestellt sind, geht die heutige Versauerung auf den Ferntransport der Schadstoffe zurück.

Man kann davon ausgehen, daß die gegenwärtige Versauerung zwischen 1958 und 1963 begann (MELZER und ROTHMEYER, 1983).

Tierwelt

Der niedrige pH-Wert und die dadurch gelösten Metalle als zusätzliche Belastung haben dazu geführt, daß sich die Tierwelt im See veränderte. So sind bestimmte Tiere ausgestorben; nur säuretolerante Tierarten können sich im See entwickeln.

Entsprechend mündlicher Überlieferung wurden noch 1949 große Seeforellen geangelt. Kurz danach, man vermutet 1952, sind alle

Fische ausgestorben. Die nördliche Seehälfte war zeitweilig an den Fischereiverein verpachtet, der einmal Saiblinge einsetzte. Dieser Versuch war ein Fehlschlag, denn für das Fischleben im See ist ein pH-Wert über etwa 5,5 und reines, metallionenarmes Wasser nötig.
Heute findet man im See nur noch Wasserkäfer, Wasserwanzen, Larven von Eintags-, Stein- und Köcherfliegen sowie die Larven von Libellen. Als Ausnahme wurde ein Froschlurch, auf Algen sitzend, an der Peripherie der südlichen, schwimmenden Halbinsel beobachtet (BEUTLER/SCHNEIBERG, 1986 und „Tagebuch über die Untersuchung der Unterwasserwelt des Großen Arbersees", C. WEILNER, 1992, S. 46).

Pflanzenwelt

Durch die Versauerung sind charakteristische Weichwasserpflanzen verschwunden und es erschien eine eintönige Gesellschaft aus Sphagnum-Arten (Torfmoos-Arten) und Juncus bulbosus f. fluitans (Rasenbinse).
In dem Ergebnisbericht von A. MELZER und E. ROTHMEYER, 1983, der auf einer Tauchkartierung (Bestandsaufnahme durch Taucher) basiert, wurde folgendes mitgeteilt:
„Bei der Kartierung wurden amphibische (können sowohl über dem Wasser als auch untergetaucht leben) Röhrichtpflanzen, Schwimmblattpflanzen und untergetauchte Arten erfaßt. Eine Röhrichtzone mit Schilf und Binsen fehlt. Die Ufervegetation setzt sich hauptsächlich aus Carex-Arten (Seggen) zusammen. Sie wurde nicht genauer bestimmt. Die Vegetationszone wurde im Uferbereich vom Gewässerrand bis zur untersten Vegetationszone bei 6 m bis 7 m Tiefe erfaßt.
13 Wasserpflanzenarten konnten im Großen und Kleinen Arbersee gefunden werden, wobei nur 5 in beiden Seen gleichzeitig vorkommen. Von diesen 5 Arten sind 2 dominierend, nämlich Sphagnum cymbifolium (Torfmoosart) und Juncus bulbosus (Rasenbinse). Bei all diesen submersen Pflanzen fiel auf, daß sie stark mit fädigen Grünalgen bewachsen waren.
Besonders bemerkenswert ist, daß vor über 100 Jahren anscheinend Chara strigosa vorkam. Diese Armleuchteralgenart ist sonst nur aus Gebirgsseen der Alpen und dem Atlasgebirge bekanntgeworden. Die Ursache der Florenverschiebung ist nicht auf eine natürliche Sukzession (Veränderung des Artenbestandes) zurückzuführen, vielmehr wurde sie ohne Zweifel durch die starke Versauerung der Seen ausgelöst.
Bestimmte Schwimmblattpflanzen haben eine hohe Toleranz gegenüber einem tiefen pH-Wert des Wassers. Andere, die ihr Optimum über pH-Wert 7 haben, sterben unter pH 5,5 aus. Bei diesen Voraussetzungen erklärt sich, daß im Großen und Kleinen Arbersee nur noch die Gelbe Teichrose existiert, das früher vorkommende Schwimmende Laichkraut jedoch nicht mehr lebensfähig ist.
Bestimmte Arten des Tausendblattes gedeihen am besten zwischen pH 6,0 und 6,5. Sehr selten wurden Tauchblattarten auch in Seen mit einem pH-Wert von 4,7 gefunden. Das Verschwinden von solchen Arten in den beiden Arberseen ist vermutlich bedingt durch ihre Empfindlichkeit gegenüber tiefen pH-Werten.
Als neue typische Floren-Elemente haben sich Sphagnum-Arten (Torfmoos-Arten) und Juncus bulbosus f. fluitans (Rasenbinse) in den beiden Arberseen angesiedelt. Dies sind die einzigen Pflanzengruppen, die erst bei tiefem pH-Wert in den See einwandern. Die obere pH-Grenze dieser Pflanzengruppen liegt bei etwa pH 5,6. Ihr verbreitetes Auftreten in Stillgewässern zeigt die Versauerung dieser eindeutig."
Zur Pflanzenwelt siehe auch „Tagebücher über die Untersuchung der Unterwasserwelt des Großen Arbersees", C. WEILNER, 1992, S. 46 und 1995, S. 55. Hier werden die oben beschriebenen Ergebnisse pauschal bestätigt. Jedoch entstand der Eindruck, daß zwischenzeitlich eine deutliche Ausweitung der Sphagnen (Torfmoose) und der Juncus bulbosus f. fluitans (Rasenbinse) stattgefunden hat.
In den Tagebüchern sind auch Phänomene dokumentiert, die bisher in der Literatur nicht beschrieben wurden. In nachstehender Tabelle sind die Ergebnisse der verschiedenen Untersuchungszeiten gegenübergestellt:

Diese Phänomene waren wie folgt zu beobachten:

Tagebuch 1992	Tagebuch 1995
5 Tauchabstiege	2 Tauchabstiege
	Tauchabstieg im Juni und August:
Im September (kein Tauchgang im Sommer): Vereinzelt wurden an der Peripherie der südlichen schwimmenden Halbinsel und wenige Meter darunter von der Decke herabhängende und oft mit der Decke wieder verbundene, teilweise verzweigte Stränge mit einer Länge bis zu 5 m und einem maximalen Durchmesser von 3 cm gefunden. Im Scheinwerferlicht erscheinen diese fädigen Gehänge hellbeige bis gelblich. Sie zerfallen bereits bei geringsten Wasserdruckwellen zu feinen Teilchen.	Keine derartigen Gebilde gefunden
Im Sommer bis in den Herbst: An manchen Stellen traten ähnlich aussehende Stränge bis ca. 40 cm Länge und bis 2 cm Durchmesser schleifenartig verschlungen auch am Schlammboden auf (Bild S. 98). Meist fanden sie sich in den Randgebieten der schwimmenden Halbinseln und wenige Meter vom Nordufer entfernt. Ebenso wie die an der Filzdecke hängenden Stränge zerfallen sie bereits bei den geringsten Wasserdruckwellen zu feinen Teilchen.	Keine derartigen Gebilde gefunden
Im Sommer bis in den Herbst: Im gesamten See fanden sich wollfadenartige, oft senkrecht schwebende Gebilde meist bis 10 cm Länge, die nur im künstlichen Licht gut erkannt werden können. Sie erscheinen in weißlicher Farbtönung.	Derartige Gebilde gefunden

Wahrscheinlich handelt es sich um Organismen verschiedener Erscheinungsformen. Die Analyse dieser Phänomene ergab bisher keine zuverlässigen Ergebnisse. Es werden neue Methoden für eine sichere Bestimmung entwickelt.

Um weitestgehende Informationen über den gegenwärtigen Stand der Pflanzenwelt und über Mikroorganismen zu erhalten, wurden in den Seen durch Taucher gezielt Proben entnommen:

Makrophyten:

Die Proben der lt. Tagebücher S. 55 und S. 147 am 6. August 1995 aus dem Großen und Kleinen Arbersee entnommenen Makrophyten wurden von Š. HUSÁK bestimmt. Die Ergebnisse werden im folgenden zusammengefaßt:

Ziel der Untersuchungen war, die Artenzusammensetzung der Makrophytengemeinschaften festzustellen und eine Vorstellung von den physikalisch-chemischen Eigenschaften der Seen zu bekommen. Durch den Einsatz von Tauchern konnten gezielt Querschnittproben vom Litoral[1]) bis in die Seetiefe entnommen werden.

Besonders typisch für beide Seen sind Juncus bulbosus f. fluitans (Rasenbinse), verschiedene Sphagnum-Arten (Torfmoose), speziell Sphagnum cuspidatum und Sphagnum inundatum, ferner Nuphar lutea (Gelbe Teichrose) sowie die schwimmenden Inseln mit seltener Torfvegetation.

Eine Auflistung der sowohl im Großen als auch im Kleinen Arbersee entnommenen Makrophytenproben findet sich auf S. 41 und S. 130.

Juncus bulbosus f. fluitans und Sphagnum inundatum wachsen im Großen Arbersee bis in einer Tiefe von 6 m (S. 43, Abb. E).

Die Seen im Böhmerwald sind bekannt für ihre Laichkrautbestände. So wurde beispielsweise Isoëtes lacustris im Černé jezero (Schwarzer See) noch in 8 m Tiefe (HUDEC, u. a., 1993) und Isoëtes echinospora im Plešné jezero (Plöckensteinsee) / Šumava – Böhmerwald in 1 m Tiefe (Weilner 1996) beobachtet (Bilder S. 280). In den Seen auf bayerischer Seite konnten wir bei unseren Tauchgängen keine Vorkommen feststellen.

Sphagnum cuspidatum bildet oft ausgedehnte Kolonien, sie erscheinen wie „schwebende Wiesen" (S. 42, Abb. B und S. 128, Abb. B).

Nuphar lutea (Gelbe Teichrose) wächst auch in tieferen Regionen. Bei etwa 3,5 m Tiefe jedoch bildet diese Art lediglich Unterwasserblätter (Grundblätter) und keine Blüten mehr.

In der Tabelle S. 41 unten sind zwei dominierende Makrophytentypen, Nuphar lutea und Sphagnum cuspidatum, mit einigen chemischen und physikalischen Wasserwerten aufgeführt. Nuphar lutea wurde mit einer Probe des umgebenden Wassers aus dem Großen Arbersee, Sphagnum cuspidatum mit seinem lokalen Wasser aus dem Kleinen Arbersee entnommen. Die Wasserproben zeigen eine ausgesprochen ähnliche Zusammensetzung der Ionen, Leitfähigkeit und Alkalität. Nitrate, Nitrite und Ammonium sind sehr gering. Der Phosphorgehalt im Kleinen Arbersee wurde hier nicht bestimmt.

In Übergangszonen vom Land zum Wasser haben sich Bestände von Carex rostrata (Schnabelseggen) angesiedelt (S. 43, Abb. C und Abb. D, S. 129, Abb. C und Abb. E). In der südlichen Verlandungszone des Kleinen Arbersees folgt den Beständen der Carex rostrata (Schnabelsegge) eine Hochmoorgesellschaft (Oxycocco-Sphagnetea) mit den Arten Oxycoccus palustris (Moosbeere), Sphagnum flexuosum, Sphagnum riparium, Sphagnum fallax, Carex limosa, Calla palustris (Sumpfcalla), Scheuchzeria palustris (Blasenbinse) Rhynchospora alba (Weißes Schnabelried) etc. (S. 129, Abb. C; s. hierzu auch KAULE, 1973).

Am Rande kleiner Vertiefungen auf der mittleren schwimmenden Insel des Kleinen Arbersees wurde eine bedeutende Ansiedlung von Lycopodiella inundata (Moor-Bärlapp) beobachtet (S. 129, Abb. F).

---

[1]) Abfallender Seegrund vom Ufer.

Artenliste der am 6. August 1995 im Großen und Kleinen Arbersee entnommenen Makrophytenproben

(Bestimmung der Moose L. REKTORIS, Bestimmung der anderen Pflanzen Š. HUSÁK)

Arten	Großer Arbersee	Kleiner Arbersee
Moose		
Marsupella sphacelata DUM.	–	+
Scapania undulata DUM.	+	–
Sphagnum cuspidatum ERH.	+	+
Sphagnum inundatum RUSS.	+	+
Sphagnum fallax KLINGGR.	+	–
Gefäß-Pflanzen		
Calla palustris L. (Sumpfcalla)	+	+
Glyceria declinata BERB. (Blaugrüner Schwaden)	–	+
Glyceria fluitans (L.) R. BR. (Flutender Schwaden)	+	–
Juncus bulbosus L. f. fluitans (Rasenbinse)	+	+
Lycopodiella inundata (L.) HOLUB (Moor-Bärlapp)	–	+
Menyanthes trifoliata L. (Fieberklee)	–	+
Nuphar lutea SIBTH. et SM. (Gelbe Teichrose)	+	+
Potentilla palustris L. (Sumpffingerkraut)	–	+
Scheuchzeria palustris L. (Blasenbinse)	+	+
Utricularia minor L. (Kleiner Wasserschlauch)	+	+

Sphagnum cymbifolium und Scirpus lacustris, welche 1981 dokumentiert wurden (MELZER und ROTHMEYER 1983), konnten bei dieser Bestandsaufnahme nicht gefunden werden.

Analyse des zwei dominierende Vegetationstypen
(Nuphar lutea, Großer Arbersee, und
Sphagnum cuspidatum, Kleiner Arbersee)
umgebenden Wassers

Entnahme der Proben 6. August 1995

	NO_3-N mg·l^{-1}	NO_2-N mg·l^{-1}	NH_4-N mg·l^{-1}	PO_4-P mg·l^{-1}	Conduct.[1]) rS/cm	TA[2]) mekv·l^{-1}
Wasserwerte bei Nuphar lutea Großer Arbersee	0,462	0,003	0,070	0,008	28	0,09
Wasserwerte bei Sphagnum cuspidatum Kleiner Arbersee	0,338	0,002	0,090	[3])	22	0,08

[1]) Elektrische Leitfähigkeit

[2]) Total alcalinity (Gesamt-Alkalität)

[3]) Nicht bestimmt

Vegetationsprofile des Makrophytenbewuchses

Aufgenommen: Š. HUSÁK, C. WEILNER, 1995

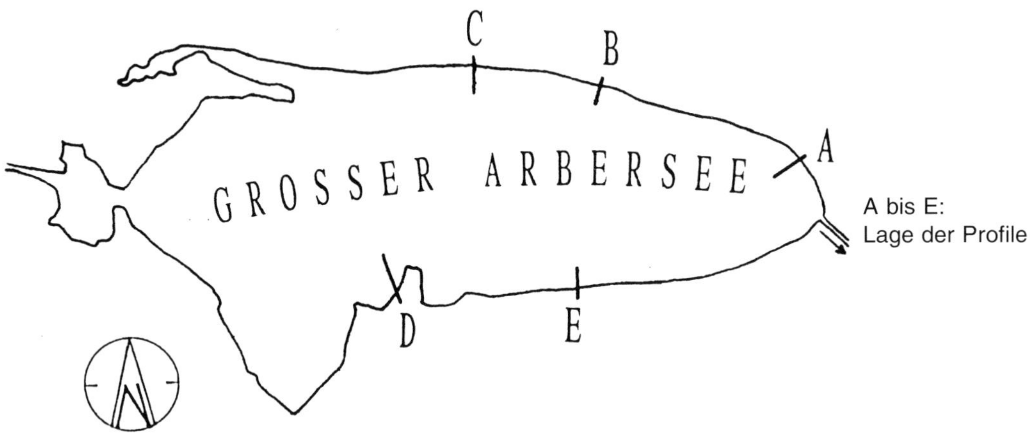

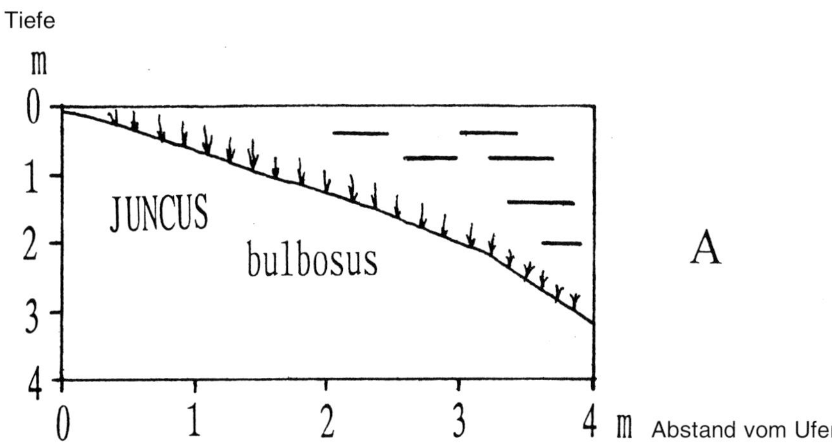

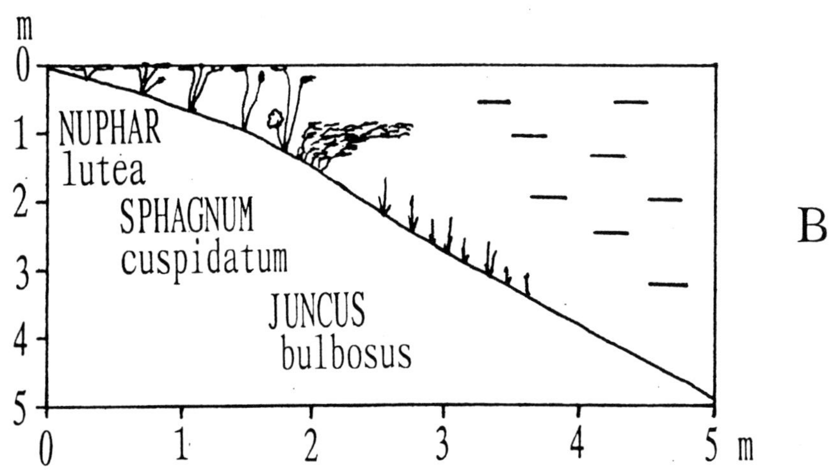

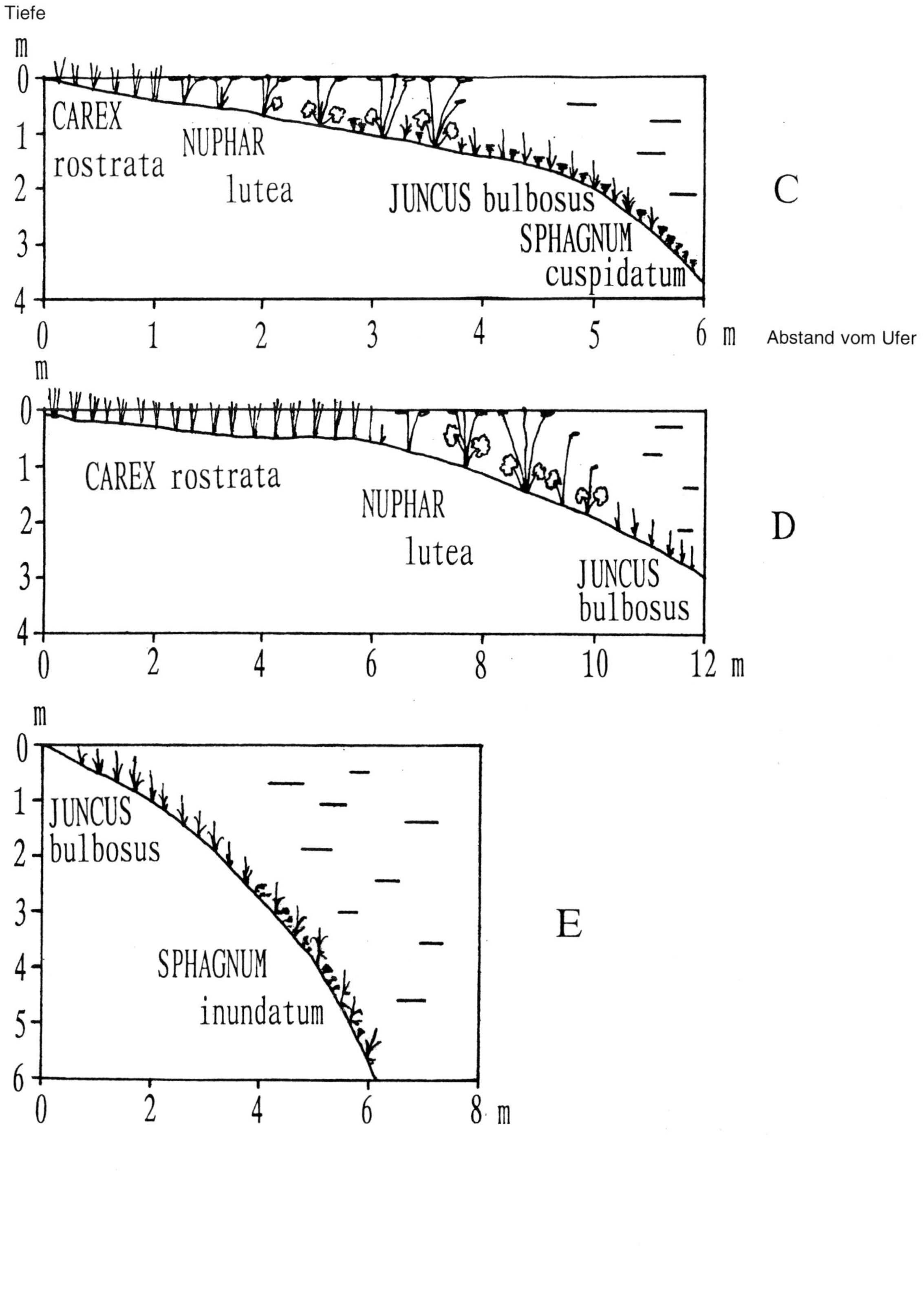
Tiefe
m
0
1
2
3
4
CAREX
rostrata
NUPHAR
lutea
JUNCUS bulbosus
SPHAGNUM
cuspidatum
0
1
2
3
4
5
6 m
Abstand vom Ufer
C
m
0
1
2
3
4
CAREX rostrata
NUPHAR
lutea
JUNCUS
bulbosus
0
2
4
6
8
10
12 m
D
m
0
1
2
3
4
5
6
JUNCUS
bulbosus
SPHAGNUM
inundatum
0
2
4
6
8 m
E

Mikroorganismen:

Die Proben der lt. Tagebücher S. 55 und S. 147 am 11. Juni und 6. August 1995 aus dem Großen und Kleinen Arbersee entnommenen Mikroorganismen sind von J. LUKAVSKÝ bestimmt. Die Ergebnisse werden im folgenden zusammengefaßt:

Phytoplankton (schwimmendes Plankton) wurde in einem Gefäß (Vol. 5 l) gesammelt, innerhalb von 24 Stunden lebend in das Labor gebracht, durch einen Membranfilter (Synpor 4 Synthesia, CZ) mit Druck gefiltert und für die Präparierung zentrifugiert.

Bodenproben des Litorals[1]) bis vom Hypolimnion[2]) wurden mit Injektionsspritzen (20 ml) gesammelt und lebend in Plastikfläschchen (100 ml) in einer Kühlbox zum Labor gebracht.

Höhere Pflanzen und Algen, welche im Litoral bis im Hypolimnion wachsen, wurden fotografiert, ihr Fundort in der Seekarte festgehalten und bestimmt.

In beiden Seen wurden nur 6 Arten von Phytoplankton (schwimmendes Plankton) jedoch 60 Algenarten am Boden gefunden. Der Artenreichtum ist am Boden des Litorals konzentriert.

Es gibt hauptsächlich 2 Lebensgemeinschaften in beiden Seen:

- Plankton, als im Wasser frei schwebende tierische und pflanzliche Mikroorganismen.
- Bodenorganismen, welche auf der Oberfläche von Schlamm, Steinen und Holz leben. Ähnlich ist das Periphyton: Organismen, die sich auf Unterwasserpflanzen ansiedeln.

Als Algenplankton kommen hauptsächlich vor:

- Chrysophyten: Bitrichia ollula und Dinobryon divergens.
- Dinoflagellaten: Peridinium inconspicuum. Im Gegensatz zur Bitrichia o. besitzen Dinobryon d. und Peridinium i. Flagellen (Strudelfäden) und können zu den Tiefen schwimmen, wo die Lichtverhältnisse für sie am besten sind.

Abgestorbene Algen fallen kontinuierlich als organischer Regen auf den Seegrund und dienen als Nahrung für bodenbewohnende Organismen.

Während des Winters ruhen die Algen in Cysten (eingekapseltes Ruhestadium) auf dem Schlammboden.

Der Grund dieser Seen ist nicht homogen. Die Farben wechseln entlang des Seequerschnittes (Bild S. 61).

Es gibt Bereiche, wo bestimmte Algen dominieren und Verfärbungen hervorrufen. Z. B. erscheint der Seeboden

blaugrün bei Cyanophyta (Blaualgen)

braun bei Diatomeen (Kieselalgen)

grün bei Cylindrocystis (Walzenalgen) und allen übrigen grünen Algen.

Einige bodenbewohnende Organismen beider Arberseen sind selten, so z. B. Stomatocyst 35 (S. 77, Abb. 12, und S. 165, Abb. 9). Diese Alge wurde bisher nur in Ellesmere Island, Canada, gefunden.

Je nach Ausbildung der bodenbewohnenden Algen leben sie verschieden ausgerichtet und auf bestimmtem Untergrund. Beispielsweise bilden die Fadenartigen, wie die grüne Alge Mougeotia, Anhäufungen auf dem Boden oder hängen an Unterwasserpflanzen. Diese Alge gilt als Säureanzeiger. Die Alge Binuclearia tectorum haftet auf Holz und Unterwasserpflanzen. Sie ist ein interessantes Eiszeit-Relikt und wächst in armen, dystrophen (humussäurereichen), kalten Gewässern. Bestimmte Algen setzen sich auf andere. So lagert sich die Alge Lagynion scherffeli an die fädige Cyanophyta an. Auch Chrysopyxis paludosa sitzt auf fädigen Algen. Sie hält sich mit Filamenten (fadenartigen Fortsätzen) wie ein Reiter auf dem Roß. Diatomeen, wie z. B. Eunotia, wurden auf Sphagnen gefunden, auch Stephanoporos epiphyticus und Dicranochaete bohemica wachsen auf Blättern und festen Substraten (Unterlagen). Rhodophyta (Rotalgen) sind hauptsächlich Meeresalgen. Es gibt nur 3 Süß-

[1]) Abfallender Seegrund vom Ufer.

[2]) Tieferer Seebereich.

wasserformen. Eine davon – Batrachospermum vagum – wurde in beiden Arberseen gefunden. Sie bildet blau-grüne Knäuel, welche an Steinen und an treibendem Holz hängen. Die Schlammoberfläche ist besiedelt mit vielen Diatomeen. Einige von ihnen, wie Frustulia rhomboides und Pinnularia nobilis, bewegen sich aktiv über den verschlammten Seegrund. Die Schalen der Diatomeen bestehen aus dem sehr widerstandsfähigen Siliziumdioxid (Quarz). Sie bleiben Tausende von Jahren im Sediment erhalten. Zusammen mit Blütenpollen und den Schalen der Chrysophyta geben sie Aufschluß über die Entwicklung der Seen und der umgebenden Landschaft in den letzten 10 000 Jahren, d. h. ab Ende der letzten Eiszeit bis heute.

Liste der im Großen Arbersee gefundenen Mikroorganismen S. 64 ff.
Mikroskopische Aufnahmen von Mikroorganismen aus dem Großen Arbersee S. 77 ff.

Cletus Weilner
Hofbauerstraße 18, 94209 Regen

1. November 1992

TAGEBUCH

über die Tauchabstiege
vom 3. Juli 1992 bis 2. Oktober 1992

im

Großen Arbersee

Untersuchung der Unterwasserwelt

Beratung in der Biologie:
Dr. Paul Kestel
Zwieseler Waldhaus 20, 94227 Lindberg

Fotoaufnahmen:	Bei jedem Tauchabstieg wurden Dias angefertigt, gesamt ca. 150 Dias.
Tiefenmessung:	Barometrischer Membran-Tiefenmesser
Anlage:	Seekarte mit Kurseinzeichnung der Tauchrouten 1 bis 5 und der Position der Ein- und Ausstiege (S. 53)

1. Tauchabstieg – 3. Juli 1992

Kamera:	Nikonos III / Blitz Oceanic 2003
Foto-Objektiv:	Brennweite 35 mm mit Makro-Vorsatz 1 : 2 (Bildausschnitt 72 mm x 48 mm)
Wetter:	bewölkt, teils Regen, mit sonnigen Abschnitten
Sichtweite unter Wasser:	ca. 3 m
Wassertemperatur – an der Oberfläche:	ca. 18 °C
in maximaler Seetiefe von 15 m:	ca. 6 °C
Tauchzeit:	14.00 Uhr, Dauer: 42 Min.

Tauchroute

Siehe Seekarte S. 53, Tauchabstieg 1

Beobachtungen:

- 15 m Tiefe:
  Tiefer, lockerer Schlamm. Zahlreiche Bahnen von Köcherfliegenlarven (Bild S. 93 unten), keine Larven gesichtet!
  Richtung Norden heller Bodenbelag wechselnd mit dunklen Stellen – darauf weißliche, kreuzweise verstrickte, fädige Gebilde (Bild S. 97 unten) – vermutlich Bakterien und Pilze.
- 10 m Tiefe:
  Heller Bodenbelag mit weißlichen, kreuzweise verstrickten, fädigen Gebilden (Bild S. 97 oben).
  Zahlreiche Bahnen von Köcherfliegenlarven. Keine Larve gesichtet!
- 5 m bis 3 m Tiefe:
  Zahlreiche hellbeige bis gelbliche, schleifenartig verschlungene Stränge bis ca. 40 cm Länge und bis 2 cm Durchmesser am Grund liegend (Bild S. 98).
  Sphagnenbestände (Bild S. 104 und S. 105).
  Kolonien der Binse Juncus bulbosus f. fluitans (Bild S. 102).
- 1 m bis 0,50 m Tiefe:
  Teichrosen mit Knospen unter Wasser (Bilder S. 109, 110, 111).
  Großflächige Sphagnenbestände.
  Kolonien der Binse Juncus bulbosus f. fluitans.
- In allen Tiefen:
  Im künstlichen Licht weißlich erscheinende wollfadenartige, oft senkrecht schwebende Gebilde meist bis 10 cm Länge (Gebilde nur in künstlichem Licht – Scheinwerfer, Blitzlicht – gut sichtbar).

2. Tauchabstieg – 17. Juli 1992

Kamera:	Nikonos III
Foto-Objektiv:	Brennweite 35 mm mit Makro-Vorsatz 1:2 (Bildausschnitt 72 mm x 48 mm)
Kamera:	Nikonos V
Foto-Objektiv:	Brennweite 15 mm
Wetter:	sonnig
Sichtweite unter Wasser:	ca. 4 m
Wassertemperatur – an der Oberfläche:	ca. 22 °C
in maximaler Seetiefe von 15 m:	ca. 6 °C
Tauchzeit:	14.00 Uhr, Dauer: 90 Min.

Tauchroute

Siehe Seekarte S. 53, Tauchabstieg 2

Beobachtungen:

- 15 m bis 11 m Tiefe:
  Seegrund, weicher tiefer Schlamm (tiefer als Armlänge).
  Einige Köcherfliegenlarven, halb im Schlamm eingesunken, Bahnen ziehend (Bild S. 93 oben).
- 5 m bis 3 m Tiefe:
  Aufnahmen von Köcherfliegenlarven mit und ohne Köcher (Köcher wurde entfernt).
  Versuch:
  Durch Drücken des Köchers am dünneren Ende wurde eine Köcherfliegenlarve von ihrem Köcher getrennt.
  Der Köcher wurde dann so neben die Larve, welche sich schnell vorwärts bewegte, gelegt, daß sie parallel an dem Köcher entlanglief. Am dünneren Ende angekommen, kroch sie dort hinein (Bilder S. 94 und S. 95).
  Bei Versuchen im Kleinen Arbersee kroch die Larve allerdings auch in die größere Öffnung des Köchers.
  Viele umherliegende Bäume mit Belag (Bilder S. 91). Einige hellbeige bis gelbliche, schleifenartig verschlungene Stränge bis ca. 40 cm Länge und bis 2 cm Durchmesser am Grund liegend.
  Bestand wie bei 1. Tauchabstieg am 3. Juli 1992.
- 2 m Tiefe bis hin zum Ufer:
  Ausgedehnte Binsenbestände (Juncus bulbosus f. fluitans).
  Ausgedehnte Torfmoosbestände (Sphagnum cuspidatum). Teichrosen mit zahlreichen Knospen unter Wasser. Kleiner Wasserschlauch (Bild S. 112 und S. 113).
- In allen Tiefen:
  Im künstlichen Licht weißlich erscheinende, wollfadenartige, oft senkrecht schwebende Gebilde meist bis 10 cm Länge (Gebilde nur in künstlichem Licht gut sichtbar).
  Wasserkäfer, Wasserwanzen, Larven von Eintags-, Stein-, Köcherfliegen sowie Libellen.

3. Tauchabstieg – 14. August 1992

Kamera:	Nikonos V
Foto-Objektiv:	Brennweite 15 mm
Wetter:	dunkel, regnerisch
Sichtweite unter Wasser:	ca. 2 m
Wassertemperatur – an der Oberfläche:	ca. 20 °C
in maximaler Seetiefe von 15 m:	ca. 7 °C
Tauchzeit:	14.30 Uhr, Dauer: 45 Min.

Tauchroute

Siehe Seekarte S. 53, Tauchabstieg 3

Beobachtungen:

„Schlammwüste" auf der ganzen Strecke:
Keine Pflanzen, keine Bäume, öde Schlammlandschaft.

- 15 m bis 11 m Tiefe:
  Spuren von Köcherfliegenlarven.
  Bis zur Balkenkette (ca. östliche Hälfte) vereinzelt Getränkeverpackungen.
- 12 m Tiefe:
  Im mittleren Seeteil ist der Bodenschlamm an der Oberfläche grobkrümelig und von Algen eingefärbt.
- 4 m bis 2 m Tiefe:
  Gelbliche Stränge bis ca. 40 cm Länge und bis 2 cm Durchmesser am Grund.
- In allen Tiefen:
  Weißliche, wollfadenartige, schwebende Gebilde durchsetzen den See (s. S. 47 unten).

Anmerkung:
Keine Aufnahmen, da Filmtransport blockiert.

4. Tauchabstieg – 25. September 1992

Kamera:	Nikonos V
Foto-Objektiv:	Brennweite 15 mm
Wetter:	sonnig
Sichtweite unter Wasser:	ca. 3 m
Wassertemperatur – an der Oberfläche:	ca. 14 °C
am Seegrund, Tiefe 4 m:	ca. 10 °C
Tauchzeit:	14.30 Uhr, Dauer: 60 Min.

Tauchroute

Siehe Seekarte S. 53, Tauchabstieg 4

Beobachtungen:

- 1 m bis 4 m Tiefe (westliches Seebecken):
  Im westlichen Seebecken tiefer, lockerer Schlamm, einige Köcherfliegenlarven.
  Abstand der Unterkante der schwimmenden Halbinseln zum Seegrund:
  - nördliche schwimmende Halbinsel 0 m bis ca. 1 m.
  - südliche schwimmende Halbinsel 0 m bis ca. 4 m.

  Unter den schwimmenden Halbinseln üppiges, herabhängendes Wurzelwerk (Bild S. 115 oben und S. 117 unten). Tiefer, lockerer Schlamm.
  Die im Juli erstmalig beobachteten hellbeigen bis gelblichen, schleifenartig verschlungenen Stränge bis ca. 40 cm Länge und bis 2 cm Durchmesser am Grund liegend, wurden auch hier gefunden.
  Entlang den schwimmenden Inseln am Boden kräftig grüner Blaualgenbelag[1]) in Form von Kolonien, mit einer maximalen Einzelgröße von ca. 30 cm Durchmesser.
  Nahezu auf der ganzen Strecke Köcherfliegenlarven.
  Löcher mit Faulgasblasen im Schlamm.

  [1]) Probe entnommen: Ergebnis: Oscillatoria splendida

  Von der Decke an der Peripherie der südlichen schwimmenden Halbinsel einzelne herabhängende und oft mit der Decke wieder verbundene, teilweise verzweigte Stränge (Länge bis 5 m, Durchmesser maximal 3 cm). Im Scheinwerferlicht erscheinen sie hellbeige bis gelblich. Diese fädigen Gehänge zerfallen bereits bei geringen Wasserdruckwellen oder bei Berührung zu feinen Teilchen.
  Weißliche, wollfadenartige, schwebende Gebilde.
  Juncus bulbosus f. fluitans und Sphagnen.

Unter der südlichen schwimmenden Halbinsel

5. Tauchabstieg – 2. Oktober 1992

Kamera:	Nikonos V
Foto-Objektiv:	Brennweite 15 mm
Wetter:	stark bewölkt
Sichtweite unter Wasser:	ca. 2 m wegen Trübung
Wassertemperatur – an der Oberfläche:	ca. 10 °C
am Seegrund, Tiefe 5 m:	ca. 8 °C
Tauchzeit:	13.15 Uhr, Dauer: 90 Min.

Tauchrouten

Siehe Seekarte S. 53, Tauchabstiege 5/1, 5/2, 5/3

Beobachtungen:

zu 5/1

- Ca. 1 m Tiefe:
  Beim Eintritt des Geigenbaches großflächige Ansiedlung der Binse Juncus bulbosus f. fluitans (Bild S. 103 unten).
- 3 m bis 5 m Tiefe:
  Entlang der schwimmenden Halbinseln nach Süd-Ost am Schlammboden kräftig-grüner Blaualgenbelag[1]) in Form von Kolonien mit einer maximalen Einzelgröße von ca. 30 cm Durchmesser.
  [1]) Probe entnommen: Ergebnis: Oscillatoria splendida
  Der unter den Algen Oscillatoria splendida liegende Schlamm wurde auf lebende Mikroorganismen überprüft. Diese Mikroorganismen, wie Bakterien, tierische und pflanzliche Einzeller, Fadenwürmer usw. haben im Vergleich zu dem im Sommer festgestellten Bestand auf mehr als 10 % abgenommen.
  Alle Mikroorganismen im belebten Schlamm sind Zeigerorganismen der Saprobiestufe 3 (Saprobien = Fäulniserreger, sie dienen als Anzeiger für Gewässerverunreinigung).
  Unter den schwimmenden Halbinseln sporadisch lokalisiert zahlreiche Bahnen von Köcherfliegenlarven.
  An der Peripherie der südlichen schwimmenden Halbinsel in ca. 4 m Tiefe Froschlurch auf Algen sitzend.
  Auf der ganzen Strecke entlang der südlichen schwimmenden Halbinsel Löcher mit Faulgasblasen im Schlamm.

zu 5/2

- 5 m bis 1 m Tiefe:
  Die im Juli beobachteten hellbeigen bis gelblichen, schleifenartig verschlungenen Stränge bis ca. 40 cm Länge und bis 2 cm Durchmesser am Grund liegend, waren nicht mehr vorhanden! Juncus bulbosus f. fluitans und Sphagnen.

zu 5/3

- 2 m bis 6 m Tiefe:
  Bis 6 m Tiefe hauptsächlich bewachsen mit der Rasenbinse Juncus bulbosus f. fluitans und Torfmoosarten.
  Sporadisch Bahnen von Köcherfliegenlarven.
  Keine weißlichen, wollfadenartigen, schwebenden Gebilde vorhanden.

Bemerkung zu den schwimmenden Halbinseln:

- Man muß davon ausgehen, daß von der Unterseite der schwimmenden Halbinseln ständig organischer und anorganischer Schlamm zu Boden sinkt.
- Beim 4. Tauchabstieg (September) wurden an der Peripherie der südlichen schwimmenden Halbinsel und wenige Meter darunter, einzelne von der Decke herabhängende und oft mit der Decke wieder verbundene, helle, teilweise verzweigte Stränge mit einer maximalen Länge von 5 m und einem Durchmesser bis 3 cm gefunden. Diese fädigen Stränge zerfallen bereits bei geringen Wasserdruckwellen oder Berührung zu feinen Teilchen.

Abschließende Bemerkung:

Vergleicht man die Untersuchungsergebnisse von A. MELZER und E. ROTHMEYER, 1. Dezember 1983, „Die Auswirkung der Versauerung der beiden Arberseen im Bayerischen Wald auf die Makrophytenvegetation“ mit den heutigen Beobachtungen, so entsteht der Eindruck, daß die Unterwasser-Pflanzenwelt – zumindest bezüglich der Blütenpflanzen – weiter verarmt ist, Sphagnen und die Binse Juncus bulbosus f. fluitans sich stärker ausgebreitet haben.

Kartengrundlagen verändert nach Verzeichnis
der Seen in Bayern, Teil 2 „Karten" 1982
Herausgeber: Bayerisches Landesamt
für Wasserwirtschaft

GROSSER ARBERSEE

152 1115 – 001

Wsp = 934,96 m ü. NN
Aufnahme 14. 9. 1981

Uferlinie aus Aufnahme des LfW

M = 1 : 2500

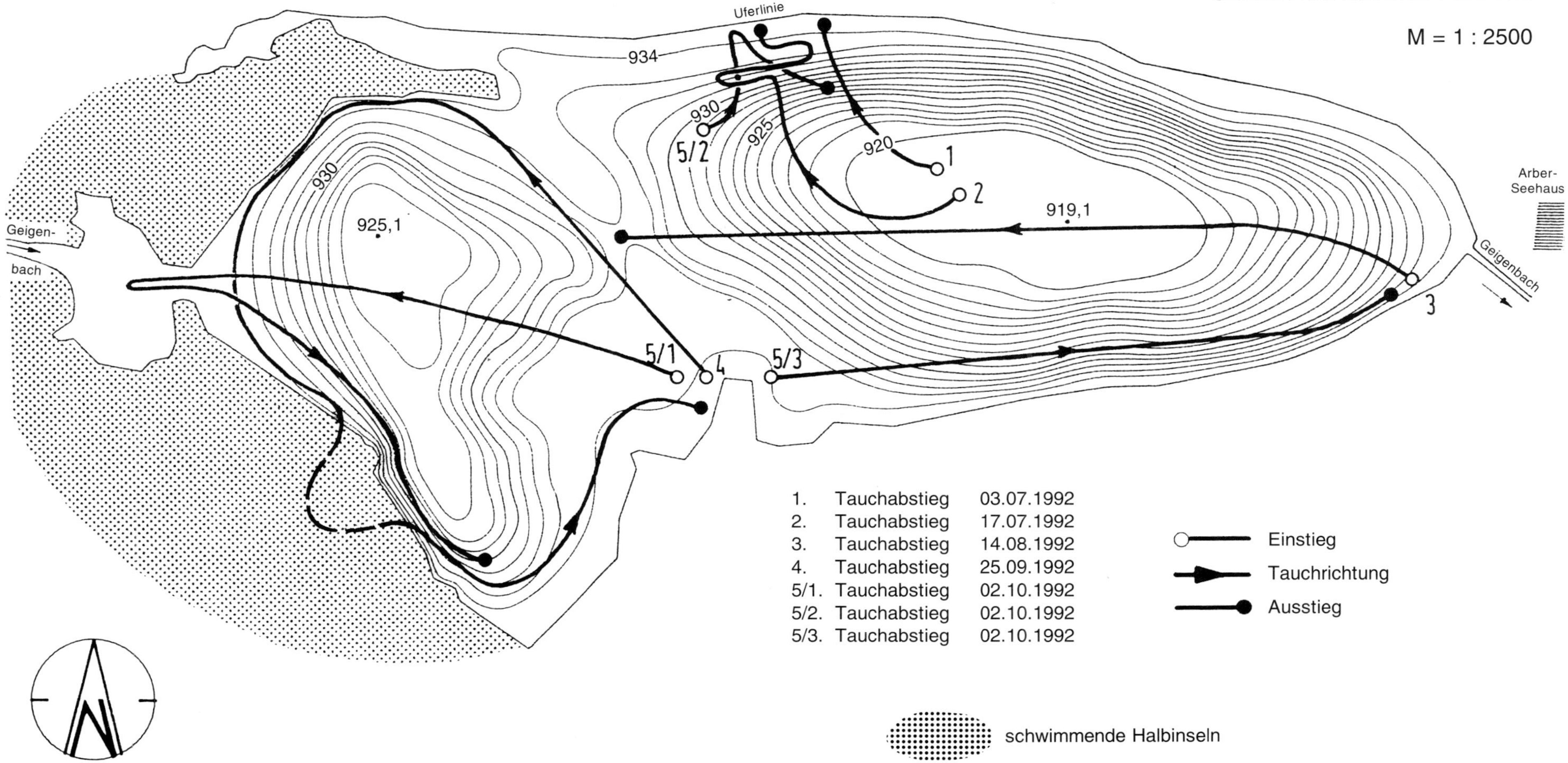

1. Tauchabstieg 03.07.1992
2. Tauchabstieg 17.07.1992
3. Tauchabstieg 14.08.1992
4. Tauchabstieg 25.09.1992
5/1. Tauchabstieg 02.10.1992
5/2. Tauchabstieg 02.10.1992
5/3. Tauchabstieg 02.10.1992

Einstieg
Tauchrichtung
Ausstieg

schwimmende Halbinseln

Unter der südlichen schwimmenden Halbinsel ist der Abstand von der Moordecke bis zum Seeboden max. 4 m.

Cletus Weilner
Hofbauerstraße 18, 94209 Regen

6. August 1995

TAGEBUCH

über die Tauchabstiege vom 11. Juni und 6. August 1995

im

Großen Arbersee

Untersuchung der Unterwasserwelt

Anwesend zur Probenentnahme:
Dr. Jaromír Lukavský und Dr. Štěpán Husák
Akademie der Wissenschaften der Tschechischen Republik
Institut für Botanik
Dukelská 145, CZ-37982 Třeboň

1. Tauchabstieg – 11. Juni 1995

Es wurden 8 Taucher zu 4 Paaren eingesetzt.

Fotoaufnahmen:	Es wurden ca. 20 Dias angefertigt.
Tiefenmessung:	Barometrischer Membran-Tiefenmesser
Anlagen:	Seekarte mit pauschaler Verteilung der dominierenden Makrophyten (S. 57) Seekarte mit Ort der Probenentnahme (S. 58) Liste der entnommenen Proben (S. 59)
Kamera:	Nikonos III / Blitz Oceanic 2003
Foto-Objektiv:	Brennweite 35 mm mit Makro-Vorsatz 1 : 3 (Bildausschnitt 108 mm x 72 mm)
Wetter:	starker Regen
Sichtweite unter Wasser:	ca. 3 m
Wassertemperatur – an der Oberfläche:	 ca. 15 °C
in der Tiefe von 15 m:	ca. 6 °C
Tauchzeit:	10.00 Uhr, Dauer: 75 Min.

Hinweis:

Die Makrophytenvegetation reicht von der Flachwasserzone bis in eine Tiefe von ca. 6 m. In diesem Bereich des gesamten Sees bildet der Bewuchs oft ausgedehnte Rasen. Siehe Seekarte S. 57.

Im gesamten See fanden sich wollfadenartige, oft senkrecht schwebende Gebilde, die erst im künstlichen Licht gut erkannt werden können. Sie erscheinen in weißlicher Farbtönung.

Probenentnahme:

Mikroorganismen wurden mittels Spritze (Vol. 20 ml) aufgesaugt.
Die Proben wurden bis zur Untersuchung kühlgehalten.
(Ort der Probenentnahme siehe Seekarte S. 58).

Ergebnis der Bestimmungen siehe S. 64, 65, 68, 69, 72, 73.

Kartengrundlagen verändert nach Verzeichnis der Seen in Bayern, Teil 2 „Karten“ 1982
Herausgeber: Bayerisches Landesamt für Wasserwirtschaft

GROSSER ARBERSEE

152 1115 – 001

Wsp = 934,96 m ü. NN
Aufnahme 14. 9. 1981

Uferlinie aus Aufnahme des LfW

M = 1 : 2500

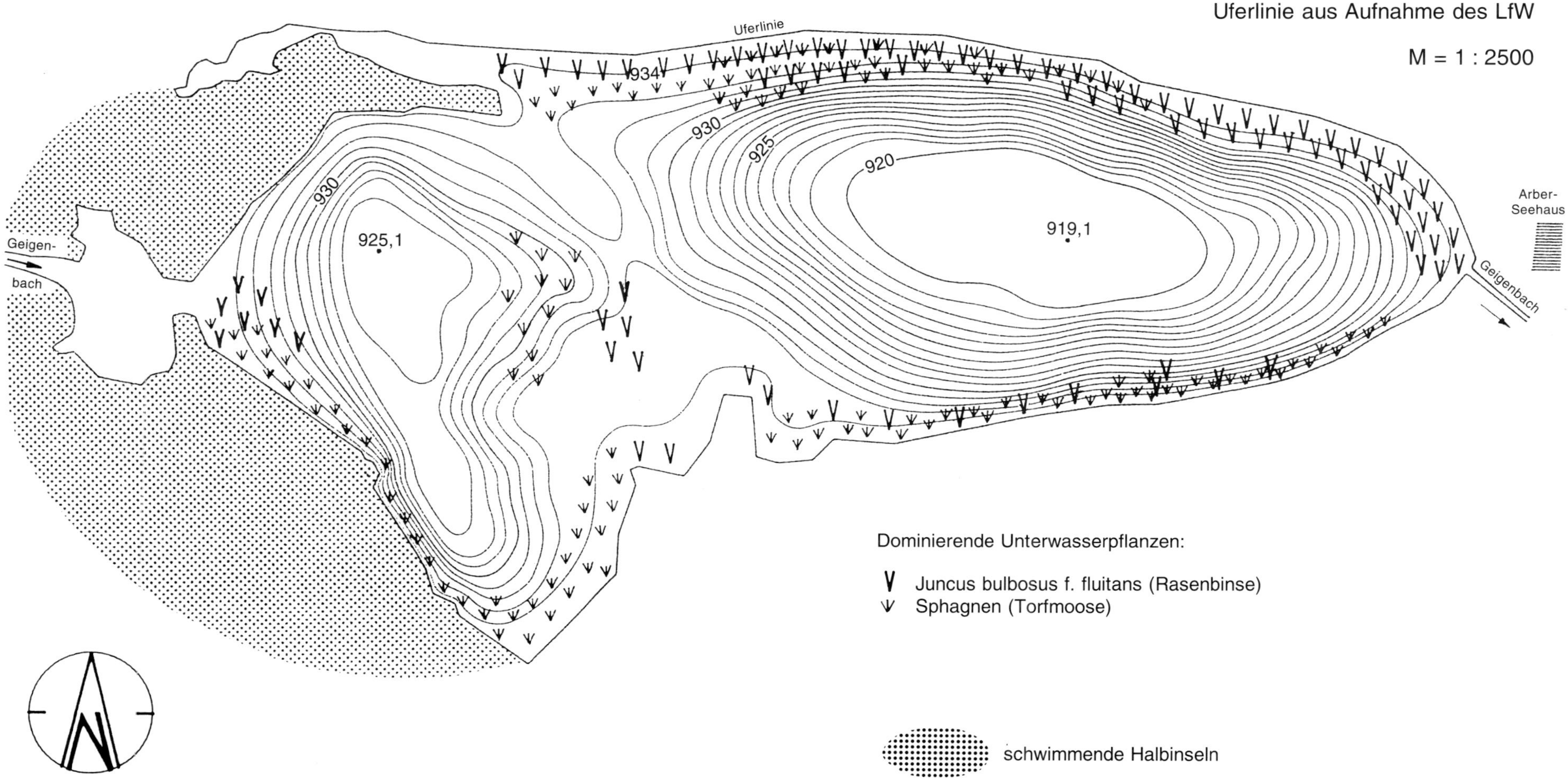

Kartengrundlagen verändert nach Verzeichnis der Seen in Bayern, Teil 2 „Karten" 1982
Herausgeber: Bayerisches Landesamt für Wasserwirtschaft

GROSSER ARBERSEE

152 1115 – 001

Wsp = 934,96 m ü. NN
Aufnahme 14. 9. 1981

Uferlinie aus Aufnahme des LfW

M = 1 : 2500

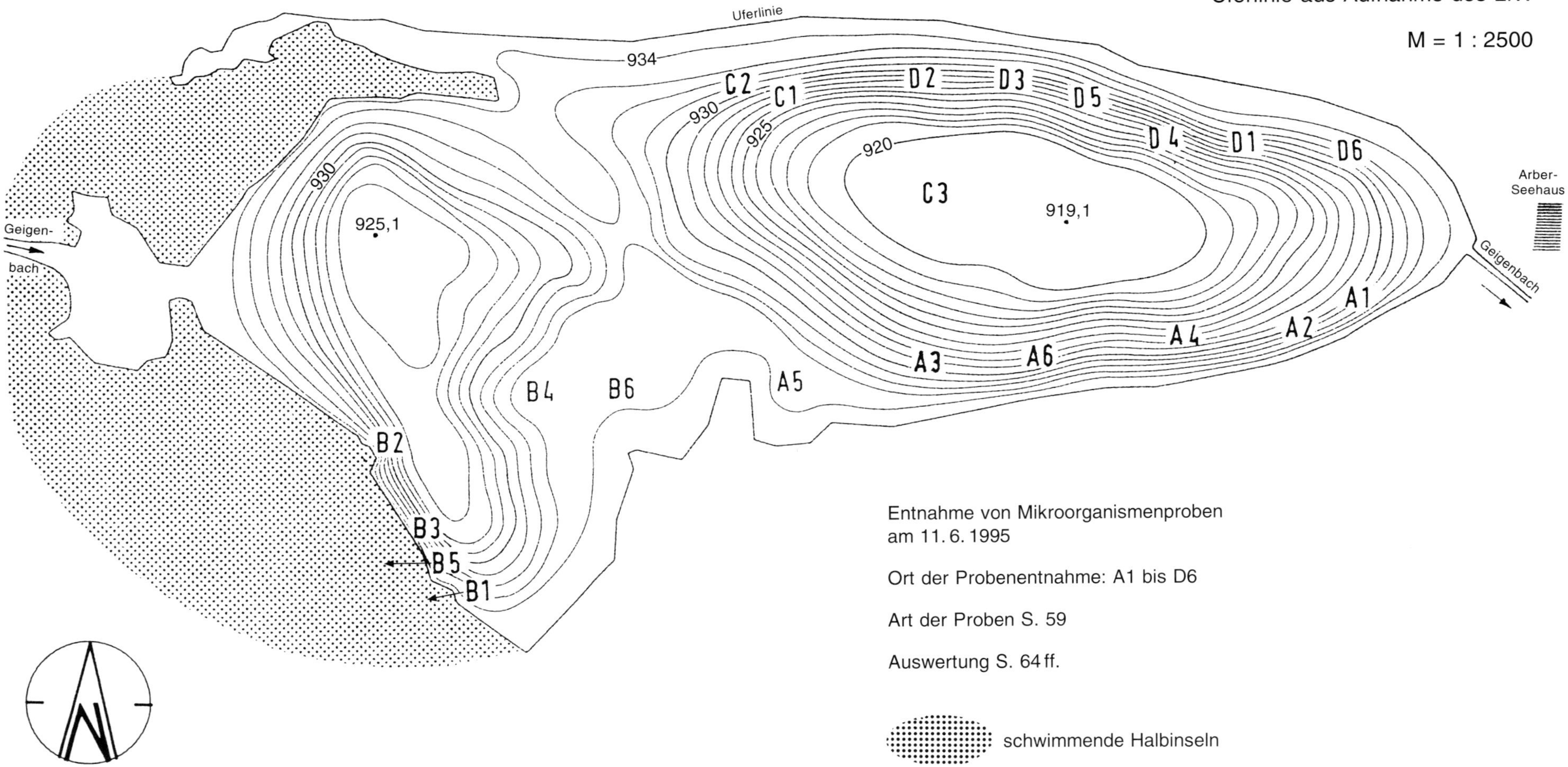

Entnahme von Mikroorganismenproben am 11. 6. 1995

Ort der Probenentnahme: A1 bis D6

Art der Proben S. 59

Auswertung S. 64 ff.

schwimmende Halbinseln

Großer Arbersee

Entnahme von Mikroorganismenproben am 11. Juni 1995

(Substanzen wurden mit Einmalspritzen aufgesaugt)

Bezeichung der Proben und Entnahmeort Seekarte S. 58	Art der Proben	Untersuchungsergebnis
A1	Substanz auf Schlammboden	Siehe Seite 64, 68, 72
A2	Substanz auf Schlammboden	" " "
A3	Wollfadenartiges, senkrecht schwebendes, weißliches Gebilde	" " "
A4	Substanz auf Schlammboden	" " "
A5	Substanz auf Schlammboden	" " "
A6	Substanz auf Schlammboden zwischen liegenden Bäumen	" " "
B1	Substanz an Wurzel aus der Moordecke unter der südlichen schwimmenden Halbinsel	" " "
B2	Algenbewuchs auf Schlammboden	" " "
B3	Wollfadenartiges, senkrecht schwebendes, weißliches Gebilde	" " "
B4	Algenbewuchs auf Schlammboden	" " "
B5	Feines Gespinst, hängend an Moordecke der südlichen schwimmenden Halbinsel	Keine Mikroorganismen gefunden
B6	Weiße Ablagerungen auf Pflanzen	Siehe Seite 64, 68, 72
C1	Ablagerungen auf Sphagnen	" " "
C2	Belag auf Schlammboden	" " "
C3	Sediment	Siehe Seite 65, 69, 73
D1	Bodenbelag neben Faulgasloch	" " "
D2	Belag auf kleiner Bodenerhebung	" " "
D3	Belag auf Schlammboden	" " "
D4	Belag auf Schlammboden	" " "
D5	Weiße Ablagerung auf Schlammboden	" " "
D6	Ablagerungen auf Holzteilchen	" " "

2. Tauchabstieg – 6. August 1995

Es wurden 8 Taucher zu 4 Paaren eingesetzt.

Fotoaufnahmen:	Es wurden ca. 40 Dias angefertigt.
Tiefenmessung:	Barometrischer Membran-Tiefenmesser
Anlagen:	Seekarte mit Ort der Probenentnahme (S. 62) Liste der entnommenen Proben (S. 63)
Kamera:	Nikonos III / Blitz Oceanic 2003
Foto-Objektiv:	Brennweite 35 mm mit Makro-Vorsatz 1 : 3 (Bildausschnitt 108 mm x 72 mm)
Kamera:	Nikonos V / Blitz Nikonos SB102
Foto-Objektiv:	Brennweite 15 mm
Wetter:	sonnig
Sichtweite unter Wasser:	ca. 3 m
Wassertemperatur –	
an der Oberfläche:	ca. 17 °C
in der Tiefe von 15 m:	ca. 6 °C
in der Tiefe von 9 m:	ca. 8 °C
Tauchzeit:	10.30 Uhr, Dauer: 70 Min.

Hinweis:

Im gesamten See fanden sich, wie 1992, wollfadenartige, oft senkrecht schwebende Gebilde, die erst im künstlichen Licht gut erkannt werden können. Sie erscheinen in weißlicher Farbtönung.

Probenentnahme:

Makrophyten wurden in einem Netz gesammelt.

Mikroorganismen wurden mittels Spritze (Vol. 20 ml) aufgesaugt.
Die Proben wurden bis zur Untersuchung kühlgehalten.
(Ort der Probenentnahme siehe Seekarte S. 62).

Ergebnis der Bestimmungen siehe S. 41, 65, 66, 67, 69, 70, 71, 73, 74, 75.

Taucher überprüft am Manometer seinen Luftvorrat. Bei den Untersuchungen am Seegrund lassen sich trotz großer Achtsamkeit manchmal Sedimentaufwirbelungen nicht vermeiden. Die seichteren Wasserzonen sind bei hochstehender Sonne freundlich erhellt. In der maximalen Seetiefe jedoch herrscht Dunkelheit.

Sedimentproben aus dem Großen Arbersee (J 1 bis J 8). Sie wurden auf dem quer durch den See verlaufenden Karriegel entnommen (siehe Seekarte S. 62). Die Proben sind sehr verschieden in ihrer Farbe und in der Artenzusammensetzung. Der Seeboden ist nicht homogen, sondern stellenweise mit verschiedenen Algengesellschaften besiedelt.

Kartengrundlagen verändert nach Verzeichnis der Seen in Bayern, Teil 2 „Karten“ 1982
Herausgeber: Bayerisches Landesamt für Wasserwirtschaft

GROSSER ARBERSEE

152 1115–001

Wsp = 934,96 m ü. NN
Aufnahme 14. 9. 1981

Uferlinie aus Aufnahme des LfW

M = 1 : 2500

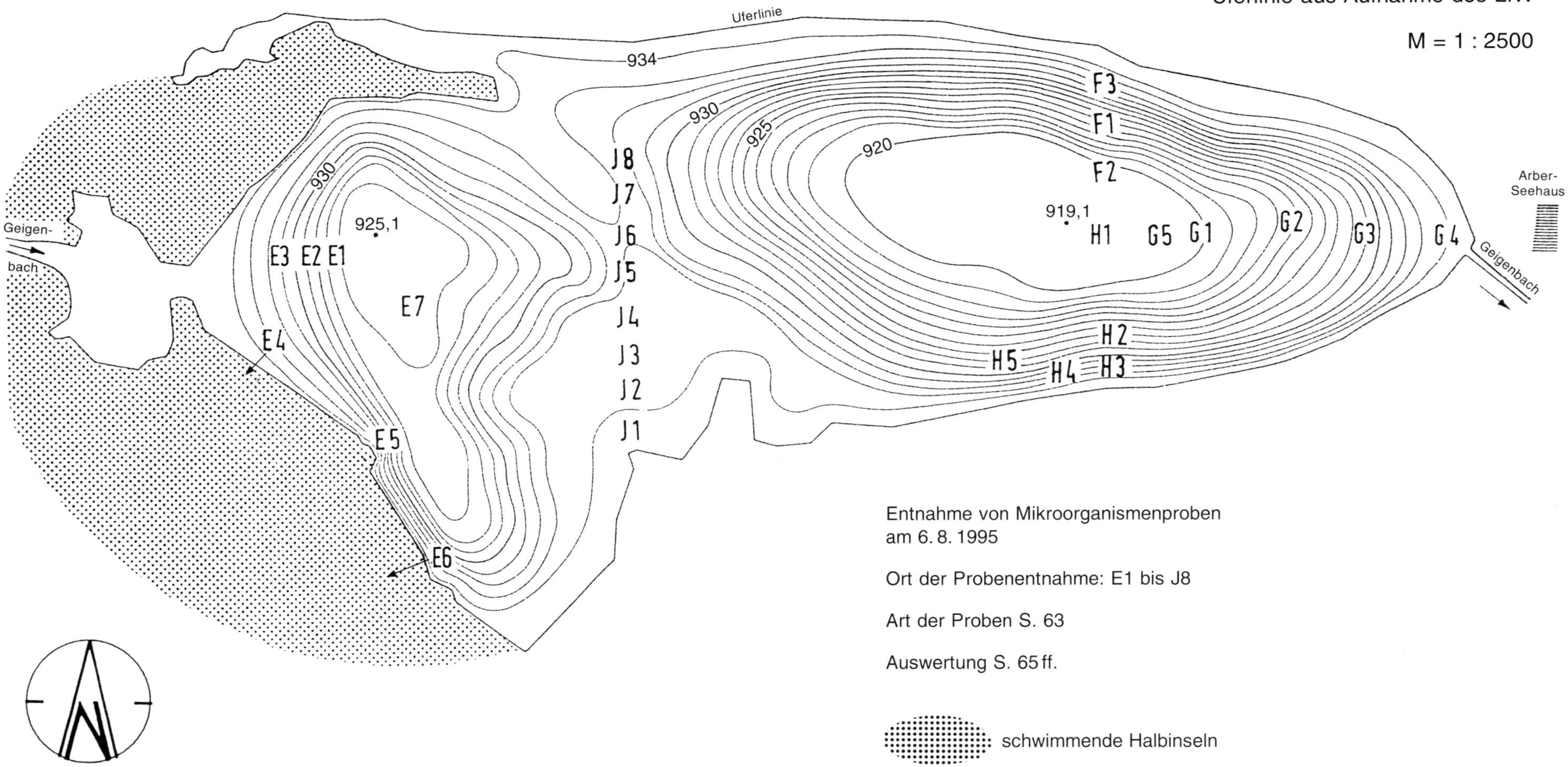

Entnahme von Mikroorganismenproben am 6. 8. 1995

Ort der Probenentnahme: E1 bis J8

Art der Proben S. 63

Auswertung S. 65 ff.

schwimmende Halbinseln

Großer Arbersee

Entnahme von Mikroorganismenproben am 6. August 1995

(Substanzen wurden mit Einmalspritzen aufgesaugt)

Bezeichung der Proben und Entnahmeort Seekarte S. 62	Art der Proben	Untersuchungsergebnis
E1	Belag auf Schlammboden und spinnennetzartiges Gebilde	Siehe Seite 65, 69, 73
E2	Belag auf Schlammboden	" " "
E3	Belag auf Schlammboden	" " "
E4	Gehänge an Peripherie der südlichen schwimmenden Halbinsel	" " "
E5	Giftgrüner, filzartiger Bodenbelag an Peripherie der südlichen schwimmenden Halbinsel	" " "
E6	Horizontaler Faden an Wurzel unter der südlichen schwimmenden Halbinsel	Keine Mikroorganismen gefunden
E7	Bodenbelag	Siehe Seite 65, 69, 73
F1	Belag auf Schlammboden	Siehe Seite 66, 70, 74
F2	Belag auf Schlammboden	" " "
F3	Belag auf Schlammboden im seichten Wasser der Uferzone	" " "
G1	Belag auf Schlammboden	" " "
G2	Belag auf Schlammboden	" " "
G3	Belag auf Schlammboden	" " "
G4	Belag auf Schlammboden	" " "
G5	Schwebende, wollfadenartige, weißliche Fäden	Keine Mikroorganismen gefunden
H1	Belag auf Schlammboden	Siehe Seite 66, 70, 74
H2	Belag auf Schlammboden	" " "
H3	Belag auf Schlammboden	" " "
H4	Belag auf Schlammboden	Siehe Seite 67, 71, 75
H5	Belag auf Pflanzen	" " "
J1	Belag auf Schlammboden	" " "
J2	Belag auf Schlammboden	" " "
J3	Belag auf Schlammboden	" " "
J4	Belag auf Schlammboden	" " "
J5	Belag auf Schlammboden	" " "
J6	Belag auf Schlammboden	" " "
J7	Belag auf Schlammboden	" " "
J8	Belag auf Schlammboden	" " "

Auflistung der im Großen Arbersee gefundenen Mikroorganismen.

Ort der Probenentnahme siehe Seekarten S. 58 und S. 62
Probenentnahmen vom 11. Juni 1995 (A1 bis D6) und 6. August 1995 (E1 bis J8)
(Bestimmung J. LUKAVSKÝ)

GROSSER ARBERSEE	Bezeichnung der Proben und Ort der Probenentnahme														
	PL	A1	A2	A3	A4	A5	A6	B1	B2	B3	B4	B5	B6	C1	C2
BACTERIA:															
cf. Lamprocystis sp.							x								
Leptothrix ochracea KÜTZ.			x												
Verschiedene fädige Arten			x	x			x1								
FUNGI:															
Leptomitus sp.				x											
Torulopsidosira filamentosa GEITL.															
CYANOPHYTA:															
Anabaena sp.	x	x	x	x					x					x	
Aphanocapsa sp.															
Calothrix sp.									x						
Chroococcus turgidus (KÜTZ.) NÄG.								x	x		x		x		
Chroococcus prescottii DROUET et DAILY								x	x		x		x		
Cyanothece aeruginosa (NÄG.) KOM.															
Eucapsis alpina CLEM. et SHANTZ	x														
Gloeocapsa sp.								x							
Hapalosiphon fontinalis (AG.) BORN.				x	x				x				x	x	x
Merismopedia angularis THOMPSON			x		x				x				x	x	x
Merismopedia glauca (EHR.) KÜTZ.			x		x				x				x	x	x
Microcystis sp.								x							
Phormidium crouanii GOMONT								x	x						
Phormidium sp.								x	x				x1		x
Pseudanabaena sp.			x	x	x				x		x			x	x
Rhabdoderma vermicularis FOTT				x											
Scytonema ocellatum LYNGB.								x							
RHODOPHYTA:															
Batrachospermum vagum (ROTH.) AG.			x	x		x		x							
CRYPTOPHYTA:															
Cryptomonas ovata EHR.										x					
Cryptomonas sp.	x	x	x2		x			x	x	x	x		x	x	x
DINOPHYTA:															
Gymnodinium bohemicum FOTT			x						x						x
Gymnodinium lacustre SCHILLER															
Gymnodinium sp.															
Peridinium inconspicuum LEMM.			x	x											x
Peridinium umbonatum STEIN															
Peridinium sp.	x	x1	x3		x1			x1	x1				x	x	

PL: Plankton
x: Vorkommen ohne deutliche Dominanz
x1: Häufigster Mikroorganismus
x2: Zweihäufigster Mikroorganismus
x3: Dritthäufigster Mikroorganismus
Ort der Probenentnahme siehe Seekarte S. 58

GROSSER ARBERSEE	Bezeichnung der Proben und Ort der Probenentnahme													
	C3	D1	D2	D3	D4	D5	D6	E1	E2	E3	E4	E5	E6	E7
BACTERIA:														
cf. Lamprocystis sp.														
Leptothrix ochracea KÜTZ.														
Verschiedene fädige Arten		x			x1									
FUNGI:														
Leptomitus sp.														
Torulopsidosira filamentosa GEITL.							x							
CYANOPHYTA:														
Anabaena sp.	x	x										x		
Aphanocapsa sp.														
Calothrix sp.														
Chroococcus turgidus (KÜTZ.) NÄG.			x											
Chroococcus prescottii DROUET et DAILY			x											
Cyanothece aeruginosa (NÄG.) KOM.														
Eucapsis alpina CLEM. et SHANTZ														
Gloeocapsa sp.														
Hapalosiphon fontinalis (AG.) BORN.		x1	x			x1	x				x1			
Merismopedia angularis THOMPSON		x	x			x	x				x	x		x
Merismopedia glauca (EHR.) KÜTZ.		x	x			x	x				x	x		x
Microcystis sp.														
Phormidium crouanii GOMONT														
Phormidium sp.		x					x		x	x		x1		x
Pseudanabaena sp.						x	x	x	x					x
Rhabdoderma vermicularis FOTT														
Scytonema ocellatum LYNGB.		x												
RHODOPHYTA:														
Batrachospermum vagum (ROTH.) AG.														
CRYPTOPHYTA:														
Cryptomonas ovata EHR.														
Cryptomonas sp.		x					x	x1						x
DINOPHYTA:														
Gymnodinium bohemicum FOTT							x							
Gymnodinium lacustre SCHILLER	x													
Gymnodinium sp.			x			x					x			
Peridinium inconspicuum LEMM.				x1										x
Peridinium umbonatum STEIN														x
Peridinium sp.	x1					x	x	x	x	x	x			

x: Vorkommen ohne deutliche Dominanz

x1: Häufigster Mikroorganismus

Ort der Probenentnahme siehe Seekarte S. 58 und S. 62

GROSSER ARBERSEE	Bezeichnung der Proben und Ort der Probenentnahme										
	F1	F2	F3	G1	G2	G3	G4	G5	H1	H2	H3
BACTERIA:											
cf. Lamprocystis sp.											
Leptothrix ochracea KÜTZ.											
Verschiedene fädige Arten											
FUNGI:											
Leptomitus sp.											
Torulopsidosira filamentosa GEITL.											
CYANOPHYTA:											
Anabaena sp.							x			x	
Aphanocapsa sp.											
Calothrix sp.			x								
Chroococcus turgidus (KÜTZ.) NÄG.											
Chroococcus prescottii DROUET et DAILY											
Cyanothece aeruginosa (NÄG.) KOM.											
Eucapsis alpina CLEM. et SHANTZ											
Gloeocapsa sp.											
Hapalosiphon fontinalis (AG.) BORN.	x		x1				x				
Merismopedia angularis THOMPSON			x2			x	x			x	x
Merismopedia glauca (EHR.) KÜTZ.			x2			x	x			x	x
Microcystis sp.											
Phormidium crouanii GOMONT											
Phormidium sp.		x		x			x				
Pseudanabaena sp.				x					x		
Rhabdoderma vermicularis FOTT											
Scytonema ocellatum LYNGB.						x					
RHODOPHYTA:											
Batrachospermum vagum (ROTH.) AG.											
CRYPTOPHYTA:											
Cryptomonas ovata EHR.											
Cryptomonas sp.							x		x		
DINOPHYTA:											
Gymnodinium bohemicum FOTT											
Gymnodinium lacustre SCHILLER											
Gymnodinium sp.											x
Peridinium inconspicuum LEMM.		x									
Peridinium umbonatum STEIN		x									
Peridinium sp.				x		x			x	x1	x1

x: Vorkommen ohne deutliche Dominanz

x1: Häufigster Mikroorganismus

x2: Zweihäufigster Mikroorganismus

Ort der Probenentnahme siehe Seekarte S. 62

GROSSER ARBERSEE	Bezeichnung der Proben und Ort der Probenentnahme									
	H4	H5	J1	J2	J3	J4	J5	J6	J7	J8
BACTERIA:										
cf. Lamprocystis sp.										
Leptothrix ochracea KÜTZ.				x	x					
Verschiedene fädige Arten										
FUNGI:										
Leptomitus sp.										
Torulopsidosira filamentosa GEITL.		x								
CYANOPHYTA:										
Anabaena sp.								x		
Aphanocapsa sp.										x
Calothrix sp.										
Chroococcus turgidus (KÜTZ.) NÄG.			x						x	x
Chroococcus prescottii DROUET et DAILY										
Cyanothece aeruginosa (NÄG.) KOM.								x	x	
Eucapsis alpina CLEM. et SHANTZ										
Gloeocapsa sp.										
Hapalosiphon fontinalis (AG.) BORN.				x					x	x
Merismopedia angularis THOMPSON										
Merismopedia glauca (EHR.) KÜTZ.		x	x	x		x		x	x	
Microcystis sp.			x		x				x	
Phormidium crouanii GOMONT										
Phormidium sp.	x		x						x	
Pseudanabaena sp.		x	x			x	x	x	x	x
Rhabdoderma vermicularis FOTT										
Scytonema ocellatum LYNGB.										
RHODOPHYTA:										
Batrachospermum vagum (ROTH.) AG.		x								
CRYPTOPHYTA:										
Cryptomonas ovata EHR.										
Cryptomonas sp.	x							x	x	
DINOPHYTA:										
Gymnodinium bohemicum FOTT										
Gymnodinium lacustre SCHILLER										
Gymnodinium sp.			x		x		x		x	
Peridinium inconspicuum LEMM.									x	
Peridinium umbonatum STEIN									x	
Peridinium sp.	x		x	x	x	x	x			

x: Vorkommen ohne deutliche Dominanz

Ort der Probenentnahme siehe Seekarte S. 62

GROSSER ARBERSEE	Bezeichnung der Proben und Ort der Probenentnahme														
	PL	A1	A2	A3	A4	A5	A6	B1	B2	B3	B4	B5	B6	C1	C2
CHRYSOPHYCEAE:															
Bitrichia ollula (FOTT) FOTT	x1	x1		x2	x		x	x1	x	x	x1				x
Chrysopyxis paludosa FOTT															
Chrysosphaera paludosa (KORŠ.) BOUR.		x			x										
Derepyxis ollula (STOKES)														x	
Dinobryon divergens IMH.	x	x	x	x1						x1				x1	x
Dinobryon pediforme (LEMM.) STEIN		x													
Dinobryon sertularia EHR.					x										
Lagynion simplex (FOTT) FOTT															
Mallomonas sp.									x						
Ochromonas sp.				x											
Pseudokephyrion spirale SCHMID.		x												x	
Stephanoporos epiphyticus (SCHERFF.) PASCH.														x	
Stichogloea olivacea CHOD.															
Synura uvella EHR. em KORŠ.													x		
Stomatocyst 35 DUFF et SMOL										x					
Stomatocyst 130 DUFF et SMOL															
Zyste	x	x	x	x	x			x	x	x	x		x	x	x
BACILLARIOPHYCEAE:															
Anomoeoneis serians (BRÉB.) CL.									x		x				
Aulacoseira sp.			x		x			x	x		x		x		
Cocconeis sp.															
Eunotia sp. div.			x	x	x	x		x	x		x		x	x	
Frustulia rhomboides (EHR.) DE TONI				x											x
Gomphonema sp.								x							
Gomphosphaeria sp.															
Melosira sp.					x										
Navicula sp.					x			x						x	
Nitzschia sp.div.					x								x	x	
Pinnularia viridis (NITZSCH) EHR.			x					x	x		x		x		
Surirella sp. div.									x						
Tabellaria flocculosa (ROTH.) KÜTZ.		x		x	x				x					x	x
XANTHOPHYCEAE:															
Chloropedia plana PASCH.															
Chlorothecium crassipes (PRINTZ) PASCH.															
Gloeobotrys monochloron ETTL		x													
Tetractis aktinastroides PASCH.															

PL: Plankton

x: Vorkommen ohne deutliche Dominanz

x1: Häufigster Mikroorganismus

x2: Zweithäufigster Mikroorganismus

Ort der Probenentnahme siehe Seekarte S. 58

GROSSER ARBERSEE	Bezeichnung der Proben und Ort der Probenentnahme													
	C3	D1	D2	D3	D4	D5	D6	E1	E2	E3	E4	E5	E6	E7
CHRYSOPHYCEAE:														
Bitrichia ollula (FOTT) FOTT				x		x	x	x						x
Chrysopyxis paludosa FOTT														
Chrysosphaera paludosa (KORŠ.) BOUR.														
Derepyxis ollula (STOKES)														
Dinobryon divergens IMH.		x				x	x			x				
Dinobryon pediforme (LEMM.) STEIN														
Dinobryon sertularia EHR.														
Lagynion simplex (FOTT) FOTT														
Mallomonas sp.								x						x
Ochromonas sp.		x												
Pseudokephyrion spirale SCHMID.			x				x		x		x			x
Stephanoporos epiphyticus (SCHERFF.) PASCH.														
Stichogloea olivacea CHOD.			x											
Synura uvella EHR. em KORŠ.														
Stomatocyst 35 DUFF et SMOL														
Stomatocyst 130 DUFF et SMOL														
Zyste	x	x	x	x		x	x	x	x					x
BACILLARIOPHYCEAE:														
Anomoeoneis serians (BRÉB.) CL.														
Aulacoseira sp.	x	x				x	x							
Cocconeis sp.										x				
Eunotia sp. div.	x	x		x		x	x	x	x	x	x			x
Frustulia rhomboides (EHR.) DE TONI			x								x			
Gomphonema sp.														
Gomphosphaeria sp.														
Melosira sp.														
Navicula sp.	x													x
Nitzschia sp.div.		x									x	x		
Pinnularia viridis (NITZSCH) EHR.		x					x					x		
Surirella sp. div.														
Tabellaria flocculosa (ROTH.) KÜTZ.						x	x		x	x	x			
XANTHOPHYCEAE:														
Chloropedia plana PASCH.							x							
Chlorothecium crassipes (PRINTZ) PASCH.			x				x							
Gloeobotrys monochloron ETTL				x										
Tetractis aktinastroides PASCH.				x										

x: Vorkommen ohne deutliche Dominanz

Ort der Probenentnahme siehe Seekarte S. 58 und S. 62

GROSSER ARBERSEE	Bezeichnung der Proben und Ort der Probenentnahme										
	F1	F2	F3	G1	G2	G3	G4	G5	H1	H2	H3
CHRYSOPHYCEAE:											
Bitrichia ollula (FOTT) FOTT										x	
Chrysopyxis paludosa FOTT			x								
Chrysosphaera paludosa (KORŠ.) BOUR.											
Derepyxis ollula (STOKES)											
Dinobryon divergens IMH.			x							x	
Dinobryon pediforme (LEMM.) STEIN											
Dinobryon sertularia EHR.											
Lagynion simplex (FOTT) FOTT											
Mallomonas sp.			x								
Ochromonas sp.											
Pseudokephyrion spirale SCHMID.											
Stephanoporos epiphyticus (SCHERFF.) PASCH.										x	
Stichogloea olivacea CHOD.											
Synura uvella EHR. em KORŠ.											
Stomatocyst 35 DUFF et SMOL											
Stomatocyst 130 DUFF et SMOL				x							
Zyste		x	x	x	x	x			x	x	
BACILLARIOPHYCEAE:											
Anomoeoneis serians (BRÉB.) CL.	x						x				
Aulacoseira sp.		x		x		x			x	x	
Cocconeis sp.		x									
Eunotia sp. div.		x							x	x	
Frustulia rhomboides (EHR.) DE TONI									x	x	
Gomphonema sp.											
Gomphosphaeria sp.							x				
Melosira sp.	x								x		
Navicula sp.	x			x					x		
Nitzschia sp.div.	x						x				
Pinnularia viridis (NITZSCH) EHR.						x	x				
Surirella sp. div.		x		x	x	x1			x	x	
Tabellaria flocculosa (ROTH.) KÜTZ.		x		x							
XANTHOPHYCEAE:											
Chloropedia plana PASCH.											
Chlorothecium crassipes (PRINTZ) PASCH.											
Gloeobotrys monochloron ETTL											
Tetractis aktinastroides PASCH.											

x: Vorkommen ohne deutliche Dominanz

x1: Häufigster Mikroorganismus

Ort der Probenentnahme siehe Seekarte S. 62

GROSSER ARBERSEE	Bezeichnung der Proben und Ort der Probenentnahme									
	H4	H5	J1	J2	J3	J4	J5	J6	J7	J8
CHRYSOPHYCEAE:										
Bitrichia ollula (FOTT) FOTT		x								
Chrysopyxis paludosa FOTT										
Chrysosphaera paludosa (KORŠ.) BOUR.										
Derepyxis ollula (STOKES)										
Dinobryon divergens IMH.		x								
Dinobryon pediforme (LEMM.) STEIN										
Dinobryon sertularia EHR.										
Lagynion simplex (FOTT) FOTT										
Mallomonas sp.										
Ochromonas sp.			x							
Pseudokephyrion spirale SCHMID.								x		
Stephanoporos epiphyticus (SCHERFF.) PASCH.										
Stichogloea olivacea CHOD.										
Synura uvella EHR. em KORŠ.										
Stomatocyst 35 DUFF et SMOL										
Stomatocyst 130 DUFF et SMOL										
Zyste	x							x	x	x
BACILLARIOPHYCEAE:										
Anomoeoneis serians (BRÉB.) CL.						x	x	x	x	x
Aulacoseira sp.	x			x						
Cocconeis sp.										
Eunotia sp. div.	x			x				x	x	
Frustulia rhomboides (EHR.) DE TONI		x								
Gomphonema sp.										
Gomphosphaeria sp.										
Melosira sp.										
Navicula sp.	x		x		x	x				x
Nitzschia sp.div.	x									x
Pinnularia viridis (NITZSCH) EHR.					x			x		x
Surirella sp. div.										x
Tabellaria flocculosa (ROTH.) KÜTZ.			x							
XANTHOPHYCEAE:										
Chloropedia plana PASCH.										
Chlorothecium crassipes (PRINTZ) PASCH.										
Gloeobotrys monochloron ETTL										
Tetractis aktinastroides PASCH.										

x: Vorkommen ohne deutliche Dominanz

Ort der Probenentnahme siehe Seekarte S. 62

GROSSER ARBERSEE	Bezeichnung der Proben und Ort der Probenentnahme														
	PL	A1	A2	A3	A4	A5	A6	B1	B2	B3	B4	B5	B6	C1	C2
CHLOROPHYTA:															
Ankistrodesmus sp.															
Binuclearia tectorum (KÜTZ.) BEGER in WICHM.		x	x		x			x	x	x	x		x	x	x
Characium osiphocephalum A.BR.															
Carteria sp.															
Chlamydomonas sp.			x										x		
Chloromonas sp.															
Coelastrum morus W. et G.S. WEST			x												
Cylindrocapsa sp.															
Dicranochaeta bohemica NOVÁK. et POPOVSKÝ								x					x		x
Klebsormidium flaccidum A. BR.				x											x
Microspora amoena (KÜTZ.) RABENH.								x			x		x		
Microspora cf. stagnorum								x			x		x		
Microspora sp.								x			x		x		
Microthamnion kuetzingianum NÄG.															
Myxotetraedron cellare HANSG.									x						
Oedogonium itzigsohnii DE-BARY													x		
Oedogonium sp. steril.								x							
Pseudococcomyxa sp.															
Scenedesmus denticulatus LAGERH.									x						
Scenedesmus pseudoasimetricus DEFL.									x						
Scenedesmus sp.			x		x										x
Sphaerellopsis lateralis PASCH. et JAHODA															x
Stigeoclonium sp.															
Tetraedron sp.				x											
Scotiella sp.															
ZYGNEMATOPHYCEAE:															
Actinotaenium cucurbita (BRÉB. ex RALFS) TEIL													x		
Arthrodesmus incus (BRÉB.) HASS.				x											
Closterium dianae EHR.					x				x		x				
Closterium didymotocum RALFS					x				x		x				
Closterium sp.					x				x		x				
Cosmarium sp.				x											
Cylindrocystis brebissoni MENEGH.	x		x2	x	x			x			x		x1	x	x
Mougeotia viridis (KÜTZ.) WITTR.								x		x1	x				
Mougeotia sp. steril.		x	x	x	x			x	x	x	x		x2		
Penium sp.													x		
Spondylosium planum (WOLLE) W. et G.S. WEST															
Staurastrum sp.									x						
Tetmemorus sp.				x											
EUGLENOPHYTA:															
Euglena adherens MATVIENKO														x	
Euglena mutabilis SCHMITZ															
Euglena sp.															

PL: Plankton

x: Vorkommen ohne deutliche Dominanz

x1: Häufigster Mikroorganismus

x2: Zweithäufigster Mikroorganismus

Ort der Probenentnahme siehe Seekarte S. 58

GROSSER ARBERSEE	Bezeichnung der Proben und Ort der Probenentnahme													
	C3	D1	D2	D3	D4	D5	D6	E1	E2	E3	E4	E5	E6	E7
CHLOROPHYTA:														
Ankistrodesmus sp.														x
Binuclearia tectorum (KÜTZ.) BEGER in WICHM.		x	x				x	x		x				x
Characium osiphocephalum A.BR.							x							
Carteria sp.														
Chlamydomonas sp.							x							
Chloromonas sp.			x					x						
Coelastrum morus W. et G.S. WEST				x							x			
Cylindrocapsa sp.														
Dicranochaeta bohemica NOVÁK. et POPOVSKÝ														
Klebsormidium flaccidum A. BR.						x	x							
Microspora amoena (KÜTZ.) RABENH.			x			x					x			
Microspora cf. stagnorum			x			x					x			
Microspora sp.			x			x					x			
Microthamnion kuetzingianum NÄG.						x								
Myxotetraedron cellare HANSG.	x						x							x
Oedogonium itzigsohnii DE-BARY														
Oedogonium sp. steril.						x	x							
Pseudococcomyxa sp.							x							
Scenedesmus denticulatus LAGERH.														
Scenedesmus pseudoasimetricus DEFL.														
Scenedesmus sp.		x				x								
Sphaerellopsis lateralis PASCH. et JAHODA														
Stigeoclonium sp.						x								
Tetraedron sp.														
Scotiella sp.														
ZYGNEMATOPHYCEAE:														
Actinotaenium cucurbita (BRÉB. ex RALFS) TEIL														
Arthrodesmus incus (BRÉB.) HASS.														
Closterium dianae EHR.	x	x					x							
Closterium didymotocum RALFS	x	x					x							
Closterium sp.	x	x					x							
Cosmarium sp.												x		
Cylindrocystis brebissoni MENEGH.							x		x	x1	x			x
Mougeotia viridis (KÜTZ.) WITTR.						x								
Mougeotia sp. steril.	x		x			x	x	x2	x	x	x			
Penium sp.														
Spondylosium planum (WOLLE) W. et G.S. WEST							x							
Staurastrum sp.														
Tetmemorus sp.														
EUGLENOPHYTA:														
Euglena adherens MATVIENKO														
Euglena mutabilis SCHMITZ														
Euglena sp.		x												

x: Vorkommen ohne deutliche Dominanz

x1: Häufigster Mikroorganismus

x2: Zweithäufigster Mikroorganismus

Ort der Probenentnahme siehe Seekarte S. 58 und S. 62

GROSSER ARBERSEE	Bezeichnung der Proben und Ort der Probenentnahme										
	F1	F2	F3	G1	G2	G3	G4	G5	H1	H2	H3
CHLOROPHYTA:											
Ankistrodesmus sp.											
Binuclearia tectorum (KÜTZ.) BEGER in WICHM.											
Characium osiphocephalum A.BR.											
Carteria sp.											
Chlamydomonas sp.											
Chloromonas sp.											
Coelastrum morus W. et G.S. WEST											
Cylindrocapsa sp.											
Dicranochaeta bohemica NOVÁK. et POPOVSKÝ											
Klebsormidium flaccidum A. BR.										x	
Microspora amoena (KÜTZ.) RABENH.											
Microspora cf. stagnorum											
Microspora sp.											
Microthamnion kuetzingianum NÄG.											
Myxotetraedron cellare HANSG.				x						x	
Oedogonium itzigsohnii DE-BARY											
Oedogonium sp. steril.											
Pseudococcomyxa sp.											
Scenedesmus denticulatus LAGERH.											
Scenedesmus pseudoasimetricus DEFL.											
Scenedesmus sp.	x						x			x	x
Sphaerellopsis lateralis PASCH. et JAHODA											
Stigeoclonium sp.											
Tetraedron sp.											
Scotiella sp.											
ZYGNEMATOPHYCEAE:											
Actinotaenium cucurbita (BRÉB. ex RALFS) TEIL											
Arthrodesmus incus (BRÉB.) HASS.											
Closterium dianae EHR.							x			x	
Closterium didymotocum RALFS							x			x	
Closterium sp.							x			x	
Cosmarium sp.											
Cylindrocystis brebissoni MENEGH.										x	x
Mougeotia viridis (KÜTZ.) WITTR.											
Mougeotia sp. steril.			x								
Penium sp.											
Spondylosium planum (WOLLE) W. et G.S. WEST											
Staurastrum sp.	x										
Tetmemorus sp.											
EUGLENOPHYTA:											
Euglena adherens MATVIENKO											
Euglena mutabilis SCHMITZ							x				
Euglena sp.											

x: Vorkommen ohne deutliche Dominanz

Ort der Probenentnahme siehe Seekarte S. 62

GROSSER ARBERSEE	Bezeichnung der Proben und Ort der Probenentnahme									
	H4	H5	J1	J2	J3	J4	J5	J6	J7	J8
CHLOROPHYTA:										
Ankistrodesmus sp.										
Binuclearia tectorum (KÜTZ.) BEGER in WICHM.		x		x						
Characium osiphocephalum A.BR.										
Carteria sp.									x	
Chlamydomonas sp.			x					x		
Chloromonas sp.										
Coelastrum morus W. et G.S. WEST										
Cylindrocapsa sp.										
Dicranochaeta bohemica NOVÁK. et POPOVSKÝ				x						
Klebsormidium flaccidum A. BR.										
Microspora amoena (KÜTZ.) RABENH.										
Microspora cf. stagnorum										x
Microspora sp.										x
Microthamnion kuetzingianum NÄG.										
Myxotetraedron cellare HANSG.			x							
Oedogonium itzigsohnii DE-BARY										
Oedogonium sp. steril.										
Pseudococcomyxa sp.										
Scenedesmus denticulatus LAGERH.										
Scenedesmus pseudoasimetricus DEFL.										
Scenedesmus sp.			x							
Sphaerellopsis lateralis PASCH. et JAHODA										
Stigeoclonium sp.										
Tetraedron sp.										
Scotiella sp.			x							
ZYGNEMATOPHYCEAE:										
Actinotaenium cucurbita (BRÉB. ex RALFS) TEIL										
Arthrodesmus incus (BRÉB.) HASS.										
Closterium dianae EHR.			x		x					
Closterium didymotocum RALFS			x		x					
Closterium sp.			x		x					
Cosmarium sp.										
Cylindrocystis brebissoni MENEGH.	x1		x	x	x	x	x	x	x	
Mougeotia viridis (KÜTZ.) WITTR.									x	
Mougeotia sp. steril.										
Penium sp.							x	x		
Spondylosium planum (WOLLE) W. et G.S. WEST										
Staurastrum sp.										
Tetmemorus sp.										
EUGLENOPHYTA:										
Euglena adherens MATVIENKO										
Euglena mutabilis SCHMITZ										
Euglena sp.								x	x	

x: Vorkommen ohne deutliche Dominanz

x1: Häufigster Mikroorganismus

Ort der Probenentnahme siehe Seekarte S. 62

Übersicht der im Großen Arbersee gefundenen Mikroorganismenarten
(Probenentnahmen vom 11. Juni und 6. August 1995)

106 Arten

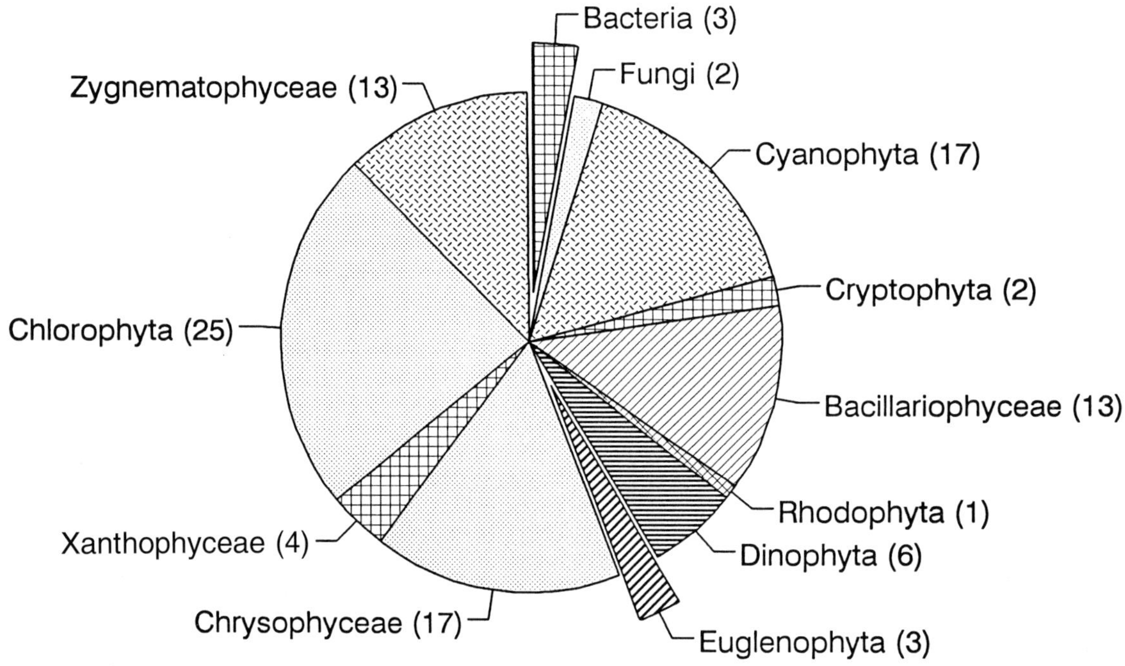

Zu Tafel 1, Fig. 12, S. 77

Stomatocyst 35 in DUFF et SMOL 1989.

Die Cyste (Ruhestadium) wurde bei der Probenentnahme im Großen Arbersee (Sommer 1995) gefunden. Entsprechend der nicht publizierten Meinung von H. KLING ist es die Cyste von Mallomonas doignonii BOUR. em. ASMUND et CRONBERG (zur eindeutigen Bestimmung z. Zt. in Untersuchung, J. LUKAVSKÝ). Bisher ist sie bekannt von Canada (Nordwest-Territorium, Ontario-See, Britisch Columbien), USA (Conneticut, New York, Oregon), Dänemark (bekannt aus sauren oder neutralen, kalten Gewässern).

Tafel 1: Mikroskopische Aufnahmen von Mikroorganismen aus dem Großen Arbersee

1–5 Hapalosiphon fontinalis (AG.)BORN
6 Chroococcus turgidus (KÜTZ.)NÄG.
7 Chroococcus prescottii DROUET et DAILY
8 Scytonema ocellatum LYNGB.
9 Merismopedia angularis THOMPSON
10 M. glauca (EHR.)KÜTZ.
11 Torulopsidosira filamentosa GEITL.
12 Stomatocyst 35 DUFF et SMOL (= Mallomonas doignonii BOUR. em.ASMUND et CRONBERG)
13 Chrysopyxis paludosa FOTT

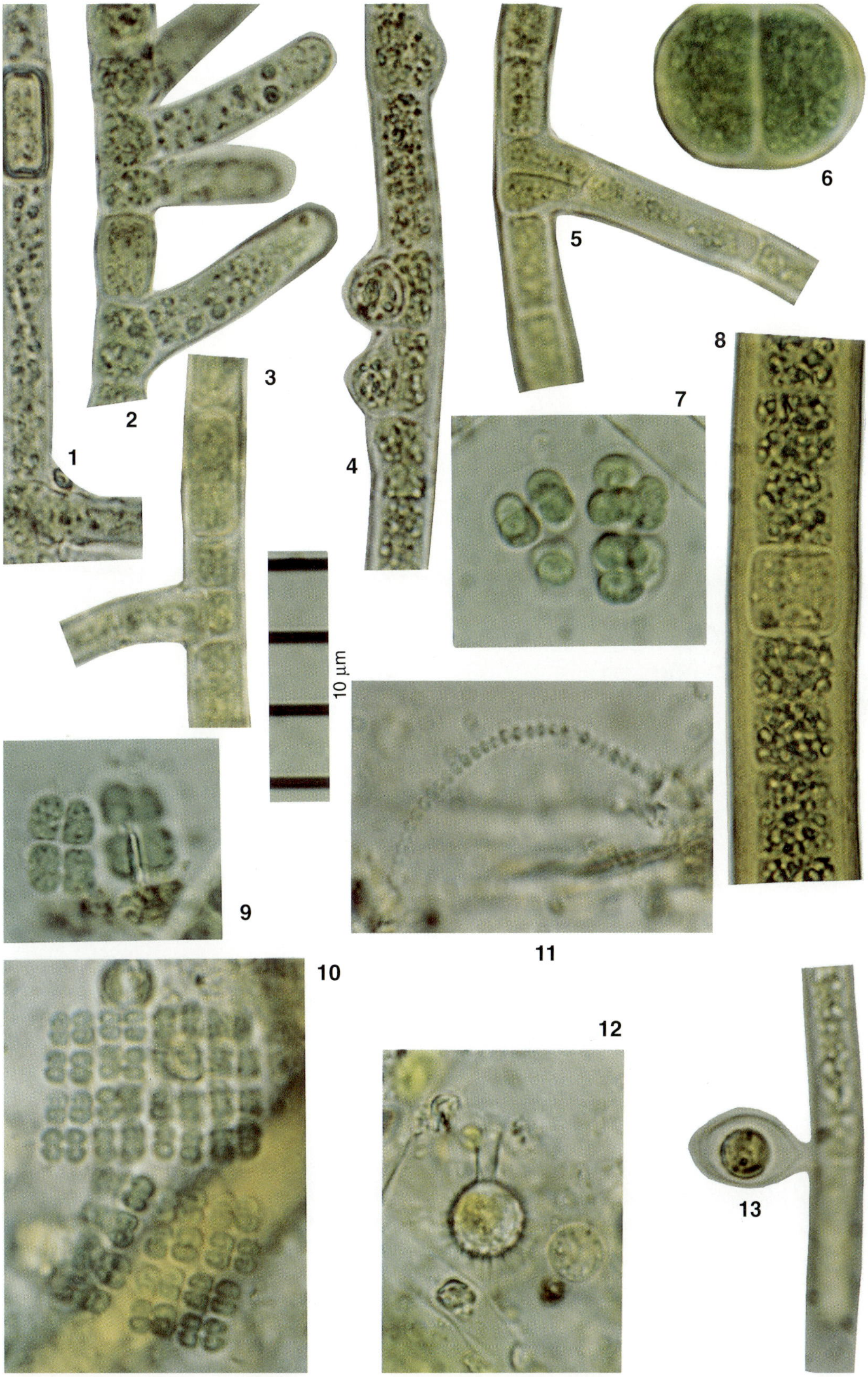

Tafel 2: Mikroskopische Aufnahmen von Mikroorganismen aus dem Großen Arbersee

1, 2	Eunotia cf. bilunaris
3	Pinnularia viridis (NITZSCH)EHR.
4	Tabellaria flocculosa (ROTH.)KÜTZ.
5	Aulacoseira sp.
6–8	Peridinium inconspicuum LEMM.
9, 10	Batrachospermum vagum (ROTH.)AG. (9 geringer vergrößert)
11	Stephanoporos epiphyticus (SCHERFF.) PASCH.

Tafel 3: Mikroskopische Aufnahmen von Mikroorganismen aus dem Großen Arbersee

1	Microspora amoena (KÜTZ.)RABENH.
2	M.cf. stagnorum
3	M.sp.
4–6	Binuclearia tectorum (KÜTZ.)BEGER in WICHM.
7	Klebsormidium flaccidum A.BR.
8	Cylindrocystis brebissoni MENEGH.
9	Closterium dianae EHR.
10, 11	C. didymotocum RALFS
12, 13	Mougeotia sp. steril.
14, 15	M. viridis (KÜTZ.)WITTR.

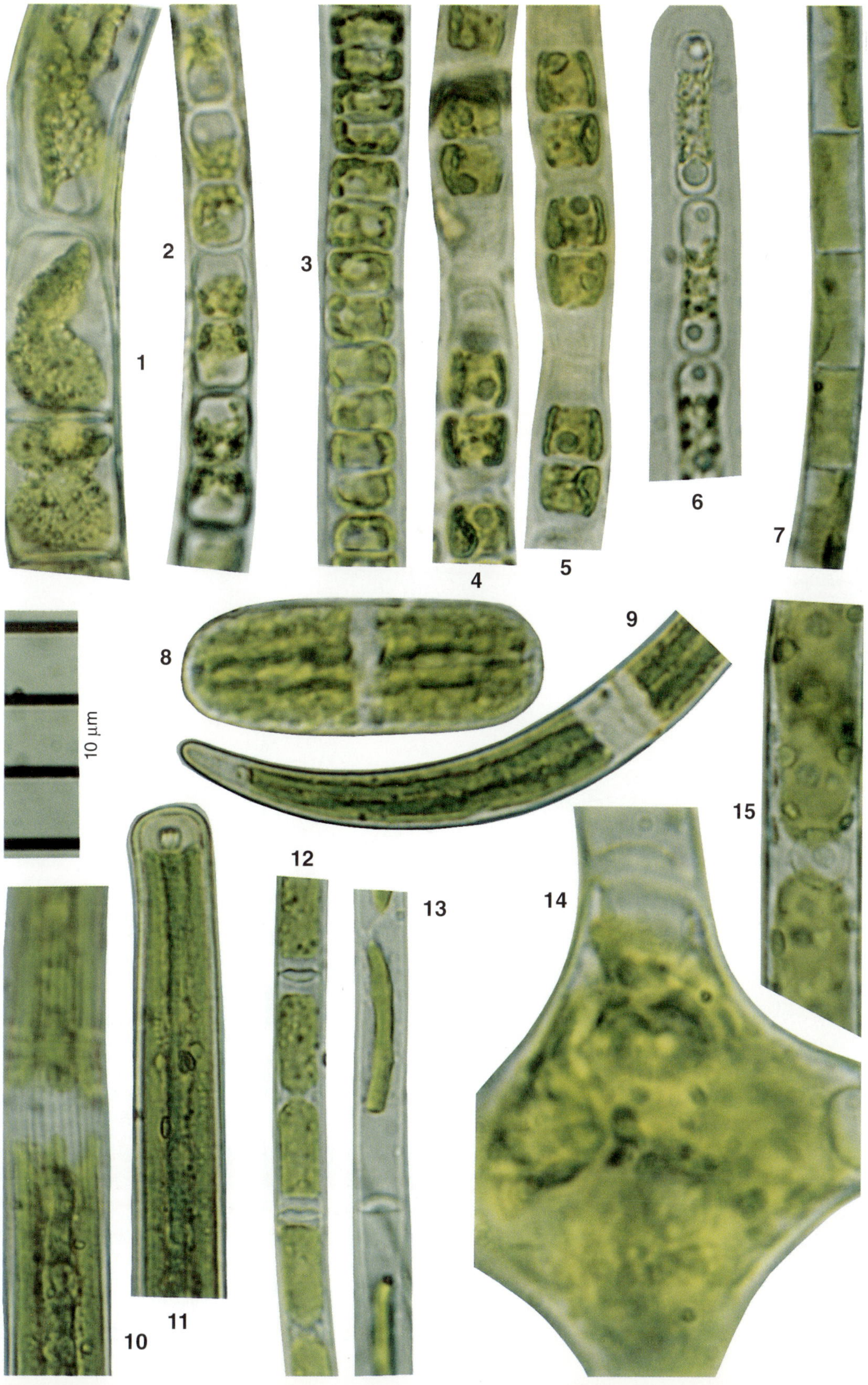

Bei der mikroskopischen Untersuchung der entnommenen Mikroorganismenproben fertigte Dr. Lukavský zu deren eindeutigen Bestimmung zahlreiche Zeichnungen an.

Einige Beispiele dieser Zeichnungen sind im folgenden wiedergegeben.

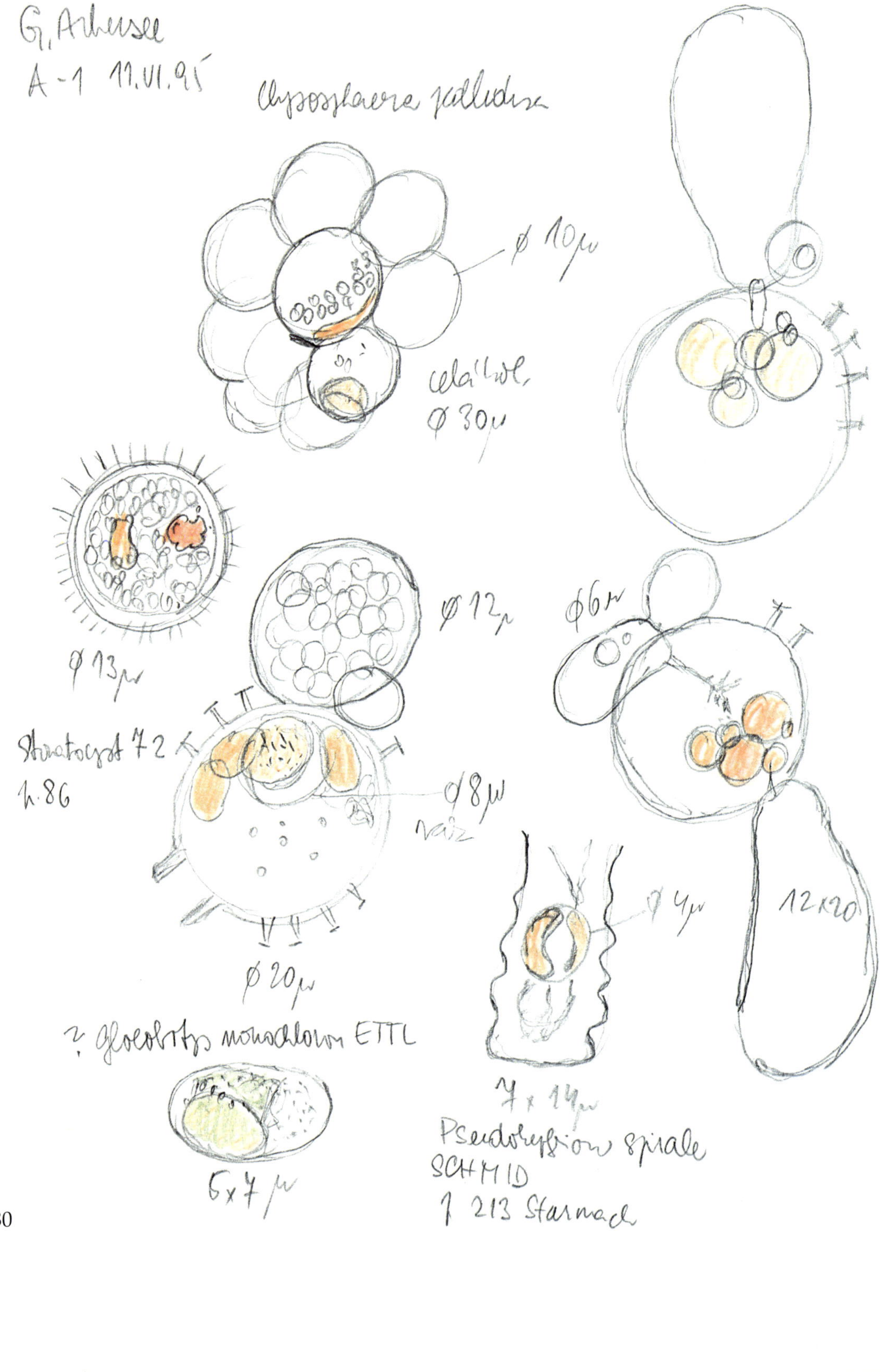

G. Ahrensee
11.VI.95 - A-4

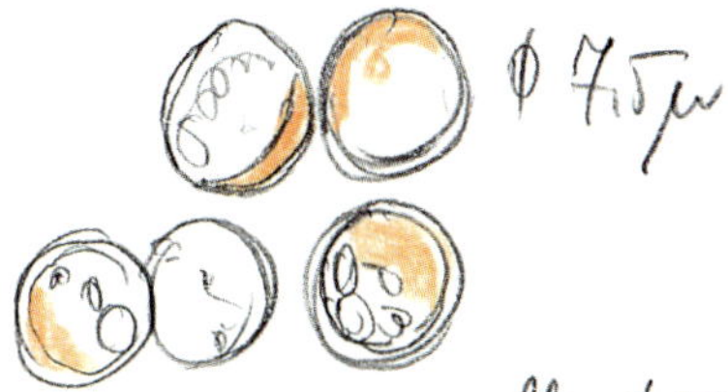

Chrysosphaera paludosa, elongata Ø 15 µ
(Korš.) Bourr.

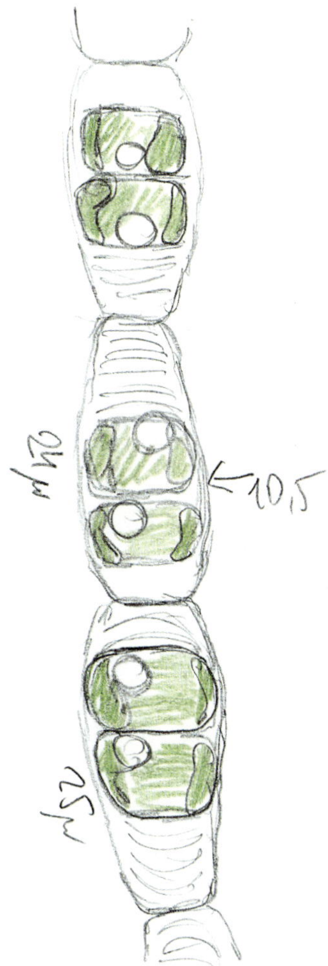

Binuclearia tectorum

G. Arbersee
11.VI.95 A-4

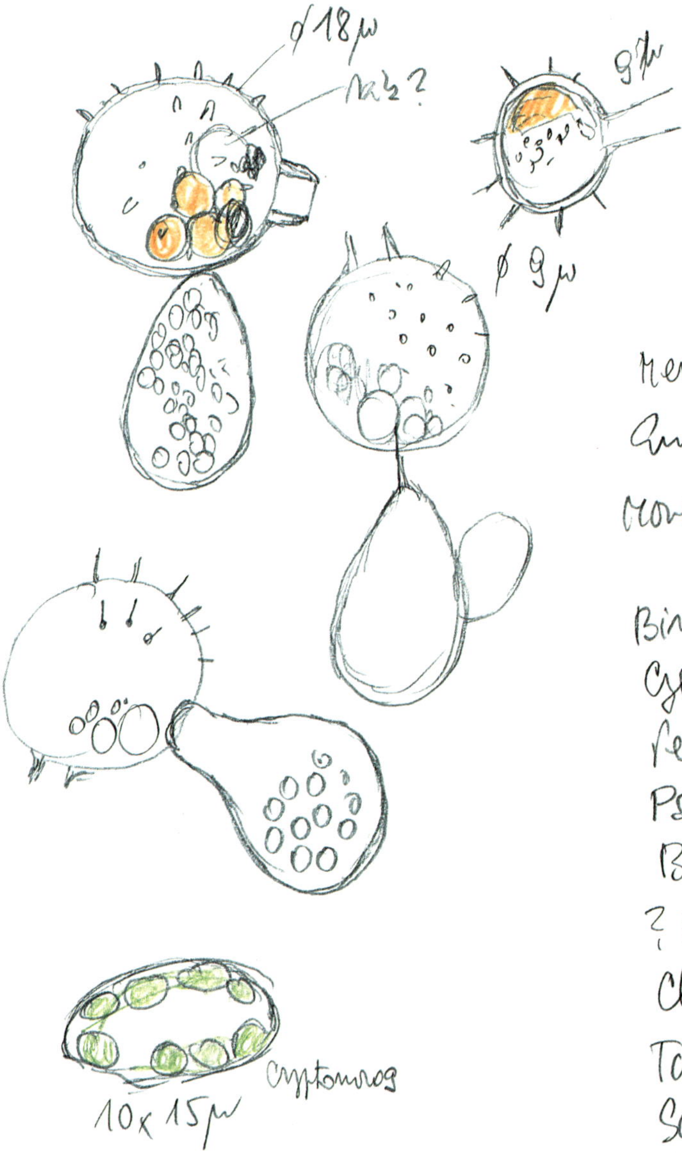

Merismopedia
Gustia
Mougeotia ø 9µ
Alte Ins
Binuclearia
Cylindrocystis
Peridinium +
Pseudanabaena
Bitrichia ?
? Navicula
Closterium
Tabellaria
Scenedesmus
Aulacoseira
Cryptomonas

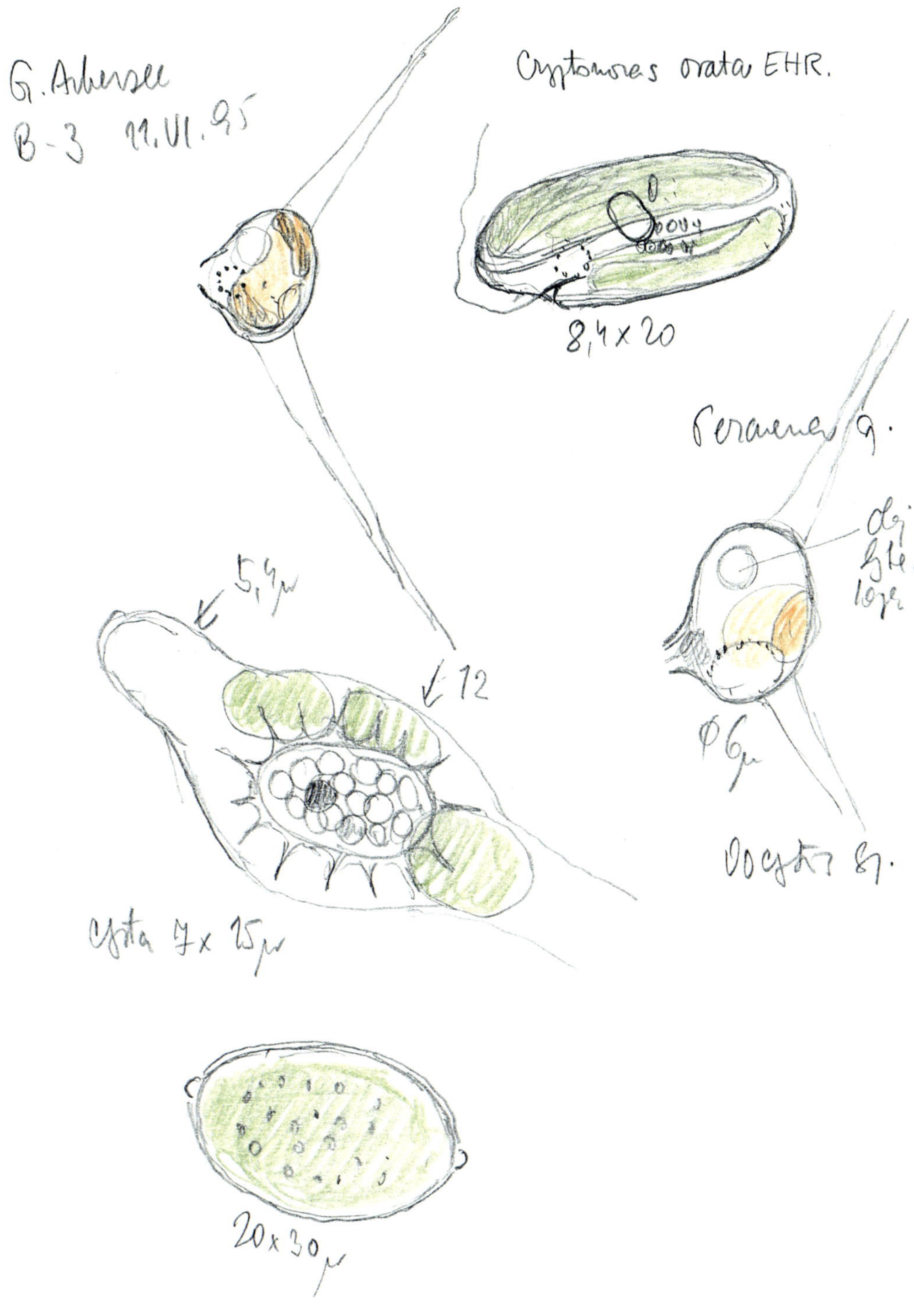
B-3 11.VI.95
Cryptomonas ovata EHR.
8,4x20
5,4μ
12
Ø 6μ
Cysta 7x15μ
20x30μ

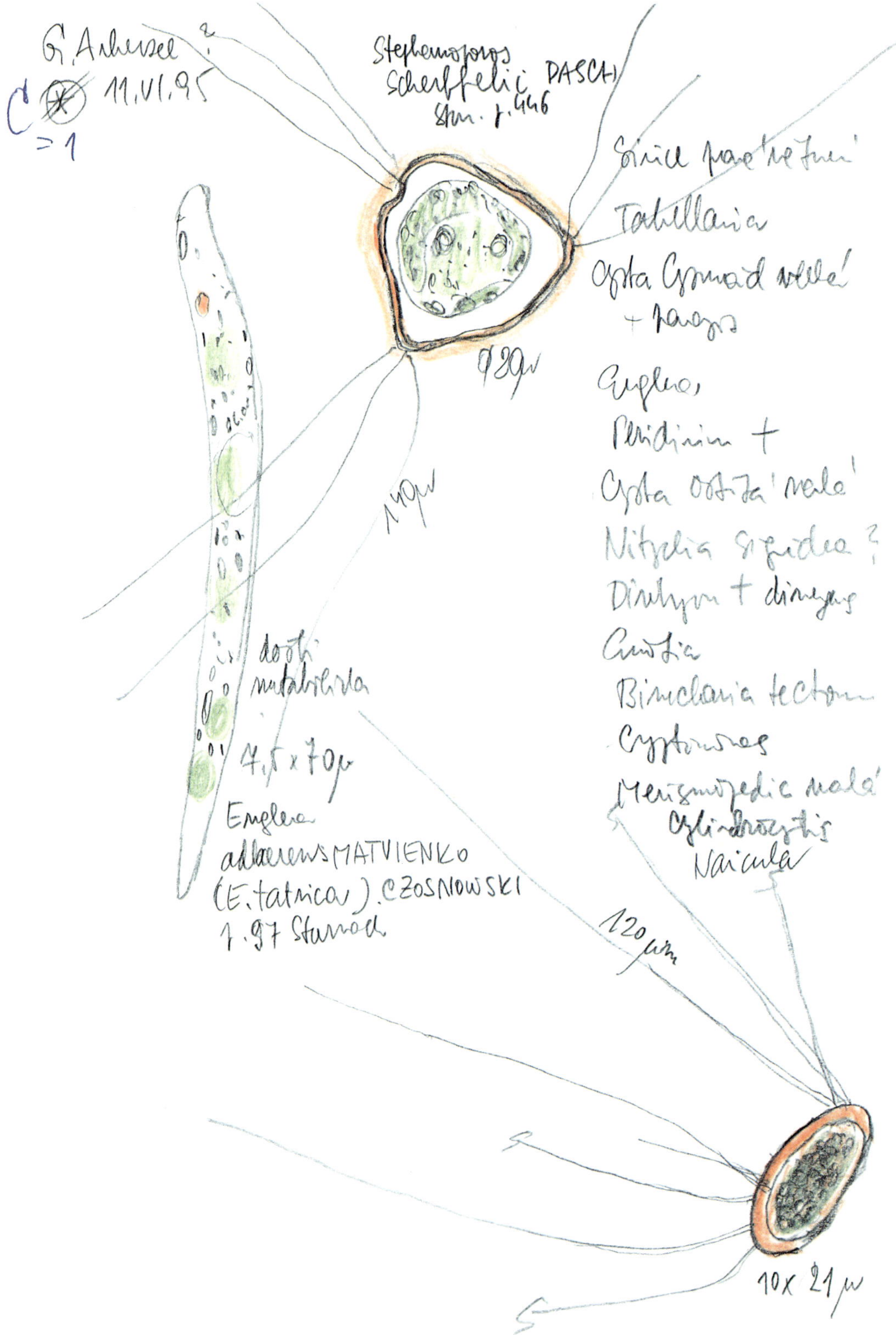
11.VI.95
Stephanoporos
scherffelii DASCH
Tabellaria
Euglena,
Peridinium +
Nitzschia sigmoidea ?
Binuclearia tectorum
Cryptomonas
Merismopedia malá
Cylindrocystis
Navicula
140 µ
4,5 x 70 µ
Euglena
adhaerens MATVIENKO
(E. tatrica) CZOSNOWSKI
120 µm
10x 21 µ

G. Arbersee

D3 - 11.VI.95

Peridinium inconsp. +

Cysty

nullá cysta + propr.

Cysta s jejími ostny

ø 16μ

Coelastrum morus W. & G. S. WEST

2.732 Kom FTH

ø 11μ

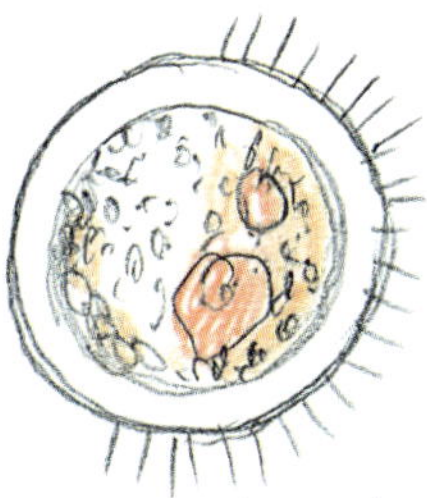

ø 11 a 14,4 μ

2SP

Oftid

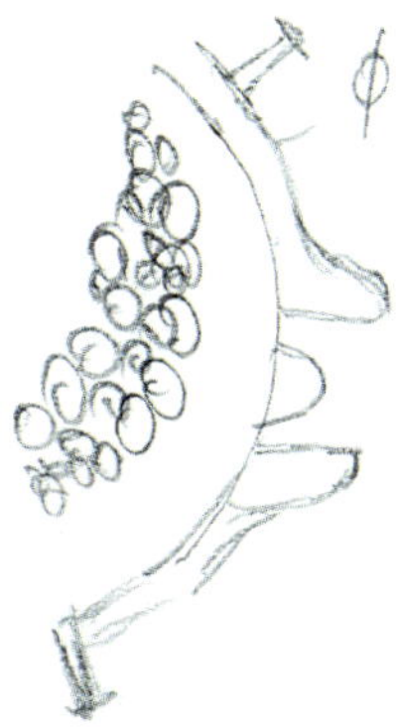

ø 21μ

Bitrichia ollula

Gloiotia 8.

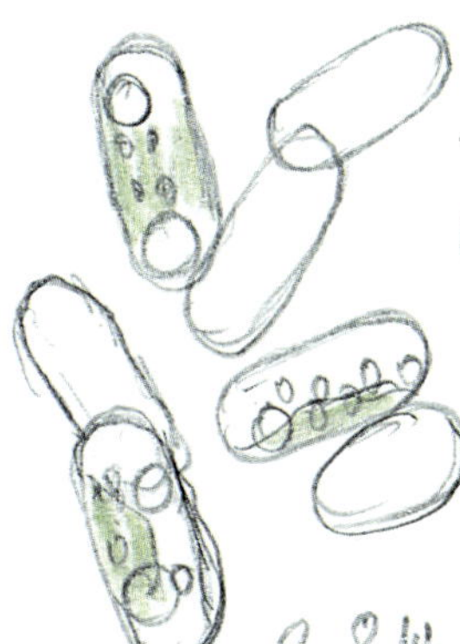

Zuspořádání do tetraedrů

3 x 8 μ

Tetraktis actinastroides PASCH.

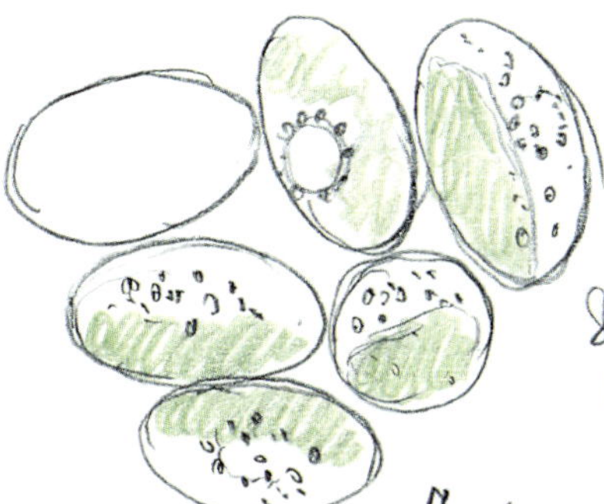

8 24 2 cftí

5 x 7 μ

gloeobotrys monochloron ETTL

1.323 Hindák

GROSSER ARBERSEE

chemische und physikalische Werte
Meßstelle: Seemitte

Datum	Uhrzeit	Tiefe m	H_2O-Temp. °C	pH	O_2 gelöst mg/l	P ges. mg/l	NH_4-N mg/l	NO_3-N mg/l	Chlorophyll µg/l	Al *) mg/l	Al **) mg/l	Ca mg/l	Mg mg/l
3o.o7.	9:oo	o,o	17,8	5,o	8,5	<o,oo5	o,o2	o,8	4	o,35	-	2,o	o,45
1985	9:2o	5,o	13,5	4,8	9,3	<o,oo5	o,o1	1,o	1	o,46	-	2,1	o,45
	9:4o	1o,o	7,7	5,o	9,4	<o,oo5	o,o3	1,o	3	o,41	-	1,9	o,6o
	1o:oo	15,o	6,2	5,6	2,1	<o,oo5	o,26	o,6	5	o,27	-	2,8	o,65
24.o8.	9:oo	o,o	15,8	5,1	8,4	<o,oo5	o,o3	o,6	1	o,36	o,31	1,3	o,4
1988	9:4o	5,o	14,8	5,o	8,8	o,oo5	o,o4	o,65	1	o,4	o,34	1,3	o,4
	1o:2o	1o,o	7,9	5,2	7,9	<o,oo5	o,o4	o,85	4	o,46	o,32	1,45	o,45
	11:oo	15,o	8,8	5,4	4,9	o,oo7	o,o7	o,86	3	o,39	o,24	1,45	o,45
3o.o8.	9:1o	o,o	13,3	5,4	9,o	o,oo7	o,o4	o,6	1	o,18	o,14	1,3	o,44
1989	9:5o	5,o	12,8	5,4	9,o	o,oo5	o,o3	o,6	<1	o,19	o,11	1,3	o,45
	1o:3o	1o,o	8,2	5,2	1o,4	<o,oo5	o,o2	o,8	1	o,34	o,23	1,4	o,47
	1o:5o	15,o	6,5	5,3	5,9	o,oo5	o,18	o,65	<1	o,23	o,13	1,4	o,48
o7.o8.	1o:oo	o,o	18,8	5,4	8,7	<o,oo5	o,o3	o,5	<1	o,27	-	1,3	o,43
199o	1o:3o	5,o	14,1	4,9	1o,9	<o,oo5	<o,o2	o,5	1	o,42	-	1,3	o,41
	11:oo	1o,o	7,5	5,15	1o, 6	o,oo5	<o,o2	o,75	-	o,36	-	1,4	o,46
	11:15	15,o	6,3	5,6	3,3	o,oo7	o,21	o,5	-	o,37	-	1,7	o,48
2o.o8.	9:3o	o,o	16,1	5,o	8,4	o,oo5	<o,o2	o,5	1	o,38	o,26	1,6	o,37
1991	1o:1o	5,o	12,8	4,7	9,5	o,oo6	<o,o2	o,5	-	o,46	o,42	1,4	o,36
	1o:5o	1o,o	7,1	5,3	9,2	o,oo5	<o,o2	o,75	-	o,27	o,18	1,5	o,43
	11:1o	15,o	6,1	5,5	3,9	o,oo7	o,17	o,45	-	o,27	o,13	1,5	o,45

NH_4-N = Stickstoffanteil errechnet aus Ammonium
NO_3-N = Stickstoffanteil errechnet aus Nitrat
Chlorophyll = Chlorophyll a
Al *) = nichtfiltrierte Probe
Al **) = filtrierte Probe (Membranfilter 0,45 µm)

Daten vom Wasserwirtschaftsamt Deggendorf

GROSSER ARBERSEE

chemische und physikalische Werte

Meßstelle: Seemitte

Datum	Uhrzeit	Tiefe m	H_2O-Temp. °C	pH	O_2 gelöst mg/l	P ges. mg/l	NH_4-N mg/l	NO_3-N mg/l	Chlorophyll µg/l	Al *) mg/l	Al **) mg/l	Ca mg/l	Mg mg/l
10.08.	10:00	0,0	22,8	4,5	7,3	0,009	0,03	0,6	2	0,18	-	1,4	0,4
1992	10:40	5,0	15,4	4,5	12,0	<0,005	<0,02	0,7	-	0,36	-	1,4	0,45
	11:20	10,0	7,5	4,4	9,2	0,005	0,03	0,8	-	0,39	-	1,4	0,45
	11:40	15,0	6,6	4,8	2,7	0,005	0,23	0,4	-	0,97	-	1,4	0,55
15.08.	10:00	0,0	17,8	5,2	8,6	0,005	0,02	0,45	<1	0,30	0,24	1,2	0,4
1993	10:40	5,0	13,3	4,8	10,2	0,007	0,02	0,5	-	0,40	0,38	1,2	0,4
	11:20	10,0	8,7	5,0	10,2	0,011	<0,02	0,85	-	0,34	0,28	1,3	0,45
	12:00	14,0	7,1	5,6	4,0	0,008	0,25	0,25	-	0,26	0,10	1,6	0,6
27.07.	10:00	0,0	20,8	5,7	8,1	0,005	0,04	0,45	<1	0,185	0,105	1,2	0,4
1994	10:40	5,0	17,2	5,1	10,2	0,005	0,02	0,5	<1	0,295	0,16	1,2	0,4
	11:20	10,0	7,0	5,0	8,8	0,006	0,05	0,5	<1	0,27	0,135	1,5	0,5
	11:40	14,0	6,4	5,5	3,6	0,017	0,20	0,3	<1	0,21	0,095	1,6	0,55
19.09.	9:30	0,0	12,8	5,0	9,6	0,005	0,06	0,5	2	0,57	-	1,1	0,34
1995	10:10	5,0	10,6	4,75	10,4	0,005	0,02	0,55	2	0,55	-	0,88	0,33
	10:50	10,0	7,3	5,1	8,3	0,005	0,04	0,6	5	0,39	-	1,0	0,39
	11:10	14,0	5,9	5,6	2,9	0,01	0,28	0,3	2	0,36	-	1,0	0,46
03.09.	10:30	0,0	13,6	5,2	8,8	0,006	0,03	0,45	3	0,38	-	1,2	0,4
1996	11:10	5,0	13,0	5,15	9,3	0,012	<0,02	0,5	4	0,46	-	1,2	0,4
	11:50	10,0	6,3	5,35	4,1	0,006	0,11	0,55	4	0,34	-	1,3	0,45
	12:10	14,0	5,1	6,10	0,9	0,010	0,37	0,65	<1	0,36	-	1,8	0,6

NH_4-N = Stickstoffanteil errechnet aus Ammonium
NO_3-N = Stickstoffanteil errechnet aus Nitrat
Chlorophyll = Chlorophyll a
Al *) = nichtfiltrierte Probe
Al **) = filtrierte Probe (Membranfilter 0,45 µm)

Großer Arbersee

Im Westen die zwei schwimmenden Halbinseln, getrennt durch den Zufluß des Geigenbaches. Auffallend die gradlinigen Begrenzungen des Moors, die an die teilweise Abtragung von 1899 erinnern aus der Sorge um eine Verlandung des Sees. Im Osten das Arberseehaus. Bis 1993 herrschte auf diesem See uneingeschränkter Bootsbetrieb, der zu erheblichen Schäden an den schwimmenden Halbinseln und an den Teichrosen führte. Seitdem Beschränkung durch eine Balkenkette auf die vordere (östliche) Seehälfte.

Schwimmende Halbinseln →

Links Eintritt des Geigenbachs. Der Bewuchs dieses 1,5 m bis 3,5 m dicken Filzes besteht hauptsächlich aus Sphagnen und Seggen, dazu kommen Fieberklee, Moosbeere, Rosmarinheide, Sonnentau u. a. Die kleine krüppelwüchsige Fichte im Vordergrund ist ca. 40–50 Jahre alt. Auf dem Moorboden lebt sie am Rande ihrer Existenzmöglichkeiten.

Blick vom Rundwanderweg über den See nach Osten – im Vordergrund die schwimmenden Halbinseln.

Tauchereinsatz für die Untersuchung der Unterwasserwelt

Massen von Touristen stellen an schönen Tagen eine deutliche Belastung des Naturschutzgebietes „Großer Arbersee" dar. Ein ausgebauter Rundwanderweg, der über große Strecken als Bohlenweg ausgeführt ist, soll die Besucherströme lenken.

Baumriesen in 5 m Tiefe →

Durch Stürme stürzen immer wieder Bäume vom Ufer in den See. Ältere Stämme sind auf der Oberseite mit Sedimenten und verschiedenen Mikroorganismen wie Algen, Bakterien, Pilzen und anderen Protisten überzogen.

„Bildhauer" Natur
Die Umweltbedingungen in der Tiefe des Sees sorgen dafür, daß das Holz nur sehr langsam verrottet.

Larve der Köcherfliege Phryganea sp. zieht ihre Bahn in 15 m Tiefe →
Sie baut sich zur Tarnung und zum Schutz aus Laub und Rindenteilen eine Behausung (Köcher). (M 2,1 : 1)

Seegrund in 15 m Tiefe mit Bahnen von Köcherfliegenlarven
Der Schlamm ist bis zum festen Untergrund locker gelagert.

Köcherfliegenlarve auf Blaualgenrasen

Der Köcher ist aus Blattstücken zusammengeleimt.
(M 2,1 : 1)

Köcherfliegenlarve ohne Köcher →

Durch Druck auf das hintere Köcherende wurde die Larve veranlaßt, die schützende Hülle zu verlassen. Die zarten Tracheenkiemen machen verständlich, warum sich die Larve im Köcher verbirgt.
(M 2,1 : 1)

Rückkehr in den Köcher

(M 2,1 : 1)

Libellenlarve, wirkliche Größe ca. 5 cm (Bildmitte)

Sie lebt von verschiedenem Kleingetier, das sich seinerseits von bodenbedeckendem Algenrasen ernährt.

Lebensspuren →

Fadenartige Mikroorganismen auf dem Schlamm. In dieser Tiefe ist Sauerstoff Mangelware, so daß anaerobe Organismen, die in einer Umgebung ohne Sauerstoff existieren können, Überlebensvorteile haben.

Bild oben 10 m Tiefe
(M 1,4 : 1)

Bild unten 15 m Tiefe
(M 1,4 : 1)

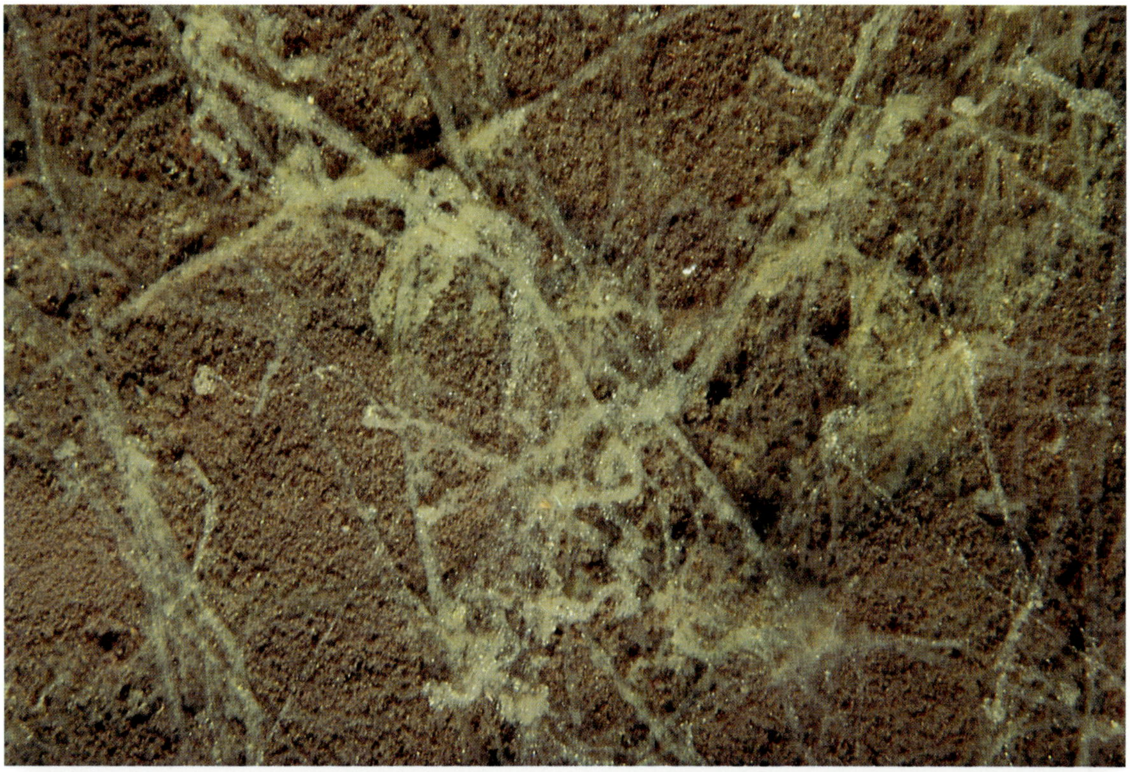

Charakteristische Struktur unbekannter Zusammensetzung (3 m Tiefe)

Vermutlich Kolonie von Mikroorganismen oder Reste von organischen Aktivitäten am Seeboden. Zerfallen bei geringster Bewegung zu feinen Teilchen.
(M 1,4 : 1)

Fädige Algenkolonie am Seeboden (1,5 m Tiefe) →

(M 2,1 : 1)

Grünalgen (3 m Tiefe)

Sie fristen über dem Faulschlamm ein kärgliches Dasein. In diesem „Ökosystem" ist der biologische Stoffumsatz äußerst gering.
(M 2,1 : 1)

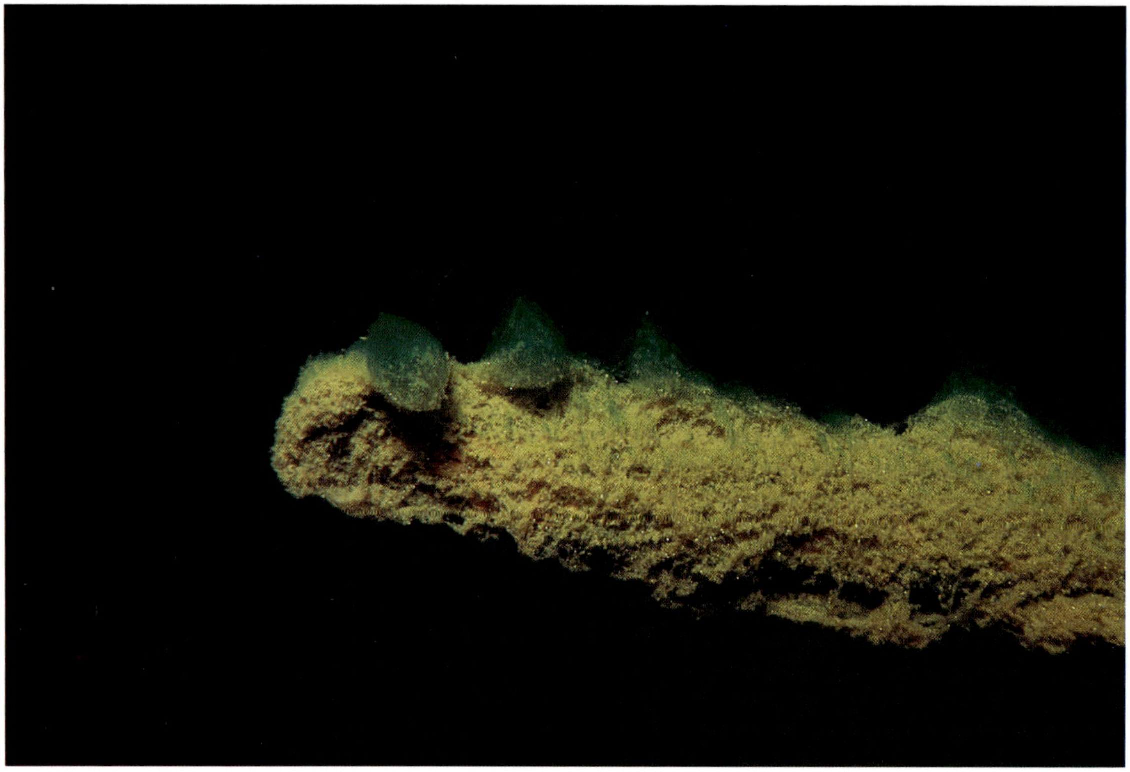

Bild S. 100 und S. 101

Ast einer „Baumleiche" mit Sedimentbelag und Blaualgenbewuchs

Im See herrscht so wenig Bewegung, daß der leicht verwirbelbare Schlamm selbst auf Ästen liegenbleibt. Allerdings stabilisiert ein im Bild kaum erkennbares Gespinst aus Blaualgen den Belag. Für diese Algen ist das – sehr bescheidene – Angebot an Mineralstoffen aus dem Schlamm wichtige Ernährungsgrundlage. Der Name Blaualge erklärt sich aus dem blauen Farbstoff Phycocyan, der dem (grünen) Chlorophyll beigemischt ist. In der Regel überwiegt die Farbwirkung des Chlorophylls, so daß die Blaualgen grün erscheinen.
(M 1,4 : 1)

Rasenbinse (Juncus bulbosus f. fluitans)

Rasenbinse (Juncus bulbosus f. fluitans) in 1 m Tiefe →

Eine Befreiung aus dem Algen- und Schlammbelag ist im ruhigen Wasser nur neuen Sprossen möglich. (M 1,4 : 1)

Rasenbinse (Juncus bulbosus f. fluitans) an der Einmündung des Geigenbachs

Die Strömung hält die Blätter frei von Algen und Schlamm.

Sphagnumlandschaft in 3 m Tiefe

In Ufernähe wird der Pflanzenbestand üppiger; das Lichtangebot ist größer und das Wasser ist wärmer.

Torfmoos (Sphagnum cuspidatum)
(M 1,4 : 1)

Grundblätter (Tauchblätter) der Gelben Teichrose (Nuphar lutea) und ausgedehnter Torfmoosbestand

Die Gelbe Teichrose (Nuphar lutea) wurzelt hier in ca. 2 m Tiefe

Bild S. 108 und S. 109 oben

Die Gelbe Teichrose (Nuphar lutea) wurzelt hier in einer Tiefe von 1 m

Teichrosen entwickeln zwei verschiedene Blattarten, eine unter Wasser (Grundblatt oder Tauchblatt), die andere an langen Stengeln an der Wasseroberfläche liegend (Schwimmblatt).

Blütenknospe der Gelben Teichrose (Nuphar lutea) in 1 m Tiefe →

(M 1,4 : 1)

Gelbe Teichrose (Nuphar lutea), Rasenbinse (Juncus bulbosus f. fluitans) und Torfmoos (Sphagnum cuspidatum)

In der Flachwasserzone wird der Lebensraum artenreicher.

Bei Lichteinfall zeigt sich die Natur in ihrer ganzen Schönheit →

Grund- und Schwimmblätter der Gelben Teichrose (Nuphar lutea)

Spiegelung an der Wasseroberfläche.

Kleiner Wasserschlauch (Utricularia minor)

Die grünen Blätter bestehen nur noch aus kräftigen Blattadern, an denen Fangkapseln mit kleinsten Tasthärchen sitzen. Bei Berührung dieser Tasthärchen weiten die Kapseln schlagartig ihr Volumen aus. Dadurch saugen sie kleine tierische Organismen ins Innere, um sie dort zu verdauen. Die Pflanze deckt so ihren Bedarf an Stickstoff, Phosphat und anderen Mineralstoffen.
Links: (M 2 : 1)
Oben: (M 1,4 : 1)

Im engen Raum zwischen Schlammboden und schwimmendem Moor

Über die Sicherheitsleine wird der Taucher durch den Signalmann vom Boot aus gesichert.

Unter dem schwimmenden Moor →

Aufgewirbelte Teilchen im Scheinwerferlicht.

Selbst im Dämmerlicht, das durch kleine Spalten den Schlammboden erreicht, können Blaualgen gedeihen. Im Gegensatz zu ihrem Namen haben diese Algenrasen eine grüne Farbe.

Bild S. 116 und S. 117 oben

Durch die wenigen Löcher in der Moordecke dringt Licht in die ewige Dunkelheit unter die schwimmenden Halbinseln ein

Unter dem schwimmenden Moor →

Zur Untersuchung der Moordecke wurden starke Scheinwerfer eingesetzt. Deutlich treten die Strukturen in Erscheinung.

Aus dem üppigen Wurzelwerk fällt ein Dauerregen von Schlammteilchen.

Gelbe Teichrose (Nuphar lutea)

Bis ca. 5 m unter die Moordecke hinein reicht das seitlich einfallende Licht gerade noch aus, daß Teichrosen ihre grünen Unterwasserblätter (Grundblätter) entfalten können.

Kleiner Arbersee

Sagen

Dunkel und geheimnisvoll liegt der Kleine Arbersee am Hang des Kleinen Arbers. Durch seine Struktur und Lage in der düsteren Waldlandschaft wirkt er fast unheimlich. So ist es nicht verwunderlich, daß über ihn merkwürdige Geschichten niedergeschrieben wurden, die auf tatsächliche Geschehnisse zurückgehen sollen.

Vom Kleinen Arbersee

Nahe an der bayerisch-böhmischen Grenze in ziemlicher Nähe des Arber hausten vor vielen Jahren ein paar Dutzend Waldler in ihrem weltentlegenen Dörflein schlecht und recht, wie sie es von Väterzeiten gewohnt waren. Schlecht, weil sie nur Erdäpfel und Ziegenmilch, selten ein Stück Fleisch, nur dann und wann hatten sie Hasenbraten oder einen Rehschlegel in der „Rein", zu kosten hatten; recht, weil sie jahraus, jahrein nichts anderes als harte Arbeit kannten und nur dicke Schwielen an den Händen fühlten; aber nie murrten, sondern immer mit ihrem Lose zufrieden waren. Sonntags gingen sie in ihre Kirche und beteten zu ihrem Herrgott, aßen dieselbe Speise, die sie werktags hatten. Das Wirtshaussitzen kannten sie nicht, dafür flickten sie ihre zerrissenen Wämser und Hosen, besserten die schadhaft gewordenen Werkzeuge aus und sangen ihre alten Weisen oder erzählten sich wieder und immer wieder ihre Sagen und Geschichten. Ihr betagter Pfarrer lebte wie sie, ja, hungerte wie sie. Er starb. Nun kam an seine Stelle ein jüngerer Mann. „Ausmisten! Ausmisten!" war sein Wahlspruch. Er wußte nicht, daß es leichter geht, wenn einer sich nach vielen richten soll, als daß viele sich nach einem richten und statt schließlich langsam in seiner Seelsorge ändernd einzugreifen, ging er rips, raps darauf los. Doch gewöhnten sich die braven Waldler bald in dieses Neue, bald in jenes; aber daß sie von Zeit zu Zeit Haus und Herd auf zwei oder gar drei Tage verlassen sollten, um einmal nach Neukirchen beim Hl. Blut, ein andermal nach Regen, ein drittes Mal ins Böhmische hinüber zu wallfahren, das ging ihnen nicht ein. Sie setzten sich in den Kopf, hier fest zu bleiben und es beim alten zu lassen, d. h. wenn der Pfarrer wallfahren gehen will, ihn allein reisen zu lassen.
So ward an Maria Himmelfahrt die erste Wallfahrt nach Neukirchen beim Hl. Blut angesetzt. Morgen sollte es bei Tagesgrauen dahingehen. Der Pfarrer stand mit den Ministranten und dem Mesner bereits in der Kirche und wartete der säumigen Begleiter. Da erhob sich plötzlich ein Sturmwind, wie man ihn noch nie erlebt hatte. Das pfiff und heulte und zischte und krachte und rollte, als ob das Ende der Welt nahe sei. Zwei volle Stunden dauerte das Unwetter. Da verging auch dem Pfarrer die Lust zu wallfahren ...
Ein paar unserer Waldler hatten sich nämlich bereits vortags zum Kleinen Arbersee, dem Ursprung des weißen Regen, geschlichen und hatten Stein auf Stein in denselben geschleudert; denn schon ihre Großmütter hatten erzählt, daß es jedesmal ein gräßliches Ungewitter gebe, wenn man Steine in den Kleinen Arbersee wirft.

Die unterirdische Verbindung

Der Große Arbersee und der Kleine Arbersee müssen miteinander unterirdisch verbunden sein. Denn der alte Röcken Andrel von den Fischerhäusern in Bodenmais-Riesloch hat vor langer Zeit einmal, es muß schon einhundertfünfzig Jahre her sein, besondere Fische im Kleinen Arbersee ausgesetzt. Sein Bruder hat sie dann im Großen Arbersee drinnen gefangen. Sie sind unter dem Arber hindurchgeschwommen. Die Röck sind Bergamtsfischer gewesen.

(HALLER, 1983)

Hinweis: Die Sagen wurden im Originaltext übernommen.

Der Kleine Arbersee – Lage, Struktur und Hydrologie

Der Kleine Arbersee liegt 918 m über NN (Normal Null, d. h. Meeresspiegel), nördlich zwischen dem Kleinen Arber (1384 m), und dem Großen Arber (1453 m). Er ist eingeschlossen in einen Talkessel mit steilansteigenden Berghängen und hat eine Wasserfläche von 6,36 ha. Der geologische Untergrund im Einzugsgebiet besteht aus kristallinen Schiefern und Gneisen. Im Südwesten, Süden, Osten und Nordosten des Sees erheben sich die steilen Seewände.

Der See hatte ursprünglich eine Größe von nur 2,9 ha. 1885 wurde er für das periodische Triften (Transportieren) von Baumstämmen ins Tal aufgestaut und so auf 9,4 ha vergrößert. Heute hat der See eine Wasserfläche von 6,36 ha, der restliche Teil ist durch 3 schwimmende Inseln (Filze) mit einer Gesamtfläche von 2,2 ha abgedeckt. Die tiefste Stelle mit ca. 9 m liegt im Nordwesten. In der Mitte beträgt die Tiefe ca. 3 m, zum Südufer hin nimmt die Tiefe weiter ab.

Im gesamten See liegt eine teils mehrere Meter dicke Schlammschicht.

Größere Verlandungszonen mit verschiedenen Niedermoorgesellschaften konnten sich aufgrund der Uferbeschaffenheit nur im Süden ausbilden. Hier besiedelt ein 10 m bis 20 m breiter, dichter Seggengürtel die Verlandungszone entlang des Ufers in den See hinein. Auch am Nordostufer breiten sich Seggen aus. Dieser Bestand ist jedoch weit kleiner. Am Ostufer liegen auf Grundwasseraustritten kleine Hangmoore. Ansonsten gedeihen u. a. Fieber-

klee, Sumpfcalla, Sumpffingerkraut an den Ufern. Das Nordwestufer ist durch Buchten reich gegliedert.
Zulauf bekommt der See durch den Seebach, der im Süden des Sees über die Seewand eintritt, aus dem Seeloch und durch kleine Bäche am Süd- und Westufer. Im Norden tritt der Seebach aus. Etwa 3 km nördlich vereinigt er sich mit dem Ebenbach und dem Sollerbach zum Weißen Regen.
Die steilabfallenden, felsigen Berghänge sind mit Fichten, die übrigen Hänge mit tannenreichem Mischwald besiedelt. Sie werden forstlich genutzt. Nur in den schwer zugänglichen Seewänden gibt es noch urwüchsige Bestände mit mächtigen Bergahornexemplaren.
Durch die geschützte Lage des Sees im Talkessel und den fast vollständig umschließenden Waldgürtel findet im Sommer nahezu keine Durchmischung der obersten Wasserschichten statt. Die Temperatursprungschicht[1]) beginnt direkt an der Wasseroberfläche. Zu dieser Zeit erwärmte sich der See in den letzten Jahren in 20 cm Tiefe bis zu 22,6 °C. In der Tiefe von ca. 8 m lag die Temperatur im Sommer bei durchschnittlich 7,3 °C. Dieser Wert wurde aus den jährlichen Messungen zwischen 1983 und 1992 ermittelt.
Siehe Tabellen S. 171 ff.

Geomorphologische Entstehung des Seebeckens

(Siehe auch „Entstehung der Eiszeitseen" S. 19)

Der Kleine Arbersee ist ein Endmoränensee (Zungenbeckensee). Er entstand während der letzten Kaltzeit (Würmeiszeit). Die Mulde, die das Seebecken bildet, wird durch einen mehrgliedrigen Moränenwall abgedämmt, hinter dem sich ursprünglich das Eis des Gletschers staute und abschmolz. Im Südwesten, Süden, Osten und Nordosten steigt nach einer ausgeprägten Flachstrecke die Felsstufe der Seewände durchschnittlich mit einer Höhe von 50 m steil an. Darüber liegen mehrfach gestaffelte Karwände mit Kartreppenbildungsansätzen.

Der Gletscher des Kleinen Arbersees hat im Gegensatz zum Gletscher des Großen Arbersees und zu dem des Rachelsees keinen deutlichen Karriegel ausgebildet. Dafür findet man über der ersten Steilstufe der untersten Seewand auf der Nordost-, Süd- und Westflanke klare Ansätze einer Kartreppenbildung, wobei die flach gestalteten Karmulden hinter den kleinen Karriegelansätzen vermoort sind.

Während des Hochwürms existierte ein mächtiger Gletscher. Gerechnet von seiner Firnmulde, dem Joch (1270 m NN) hatte er eine Länge von 2,75 km. Das Zungenende des Gletschers lag auf 830 m Höhe über NN (RATHSBURG, 1925/27) / (HAUNER, 1980). Entsprechend wissenschaftlicher Untersuchung deutet alles darauf hin, daß das große Halbrund des kleinen Arbersee-Kars, zumindest im Spätglazial nicht mehr von diesem Gletscher belegt war, sondern vier Einzelgletscher besaß, die jeweils in den Kartreppenbildungsansätzen eine weitere Akkumulation erfuhren, bis sie über die untere Seewand stürzten. Da drei dieser Gletscher im Seeloch zusammenströmten, wurde dieses zu einer Konfluenzstufe vertieft und ca. 500 m vom Ende des Sees aus, ausgeräumt (MANSKE, 1989). Der Seeboden im Süden, bestehend aus massivem Fels, wurde vom Gletscher abgeschliffen. Wie oben gesagt, wurde eine klare Ausbildung des Karriegels, wie beim Großen Arbersee, hier nicht nachgewiesen. Dies kann daran liegen, daß ein härterer Untergrund ansteht oder das Eis schneller abfließen konnte.

Zwischen dem Ende des Sees und der äußersten Endmoräne liegen zahlreiche Rückzugsmoränen, die quer und girlandenförmig das Zungenbecken umgrenzen. – Angenommene Situation im Hochwürm s. Schema S. 21.

Die schwimmenden Inseln (Filze)

Siehe auch „Entstehung der Moore", S. 18, und „Die schwimmenden Inseln (Filze)", S. 22.

Im Süden des Sees, unterhalb der Seewand, hatte sich ein Hochmoor gebildet. Als man sich

[1]) Grenzschicht zwischen der oben liegenden warmen Wasserschicht und der kalten Schicht darunter.

das Wasser zunutze machte, um Baumstämme in das Tal zu triften, wurde der See entsprechend aufgestaut. Dabei löste sich das Hochmoor vom Untergrund ab und es entstanden die schwimmenden Inseln mit einer derzeitigen Gesamtfläche von 2,2 ha:

- eine nördliche Insel
- eine Insel etwa in der Mitte des Sees
- eine südliche Insel

(siehe Bild S. 120 und Seekarte S. 143)

Fruchtstand einer Scheuchzeria palustris (Blasenbinse) aufgenommen auf der mittleren schwimmenden Insel des Kleinen Arbersees. Sie kommt relativ selten vor und steht unter Naturschutz.

Die Stärke dieser schwimmenden Inseln liegt bei 1,50 m bis 3,50 m. Etwa 20 cm bis 30 cm ragen über die Wasseroberfläche heraus. Die Inseln bestehen heute im wesentlichen aus Torf mit Übergangs- und Hochmoorbewuchs. Er wird hauptsächlich von Sphagnen (Torfmoosen), Seggen, Fieberklee, Moosbeere, Wollgras, Rosmarinheide und Sonnentau gebildet. Einige Krüppelfichten kämpfen um ihr Überleben.

Die nördliche Insel stellt sich über und unter Wasser stabil dar und zeigt keine nennenswerten Durchbrüche. Sie treibt freischwimmend in der nördlichen Seehälfte umher. Ihr Standort ist abhängig von der Windrichtung. Häufig steht sie über der größten Seetiefe von 9 m.

Die mittlere und die südliche Insel zeigen Zerfallserscheinungen. Ihre Randzonen sind stark zerklüftet, die inneren Bereiche häufig durchbrochen. Bei größeren Durchbrüchen und im Randbereich finden sich am Schlammgrund Sedimentanhäufungen. Deutlich erkennbar sind diese Zerfallserscheinungen auf dem Luftbild (S. 120) und auf den Unterwasseraufnahmen (S. 201 und S. 202). Beide Inseln sitzen teilweise am Untergrund auf. Bei der Insel in der Seemitte liegt die maximale Wassertiefe bei ca. 4 m, bei der südlichen Insel bei ca. 2 m.

Unter diesen schwimmenden Inseln trifft man, wie im Großen Arbersee, auf reiches faseriges, mit Schlamm überdecktes Wurzelwerk, das von der Decke herabhängt und eine Länge bis zu 2 m erreicht. Der Seeboden besteht aus tiefem, lockerem Schlamm.

Durch den „Dauerregen“ an organischen und anorganischen Teilchen, vor allem unter den schwimmenden Inseln, besteht die Neigung zur allmählichen Verlandung.

Versauerung des Kleinen Arbersees und Auswirkung auf die Tier- und Pflanzenwelt

Ursache und Auswirkung der Versauerung wurde für die drei Eiszeitseen des Bayerischen Waldes allgemein unter „Versauerung der Seen und Konsequenzen für die Tier- und Pflanzenwelt“ S. 23 geschildert. Tabellen mit chemischen und physikalischen Werten des Kleinen Arbersees s. S. 171 ff.

Im folgenden werden einige Details des Kleinen Arbersees speziell behandelt.
Eine Periode der Versauerung durch die ehemals erzverarbeitende Industrie im benachbarten Ort Bodenmais, wie sie beim Großen Arbersee gefunden wurde, konnte beim Kleinen Arbersee nicht nachgewiesen werden. Der Grund dafür ist die vor diesen Emissionen geschützte Lage hinter dem hohen Bergsattel.
Da heute keine lokalen Versauerungsquellen bestehen, liegt der Schluß nahe, daß nur der Antransport der Schadstoffe von entfernten Emissionsherden in Frage kommt (STEINBERG, u. a., 1985).
Man kann davon ausgehen, daß die gegenwärtige Versauerung zwischen 1958 und 1963 begann (MELZER, ROTHMEYER, 1983).

Tierwelt

Durch den niedrigen pH-Wert und die dadurch gelösten Metalle, die zusätzlich belastend wirken, änderte sich die Tierwelt. Bestimmte Tiere sind ausgestorben – nur säuretolerante Tierarten können den See besiedeln.
Der Wirt des Seehäusels erzählte, daß seit 1972 sämtliche Fische im Kleinen Arbersee ausgestorben sind.
Im Juli 1991 unternahm ein Unbekannter einen Versuch. Er gab ein nicht bekanntgewordenes Mittel in den See und setzte Jungforellen ein. Bei einem kurz darauffolgenden Tauchabstieg für Studien über die Unterwasserwelt entdeckten wir die Forellen verwesend am Seeboden. Sie waren wegen der unzureichenden Wasserqualität verendet (S. 144 und S. 145).
Heute findet man im See nur noch Wasserkäfer, Wasserwanzen, Larven von Libellen, Eintags-, Stein- und Köcherfliegen („Tagebuch über die Untersuchung der Unterwasserwelt des Kleinen Arbersees", C. WEILNER, 1991, S. 133).
Köcherfliegenlarven sind sehr bemüht, ihren Köcher zum Schutz gegen ihre Feinde am Körper zu halten. Um das Verhalten der Larven ohne Köcher zu beobachten, wurden einige Versuche am Seegrund durchgeführt:
Durch Drücken des Köchers am dünnen Ende wurde die Larve von ihrem Köcher getrennt. Der Köcher wurde dann mit dem dünneren Ende vor den Kopf der Larve, die sich schnell vorwärts bewegte, gelegt. Sie lief bei allen Versuchen am dünneren Ende vorbei, schlüpfte in das dickere Ende und drehte sich im Köcher um. Dies, obwohl die Öffnung des dünneren Endes groß genug war, so daß sie leicht hätte hineinkriechen können. Anschließend zog sie dann ihren Köcher in der gewohnten Weise ohne Pause weiter. Es schien bemerkenswert, daß die Larve immer in das dickere Ende schlüpfte. Bei späteren Versuchen im Kleinen und Großen Arbersee benutzten die Larven jedoch auch die hintere, kleinere Öffnung als Einstieg („Tagebuch über die Untersuchung der Unterwasserwelt des Kleinen Arbersees", 1991, S. 133, und „Tagebuch über die Untersuchung der Unterwasserwelt des Großen Arbersees", 1992, S. 46).
Bei einem Tauchabstieg im Oktober 1991 wurden nur noch vereinzelt Köcherfliegenlarven gefunden. Einige krochen ohne Köcher dahin. Solche Beobachtungen konnten nur bei diesem Tauchgang gemacht werden.
Libellenlarven sind offensichtlich sehr unempfindlich gegenüber allen möglichen hydrochemischen Einflüssen wie Acidität (Versauerung), Schwermetallionen u. a. Da die Fische ausgestorben sind, vermehren sich auch räuberische Larven, wie die der Libellen und übernehmen die Rolle als oberste Konsumenten. Zur Erfassung der Libellenarten im Naturschutzgebiet „Kleiner Arbersee" wurde im Sommer 1985 eine Untersuchung durchgeführt (WITTMER, 1986). Es konnten 12 Libellenarten nachgewiesen werden, wovon 8 bodenständig waren. 3 der 8 bodenständigen Arten sind ausgesprochene Moorarten, nämlich die Moorlibelle Leucorrhinia dubia und die Moorarten Aeschna juncea und Sympetrum danae, was auch aufgrund von Vegetation und Hydrologie nicht verwundert.
Leucorrhinia dubia flog fast ausschließlich über der hinteren Insel, dort jedoch in großer Anzahl. Oft war sie auch über der Verlandungszone am Süd-Ufer anzutreffen. Erst am späten Nachmittag, wenn der hintere Seeteil

bereits im Schatten lag, waren bisweilen einige Männchen im Gebüsch auf der Seewiese unterhalb des Gasthauses zu beobachten.

Auch bei Aeschna juncea konnte eine Bevorzugung der Inseln und der Verlandungszone festgestellt werden, jedoch weit lockerer als bei Leucorrhinia dubia.

Somatochlora metallica, eine typische Libellenart der Bergseen, ist auch mengenmäßig unter die Charakterarten des Sees einzustufen. Aeschna cyanea und Pyrrhosoma nymphula, sind in großer Anzahl bodenständig. Speziell für letztere wird eine sehr breite pH-Wert-Toleranz und häufig Dominanz im Bergland angegeben.

Cordulia aenea und Enallagma cyathigerum, ebenfalls an Gewässern aller Art beheimatet, sind nur in geringer Anzahl bodenständig.

Auch für Cordulia aenea wird eine breite pH-Wert-Toleranz angegeben. Merkwürdig ist jedoch, daß 1985 in der zudem extrem kurzen Flugzeit vom 4. Juni bis 5. Juli auf 6 Exkursionen jeweils nur maximal 2 fliegende Exemplare festgestellt werden konnten, obwohl die Bodenständigkeit der Art durch eine Schlupfbeobachtung gesichert ist.

Enallagma cyathigerum wird oft als Art der Schwimm- und Tauchblattzone beschrieben. Die Partnerfindung vollzog sich offenbar vorwiegend in einem kleinen Seggenbestand am Nordost-Ufer. Paarungsketten flogen dann über dem Bereich der Tauchblattvegetation, die durch Juncus bulbosus f. fluitans gebildet wird.

Eiablage konnte nie beobachtet werden. Möglicherweise war die Population früher größer, bevor das Tausendblatt versauerungsbedingt ausstarb und die Gelbe Teichrose noch Schwimmblätter ausbildete.

Pflanzenwelt

Wie im Großen Arbersee sind auch hier die charakteristischen Weichwasserpflanzen verschwunden und es bildete sich eine Pflanzengesellschaft aus Sphagnum-Arten (Torfmoos-Arten) und Juncus bulbosus f. fluitans (Rasenbinse).

Im Ergebnisbericht von A. MELZER und E. ROTHMEYER, 1983, der nach einer Tauchkartierung (Bestandsaufnahme durch Taucher) erstellt wurde, ist wie beim Großen Arbersee auch für den Kleinen Arbersee folgendes mitgeteilt worden:

„Bei der Kartierung wurden amphibische[1]) Röhrichtpflanzen, Schwimmblattpflanzen und untergetauchte Arten erfaßt. Eine Röhrichtzone mit Schilf und Binsen fehlt. Die Ufervegetation setzt sich hauptsächlich aus Carex-Arten (Seggen) zusammen. Sie wurde nicht genauer bestimmt. Die Vegetationszone wurde im Uferbereich vom Gewässerrand bis zur untersten Vegetationszone, die etwa bei 6 m bis 7 m Tiefe lag, erfaßt.

Von den 13 Pflanzenarten, die im Großen und Kleinen Arbersee gefunden wurden, kommen nur 5 in beiden Seen gleichzeitig vor. 2 dieser 5 Arten sind dominierend, nämlich Sphagnum cymbifolium (Torfmoosart) und Juncus bulbosus (Rasenbinse). Bei all diesen submersen Pflanzen fiel auf, daß sie stark mit fädigen Grünalgen bewachsen waren.

Besonders bemerkenswert ist, daß vor über 100 Jahren anscheinend Chara strigosa vorkam. Diese Armleuchteralgenart ist sonst nur in Gebirgsseen der Alpen und im Atlasgebirge gefunden geworden. Die Ursache der Florenverschiebung ist nicht auf eine natürliche Sukzession (Veränderung des Artenbestandes) zurückzuführen, vielmehr wurde sie ohne Zweifel durch die starke Versauerung der Seen ausgelöst.

Unter den Schwimmblattpflanzen haben einige hohe Toleranz gegenüber einem niedrigen pH-Wert des Wassers. Andere, deren Optimum über pH 7 liegt, sterben bei pH-Werten unter 5,5 aus. Dies ist die Ursache, daß im Großen und Kleinen Arbersee nur noch die Gelbe Teichrose existiert, das früher vorkommende Schwimmende Laichkraut jedoch nicht mehr lebensfähig ist. Bestimmte Arten des Tausendblattes gedeihen am besten zwischen pH 6,0 und 6,5.

---

[1]) Solche Pflanzen können sowohl über Wasser als auch untergetaucht leben.

Sehr selten wurden Tauchblattarten auch in Seen mit einem pH-Wert von 4,7 gefunden. Das Verschwinden von solchen Arten in den beiden Arberseen ist vermutlich durch ihre Empfindlichkeit gegenüber tiefen pH-Werten bedingt.
Als neue typische Floren-Elemente haben sich Sphagnum-Arten (Torfmoos-Arten) und Juncus bulbosus f. fluitans (Rasenbinse) in den beiden Arberseen angesiedelt. Sie sind die einzigen Pflanzengruppen, die erst bei tieferem pH-Wert in den See einwandern. Die obere pH-Grenze dieser Pflanzengruppe liegt bei etwa pH 5,6. Ihr verbreitetes Auftreten in Stillgewässern zeigt die Versauerung dieser eindeutig."

Zur Pflanzenwelt siehe auch „Tagebücher über die Untersuchungen der Unterwasserwelt des Kleinen Arbersees", C. WEILNER, 1991, S. 133, und 1995, S. 147. Die oben beschriebenen Ergebnisse werden hier in etwa bestätigt. Es entstand jedoch der Eindruck, daß zwischenzeitlich eine deutliche Bestandsvergrößerung der Sphagnen (Torfmoose) und der Juncus bulbosus f. fluitans (Rasenbinse) eingetreten ist.
In den Tagebüchern sind auch Phänomene dokumentiert, welche bisher in der Literatur nicht beschrieben wurden. In der Tabelle S. 126 sind die Ergebnisse der verschiedenen Untersuchungszeiten gegenübergestellt.

Pollen auf dem Kleinen Arbersee. Der „gelbe Staub" sinkt später zu Boden und wird im Schlamm für Jahrtausende konserviert.

Diese Phänomene waren wie folgt zu beobachten:

Tagebuch 1991	Tagebuch 1995
10 Tauchabstiege	2 Tauchabstiege
	Tauchabstieg im Juni und August:
Im Sommer bis in den Herbst: An der Peripherie der schwimmenden Inseln und wenige Meter darunter wurden von der Decke herabhängende und oft mit der Decke wieder verbundene, teilweise verzweigte Stränge mit einer Länge bis 5 m und einem max. Durchmesser von 3 cm gefunden. Im Scheinwerferlicht erscheinen diese fädigen Gehänge hellbeige bis gelblich. Sie zerfallen bereits bei geringsten Wasserdruckwellen zu feinen Teilchen (Bild S. 197 oben und S. 198).	Keine derartigen Gebilde gefunden
Im Sommer: In allen Tiefen traten ähnlich aussehende Stränge bis ca. 40 cm Länge und bis 2 cm Durchmesser in unregelmäßigen Schleifen auch am Schlammboden auf (Bilder S. 189). Meist fanden sie sich in den Randgebieten der schwimmenden Inseln. Ebenso wie die an der Filzdecke hängenden Stränge zerfallen diese bereits bei den geringsten Wasserdruckwellen zu feinen Teilchen.	Keine derartigen Gebilde gefunden
Im Sommer: Es fanden sich im gesamten See wollfadenartige, oft senkrecht schwebende Gebilde meist bis 10 cm Länge – im Randbereich unter den schwimmenden Inseln sogar bis 1 m Länge –, die nur im künstlichen Licht gut sichtbar werden. Sie reflektieren eine weißliche Farbtönung (Bild S. 197 unten und S. 198).	Derartige Gebilde gefunden

Wahrscheinlich handelt es sich um Organismen verschiedener Erscheinungsformen. Die Analyse dieser Phänomene ergab bisher keine zuverlässigen Ergebnisse. Es werden neue Methoden für eine sichere Bestimmung entwickelt.

Um weitestgehende Informationen über den gegenwärtigen Stand der Pflanzenwelt und über Mikroorganismen zu erhalten, wurden in den Seen durch Taucher gezielt Proben entnommen:

Makrophyten:

Die Proben der lt. Tagebücher S. 55 und S. 147 am 6. August 1995 aus dem Großen und Kleinen Arbersee entnommenen Makrophyten wurden von Š. HUSÁK bestimmt. Die Ergebnisse werden im folgenden zusammengefaßt:

Ziel der Untersuchungen war, die Arten-Zusammensetzung der Makrophytengemeinschaften festzustellen und eine Vorstellung von den physikalisch-chemischen Eigenschaften der Seen zu erhalten.
Durch den Einsatz von Tauchern konnten gezielt Querschnittsproben vom Litoral[1]) bis in die Seetiefe entnommen werden.
Besonders typisch für beide Seen sind Juncus bulbosus f. fluitans (Rasenbinse), verschiedene Sphagnum-Arten (Torfmoose), speziell Sphagnum cuspidatum und Sphagnum inundatum, ferner Nuphar lutea (Gelbe Teichrose) sowie die schwimmenden Inseln mit seltener Torfvegetation.
Eine Auflistung der sowohl im Großen als auch im Kleinen Arbersee entnommenen Makrophytenproben findet sich auf S. 41 und S. 130.
Juncus bulbosus f. fluitans und Sphagnum inundatum wachsen im Großen Arbersee bis in eine Tiefe von 6 m (S. 43, Abb. E).
Die Seen im Böhmerwald sind bekannt für ihre Laichkrautbestände. So wurde beispielsweise Isoëtes lacustris im Černé jezero (Schwarzer See) noch in 8 m Tiefe (HUDEC u. a. 1993) und Isoëtes echinospora im Plešné jezero (Plöckensteinsee) / Šumava – Böhmerwald in 1 m Tiefe (Weilner 1996) beobachtet (Bilder S. 280). In den Seen auf bayerischer Seite konnten wir bei unseren Tauchgängen jedoch keine Vorkommen feststellen.
Sphagnum cuspidatum bildet oft ausgedehnte Kolonien, sie erscheinen wie „schwebende Wiesen" (S. 42, Abb. B, und S. 128, Abb. B).
Nuphar lutea wächst auch in tieferen Regionen. Bei etwa 3,5 m Tiefe jedoch bildet diese Art lediglich Unterwasserblätter (Grundblätter) und keine Blüten mehr.
In der Tabelle S. 130 unten sind zwei dominierende Makrophytentypen, Nuphar lutea und Sphagnum cuspidatum, mit einigen chemischen und physikalischen Wasserwerten aufgeführt. Nuphar lutea wurde mit einer Probe des umgebenden Wassers aus dem Großen Arbersee, Sphagnum cuspidatum mit seinem lokalen Wasser aus dem Kleinen Arbersee entnommen. Die Wasserproben zeigen eine ausgesprochen ähnliche Zusammensetzung der Ionen, Leitfähigkeit und Alkalität. Nitrate, Nitrite und Ammonium sind nur gering enthalten. Der Phosphorgehalt im Kleinen Arbersee wurde hier nicht bestimmt.
In Übergangszonen vom Land zum Wasser haben sich Bestände von Carex rostrata (Schnabelseggen) angesiedelt (S. 43, Abb. C und Abb. D, S. 129, Abb. C und Abb. E).
In der südlichen Verlandungszone des Kleinen Arbersees folgt den Beständen der Carex rostrata eine Hochmoorgesellschaft (Oxycocco-Sphagnetea) mit den Arten Oxycoccus palustris, Sphagnum flexuosum, Sphagnum riparium, Sphagnum fallax, Carex limosa, Calla palustris, Scheuchzeria palustris, Rhynchospora alba etc. (S. 129, Abb. C; s. hierzu auch KAULE, 1973).
Um kleine Vertiefungen auf der mittleren schwimmenden Insel des Kleinen Arbersees wurde eine bedeutende Ansiedlung von Lycopodiella inundata (Moor-Bärlapp) beobachtet (S. 129, Abb. F).

[1]) Abfallender Seegrund vom Ufer.

Vegetationsprofile des Makrophytenbewuchses

Aufgenommen: Š. HUSÁK, C. WEILNER, 1995

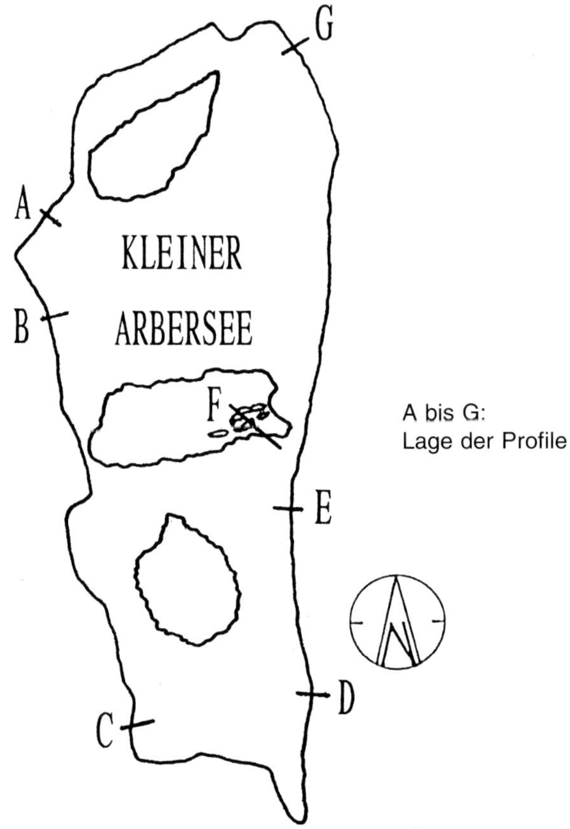

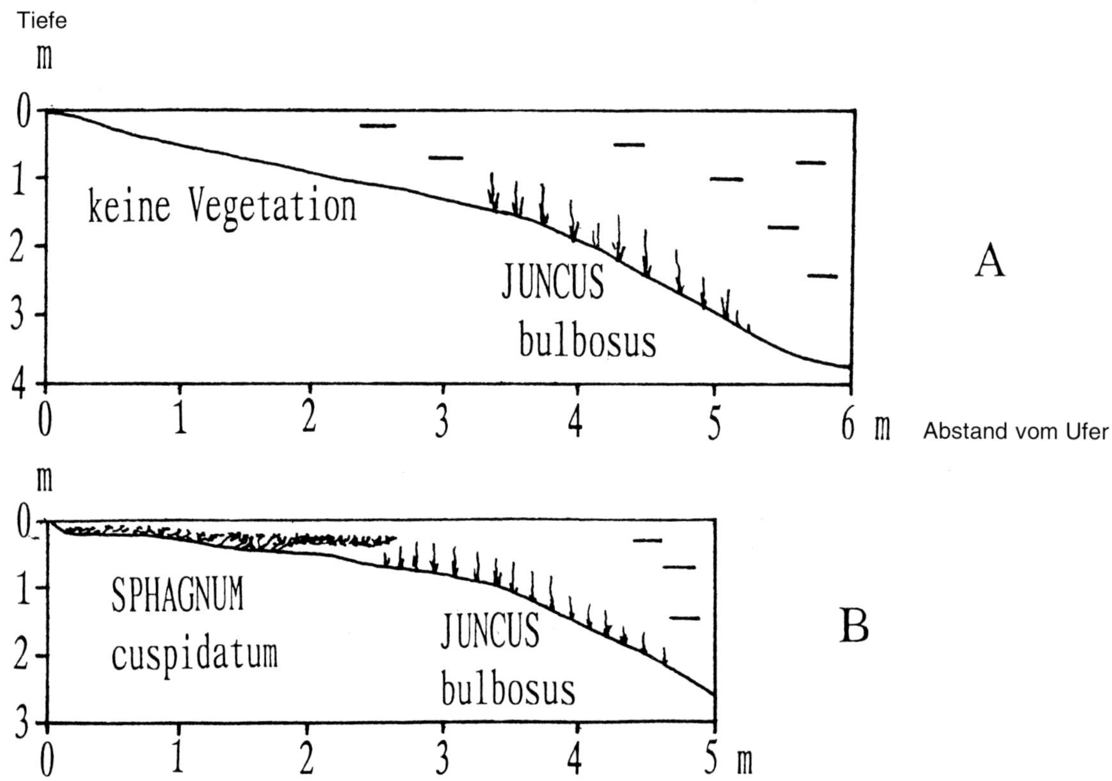

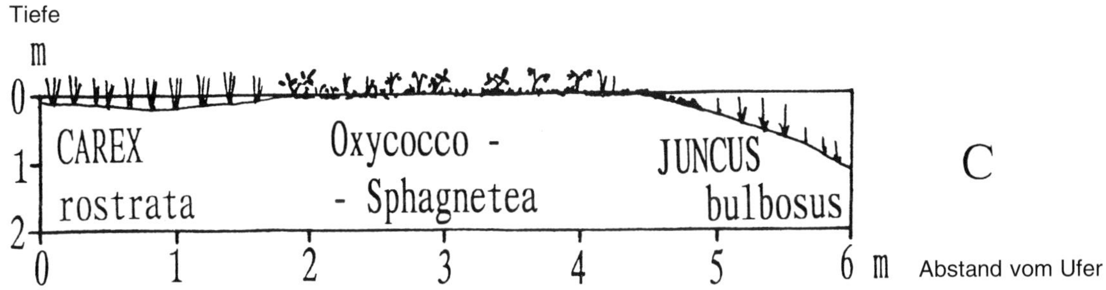
Tiefe
m
0
1
2
CAREX
rostrata
Oxycocco -
- Sphagnetea
JUNCUS
bulbosus
0 1 2 3 4 5 6 m
Abstand vom Ufer

C

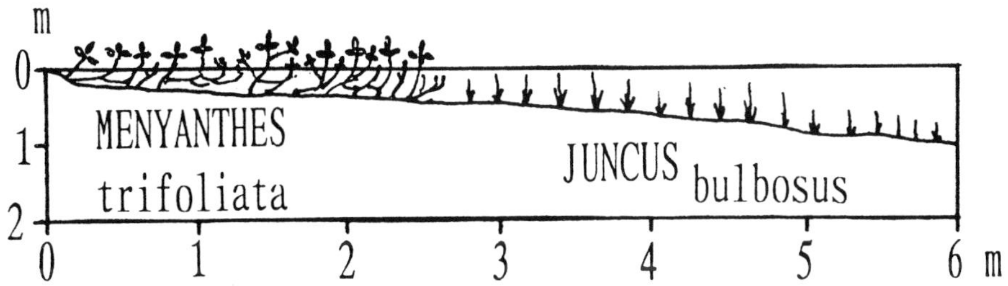
m
0
1
2
MENYANTHES
trifoliata
JUNCUS bulbosus
0 1 2 3 4 5 6 m

D

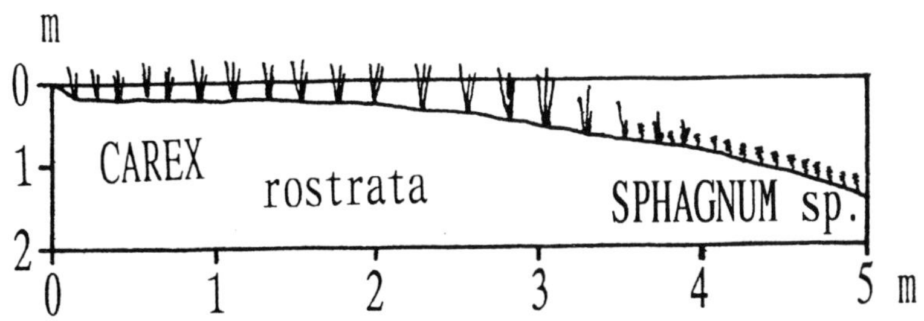
m
0
1
2
CAREX
rostrata
SPHAGNUM sp.
0 1 2 3 4 5 m

E

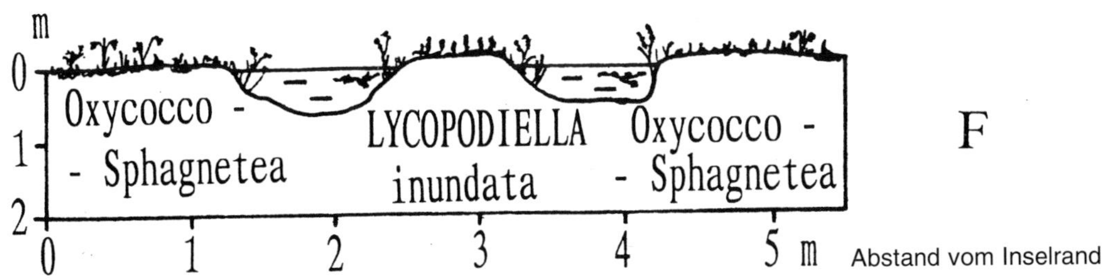
m
0
1
2
Oxycocco -
- Sphagnetea
LYCOPODIELLA
inundata
Oxycocco -
- Sphagnetea
0 1 2 3 4 5 m
Abstand vom Inselrand

F

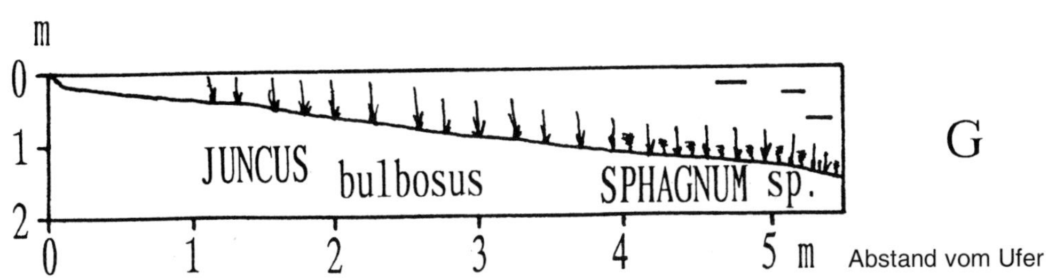
m
0
1
2
JUNCUS bulbosus
SPHAGNUM sp.
0 1 2 3 4 5 m
Abstand vom Ufer

G

Artenliste der am 6. August 1995 im Großen und Kleinen Arbersee entnommenen Makrophytenproben

(Bestimmung der Moose L. REKTORIS, Bestimmung der anderen Pflanzen Š. HUSÁK)

Arten	Großer Arbersee	Kleiner Arbersee
Moose		
Marsupella sphacelata DUM.	–	+
Scapania undulata DUM.	+	–
Sphagnum cuspidatum ERH.	+	+
Sphagnum inundatum RUSS.	+	+
Sphagnum fallax KLINGGR.	+	–
Gefäß-Pflanzen		
Calla palustris L. (Sumpfcalla)	+	+
Glyceria declinata BERB. (Blaugrüner Schwaden)	–	+
Glyceria fluitans (L.) R. BR. (Flutender Schwaden)	+	–
Juncus bulbosus L. f. fluitans (Rasenbinse)	+	+
Lycopodiella inundata (L.) HOLUB (Moor-Bärlapp)	–	+
Menyanthes trifoliata L. (Fieberklee)	–	+
Nuphar lutea SIBTH. et SM. (Gelbe Teichrose)	+	+
Potentilla palustris L. (Sumpffingerkraut)	–	+
Scheuchzeria palustris L. (Blasenbinse)	+	+
Utricularia minor L. (Kleiner Wasserschlauch)	+	+

Sphagnum cymbifolum und Scirpus lacustris, welche 1981 dokumentiert wurden (MELZER und ROTHMEYER 1983), konnten bei dieser Bestandsaufnahme nicht gefunden werden.

Analyse des zwei dominierende Vegetationstypen
(Nuphar lutea, Großer Arbersee, und
Sphagnum cuspidatum, Kleiner Arbersee)
umgebenden Wassers

Entnahme der Proben 6. August 1995

	NO_3-N $mg \cdot l^{-1}$	NO_2-N $mg \cdot l^{-1}$	NH_4-N $mg \cdot l^{-1}$	PO_4-P $mg \cdot l^{-1}$	Conduct.[1]) rS·cm	TA[2]) mekv·l^{-1}
Wasserwerte bei Nuphar lutea Großer Arbersee	0,462	0,003	0,070	0,008	28	0,09
Wasserwerte bei Sphagnum cuspidatum Kleiner Arbersee	0,338	0,002	0,090	[3])	22	0,08

[1]) Elektrische Leitfähigkeit

[2]) Total alcalinity (Gesamt-Alkalität)

[3]) Nicht bestimmt

Mikroorganismen:

Die Proben der lt. Tagebücher S. 55 und S. 147 am 11. Juni und 6. August 1995 aus dem Großen und Kleinen Arbersee entnommenen Mikroorganismen wurden von J. LUKAVSKÝ bestimmt. Die Ergebnisse sind wie folgt zusammengefaßt:
Beschreibung S. 44.
Liste der im Kleinen Arbersee gefundenen Mikroorganismen S. 156 ff.
Mikroskopische Aufnahmen von Mikroorganismen aus dem Kleinen Arbersee S. 163 ff.

Ein merkwürdiger Fund

Wir schreiben den 28. Juni 1991. Für heute haben wir uns vorgenommen, einen Tauchabstieg möglichst weit unter die mittlere schwimmende Insel zu unternehmen. Am See angekommen, empfinden wir nur geringe Begeisterung für unser Vorhaben. Es regnet in Strömen. Die tiefen, düsteren Wolken hängen bis auf den See herab. Trotz der Mittagszeit ist es ziemlich dunkel und Tauchabstiege unter die Moordecke sind immer mit einem gewissen Risiko verbunden. Das erste Mal soll es unter eine zerfallende schwimmende Insel gehen.
Wie ist die Moordecke hier wohl beschaffen? Werden wir bei den gegebenen Strukturen die Signalleine, welche sich am Wurzelwerk immer wieder verwickelt, befreien können, um sicher in den offenen See, zum Boot, zurückzufinden? Wie wird die Sicht sein? Reichen unsere Scheinwerfer bei den heutigen Verhältnissen aus, unsere geplanten Beobachtungen durchzuführen?
Tausend Gedanken schwirren durch den Kopf. Es fällt kein Wort während wir die Tauchausrüstung anlegen. Dann steigen wir in das Boot, erst der Bootsführer, dann die beiden Taucher mit ihren Signalmännern. An der nördlichen Seite der schwimmenden Insel ankert das Boot. Norbert und ich lassen uns nach hinten ins Wasser fallen, Scheinwerfer und Kamera werden nachgereicht. Wir steuern die Sinkgeschwindigkeit durch dosiertes Ablassen von Luft aus der Rettungsweste so, daß wir beim Abstieg in engem Kontakt bleiben.
Schnell umgibt uns Dunkelheit. Seite an Seite dringen wir weit unter die Moordecke vor. Oft hängen wir mit der Sicherheitsleine fest und müssen uns im Scheinwerferlicht befreien. Ein von vorherigen Tauchgängen gewohnter Anblick tut sich auf: Viele kurze und lange Wurzeln, Schlamm. Also nichts Besonderes außer größeren Durchbrüchen und darunter starken Sedimentanhäufungen. Trotzdem, irgend etwas lastet auf meinem Gemüt. Auch Norbert scheint bedrückt. Unser Luftvorrat ist kurz vor der Reserve, als wir an die Peripherie der Insel zurückkommen und nun auftauchen wollen. Da! Was war das, woran wir eben vorbeischwebten?

Vorsichtig kehren wir um. Im Scheinwerferlicht erscheinen zwei Henkel einer Handtasche, die etwas aus dem Schlamm herausragen. Eine Damenwildledertasche kommt zum Vorschein. Mord? Die Phantasie geht mit uns durch. Aufgeregt suchen wir die Umgebung ab. Nichts. Die Luft ist fast verbraucht. Wir tauchen auf zum Boot und prägen uns die Stelle gut ein. Gespannt öffnen wir die Handtasche. Ein Fotoapparat ohne Film, 3 Geldbörsen mit insgesamt DM 440,–, einige Schwarzweißfotos und eine Einkaufsrabattkarte von K+L Ruppert aus dem Jahr 1981 kommen zum Vorschein. Der Text auf dieser Karte ist noch gut zu lesen! Sie ist ausgestellt für Christa Heininger aus Ruderting bei Passau. Die Geldscheine sind gut erhalten. Die Abbildungen auf den Schwarzweißfotos sind einwandfrei. Die Lederhandtasche ist ebensogut erhalten. Der Schlamm hatte alles konserviert.

Gleich nach der Rückfahrt versuche ich mit Christa Heininger Kontakt aufzunehmen. Sie meldet sich selbst am Telefon. „Wasserwacht“, sie erschrickt. Ich berichte ihr von unserem Fund. „Nein – es ist doch nicht möglich – das ist meine Handtasche!“

Dann schildert sie, was vor 10 Jahren geschehen war. „Bei einem Seniorenausflug mit unserem Pfarrer sind wir zum Kleinen Arbersee gefahren und haben Kähne gemietet. Alle anderen waren schon wieder an Land, als ich mit meiner Freundin noch zwischen den Inseln

umhergondelte. Da ich mit ihrem Rudern nicht zufrieden war – sie ruderte nämlich wirklich schlecht – sagte ich zu ihr: ‚Laß uns umsteigen, ich möchte zurückrudern.' Dabei kenterte der Kahn, wir fielen beide in den See.
Meine Freundin konnte sich auf die mittlere Insel retten, ich war jedoch in der Luftblase unter dem Kahn eingeschlossen. Gott sei Dank kam schnell Hilfe!"

„Und die 3 Geldbörsen, wie kamen die in Ihre Handtasche?" frage ich. „Wir wollten nach dem Ausflug zum See nach Bodenmais fahren, um Kristallgläser zu kaufen. Meine Freundinnen dachten, in meiner Tasche sei das Geld am sichersten aufbewahrt."
Die Geschichte endet mit Kaffee und Kuchen in Ruderting. Christa Heininger hatte ihre Freundinnen eingeladen – der Ausflug wird mit viel Gelächter in allen Einzelheiten geschildert.

Vorbereitung zum Tauchabstieg. Im Hintergrund südlicher Talschluß. Dort entspringen die Quellen des Seebaches etwa 200 m über dem Seespiegel.

Cletus Weilner
Hofbauerstraße 18, 94209 Regen

6. Dezember 1991

TAGEBUCH

über die Tauchabstiege
vom 17. Mai 1991 bis 18. Oktober 1991

im

Kleinen Arbersee

Untersuchung der Unterwasserwelt

Beratung in der Biologie:
Dr. Paul Kestel
Zwieseler Waldhaus 20, 94227 Lindberg

Fotoaufnahmen:	Bei jedem Tauchabstieg wurden Dias angefertigt, gesamt ca. 200 Dias.
Tiefenmessung:	Barometrischer Membran-Tiefenmesser
Anlage:	Seekarte mit Kurseinzeichnung der Tauchrouten 1 bis 10 und der Position der Ein- und Ausstiege (S. 143)

1. Tauchabstieg – 17. Mai 1991

Kamera:	Nikonos III / Blitz Oceanic 2003
Foto-Objektiv:	Brennweite 35 mm mit Makro-Vorsatz 1 : 3 (Bildausschnitt 108 mm x 72 mm)
Wetter:	wolkig, dunkel, Schneeregen
Sichtweite unter Wasser:	ca. 3,5 m
Wassertemperatur – an der Oberfläche:	ca. 10 °C
in maximaler Seetiefe von 9 m: (unter der nördlichen schwimmenden Insel)	ca. 6 °C
Tauchzeit:	15.00 Uhr, Dauer: 65 Min.

Tauchroute

Siehe Seekarte S. 143, Tauchabstieg 1

Beobachtungen:

- 2 m Tiefe:
  a) Seegrund weicher, tiefer Schlamm (mehr als Armlänge!).
  b) Binsenart[1])
  [1]) Probe entnommen. Ergebnis: Juncus bulbosus f. fluitans (Bilder S. 193 und S. 194).
  c) Einige kleinere Baumstämme in Ufernähe.
- Ab ca. 5 m Tiefe:
  a) Seegrund dunkler Schlamm.
  b) Vereinzelt Köcherfliegenlarven, welche ihre Bahnen im Schlamm ziehen.
- 9 m Tiefe:
  a) Seegrund dunkler Schlamm.
  b) Nördliche schwimmende Insel geschätzt 1,5 m bis 3,5 m Stärke. Unter der schwimmenden Insel von der Decke herabhängendes, üppiges, maximal 2 m langes, mit Schlamm überdecktes Wurzelwerk (Bilder S. 203). Wenige Meter unterhalb der schwimmenden Insel bereits absolute Dunkelheit.
  Sicht mit 100 Watt-Scheinwerfer ca. 2 m.

  Achtung:
  Starke Behinderung unmittelbar unter der schwimmenden Insel durch das lange Wurzelwerk aus der Moordecke und durch oft unvermeidbare Schlammaufwirbelungen.

2. Tauchabstieg – 14. Juni 1991

Kamera:	Nikonos III / Blitz Oceanic 2003
Foto-Objektiv:	Brennweite 15 mm
Wetter:	wolkig, dunkel, zeitweilig Regen
Sichtweite unter Wasser:	ca. 4 m
Wassertemperatur – an der Oberfläche:	ca. 12 °C
in maximaler Seetiefe von 9 m: (unter der nördlichen schwimmenden Insel)	ca. 7 °C
Tauchzeit:	14.00 Uhr, Dauer: 90 Min.

Tauchroute

Siehe Seekarte S. 143, Tauchabstieg 2

Beobachtungen:

– maximal 9 m Tiefe:

a) In 1 m bis 2 m Tiefe Juncus bulbosus f. fluitans.

b) In maximal 7 m Tiefe vereinzelt hellbeige bis gelbliche, unregelmäßige Schleifen bis ca. 40 cm Länge und bis 2 cm Durchmesser, am Grund liegend (Bilder S. 189).

c) Oft senkrecht schwebende, fädige, im künstlichen Licht weißlich erscheinende Gebilde meist bis 10 cm Länge in allen Tiefen (Aussehen wie im Großen Arbersee). Nur im künstlichen Licht (Scheinwerfer, Blitzlicht) gut sichtbar.
(Die Schleifen am Grund b) und die oft senkrecht schwebenden Gebilde c) ziehen sich 1 m bis 3 m unter die nördliche schwimmende Insel hinein.
Diese Schleifen am Grund b) und die oft senkrecht schwebenden Gebilde c), waren bei dem Tauchabstieg am 17. Mai nicht vorhanden).

d) Unter der nördlichen schwimmenden Insel helles, fädiges, teilweise verzweigtes Gehänge bis ca. 5 m Länge und bis 3 cm Durchmesser. Zerfällt bei geringster Bewegung zu feinen Teilchen.

e) In der schwimmenden Insel finden sich vereinzelt Löcher, durch die das Tageslicht in die „ewige“ Finsternis einbricht.
Achtung: Die Löcher sind meist für einen Ausstieg zu klein.

f) In allen Tiefen, auch bis ca. 3 m vom Rand unterhalb der schwimmenden Insel, finden sich vereinzelt Köcherfliegenlarven.

g) Der Boden ist überall schwarz-braun schlammig (tiefer, weicher Schlamm).

3. Tauchabstieg – 28. Juni 1991

Kamera:	Nikonos III / Blitz Oceanic 2003
Foto-Objektiv:	Brennweite 35 mm mit Makro-Vorsatz 1:2 (Bildausschnitt 72 mm x 48 mm)
Wetter:	wolkig, dunkel, Graupelregen
Sichtweite unter Wasser:	ca. 2 m, Trübung, Dunkelheit
Wassertemperatur – an der Oberfläche:	ca. 12 °C
am Seegrund, Tiefe 4 m:	ca. 9 °C
Tauchzeit:	14.00 Uhr, Dauer: 90 Min.

Tauchroute

Siehe Seekarte S. 143, Tauchabstieg 3

Beobachtungen:

– maximal 4 m Tiefe:

a) Juncus bulbosus f. fluitans, einige Sphagnen.

b) Mehrere Bäume, die allmählich vom Schlamm eingebettet werden.

c) Köcherfliegenlarven[1]) geschätzt: 1 Exemplar pro m² entlang des Ufers.
[1]) Probe entnommen. Ergebnis: Phryganea sp. (Bild S. 187 oben).
Versuch:
Durch Drücken des Köchers am dünnen Ende wurde die Larve von ihrem Köcher getrennt. Der Köcher wurde dann mit dem dünneren Ende vor den Kopf der Larve, welche sich schnell vorwärts bewegte, gelegt.
Sie lief bei allen Versuchen am dünneren Ende vorbei, schlüpfte in das dickere Ende und drehte sich im Köcher um. Dies obwohl die Öffnung des dünneren Endes groß genug war, so daß sie leicht hätte hineinkriechen können. Anschließend zog sie dann ihren Köcher in der gewohnten Weise ohne Pause weiter.

d) Libellenlarve in ca. 2 m Tiefe (Bild S. 188).

e) Mittlere schwimmende Insel stark zerklüftet, größere Löcher mit Sedimentanhäufungen darunter – Zerfallserscheinungen (Bilder S. 120, 201, 202).

f) An der Peripherie der mittleren schwimmenden Insel und darunter:
- Von der Decke herabhängende und oft mit der Decke wieder verbundene, teilweise verzweigte Stränge mit einer Länge bis 5 m und einem maximalen Durchmesser von 3 cm. Im Scheinwerferlicht erscheinen diese fädigen Gehänge hellbeige (Bild S. 197 oben und S. 198).
- Im künstlichen Licht weißlich erscheinende, wollfadenartige, oft senkrecht orientierte, schwebende Gebilde meist bis 10 cm Länge (Bild S. 197 unten besonders große Exemplare und S. 198).
- Hellbeige bis gelbliche, unregelmäßige Schleifen am Grund liegend.

g) An der nördlichen Peripherie der mittleren schwimmenden Insel in 4 m Tiefe:
Fund einer Damenwildledertasche mit Fotoapparat, 3 Geldbörsen und einer Einkaufsrabattkarte von K+L Ruppert 1981. Nur die Henkel ragten aus dem Schlamm. Die Anschrift der Besitzerin (Christa Heininger, Ruderting bei Passau) war noch gut zu lesen. Die Tasche mit dem gesamten Inhalt einschließlich der gefundenen DM 440,– konnten den Besitzern, welche 1981 einen Bootsunfall hatten und gerettet wurden, nach 10 Jahren zurückgegeben werden.

4. Tauchabstieg – 12. Juli 1991

Kamera:	Nikonos III / Blitz Oceanic 2003
Foto-Objektiv:	Brennweite 15 mm
Wetter:	sonnig
Sichtweite unter Wasser:	ca. 3 m, Trübung
Wassertemperatur –	
an der Oberfläche:	ca. 18 °C
am Seegrund, Tiefe 4 m:	ca. 12 °C
Tauchzeit:	14.00 Uhr, Dauer: 90 Min.

Tauchroute

Siehe Seekarte S. 143, Tauchabstieg 4

Beobachtungen:

– maximal 4 m Tiefe,
südlicher Bereich beim Gletscherschliff 2 m bis 1 m Tiefe:

a) Auf der gesamten Route keine Köcherfliegenlarven, auch keine anderen Larven entdeckt.
b) In der Mitte des Sees weicher Schlamm.
Zum Teil flächiger Bewuchs der Binse Juncus bulbosus f. fluitans. In den Randgebieten Einzelpflanzen, Polster und ausgedehnte Rasen des Torfmooses Sphagnum cuspidatum.
c) Ab Seemitte nach Süden ansteigender Seeboden. Mittlere und südliche schwimmende Inseln, teils am Seegrund aufliegend. Wie die mittlere Insel ist auch die südliche zerklüftet mit Zerfallserscheinungen (Bild S. 120).
d) Auf der ganzen Route Wasserkäfer und Wasserwanzen.

5. Tauchabstieg – 21. Juli 1991

Kamera:	Nikonos III / Blitz Oceanic 2003
Foto-Objektiv:	Brennweite 15 mm
Wetter:	sonnig
Sichtweite unter Wasser:	ca. 1 m im südlichen Teil, Trübung ca. 3 m im mittleren Teil

Wassertemperatur – an der Oberfläche:	ca. 18 °C
am Seegrund, Tiefe 4 m:	ca. 15 °C
Tauchzeit:	14.00 Uhr, Dauer: 95 Min.

Tauchroute

Siehe Seekarte S. 143, Tauchabstieg 5

Beobachtungen:

– maximal 4 m Tiefe:

a) Auf dem Gletscherschliff Schlammablagerung, Stärke teils nur 20 cm bis 30 cm.

b) Beim Eintritt des Seebaches in einer Tiefe von 50 cm wasserbewohnende Moose.[1])
[1]) Probe entnommen. Ergebnis: Scapania undulata (Bild S. 190).

c) Im südlichen Teil flächiger Bewuchs der Binse Juncus bulbosus f. fluitans.

d) In den Randgebieten ausgedehnte Sphagnenbestände, welche sich entlang dem Ufer hinziehen und bis in einer Tiefe von 2 m vorkommen (Bilder S. 191).

e) Erst ab der Seemitte wurden wieder Köcherfliegenlarven entdeckt. Ferner Larven von Libellen, Eintags- und Steinfliegen.

6. Tauchabstieg – 26. Juli 1991

Kamera:	Nikonos III / Blitz Oceanic 2003
Foto-Objektiv:	Brennweite 15 mm
Wetter:	wolkig, dunkel, zeitweilig Regen mit kurzen sonnigen Abschnitten
Sichtweite unter Wasser:	ca. 3 m
Wassertemperatur – an der Oberfläche:	ca. 17 °C
am Seegrund, Tiefe 4 m:	ca. 14 °C
Tauchzeit:	14.00 Uhr, Dauer: 80 Min.

Tauchroute

Siehe Seekarte S. 143, Tauchabstieg 6

Beobachtungen:

– maximal 8 m Tiefe:

a) Beim Durchqueren des Sees:
Schlammiger Boden ohne Bewuchs, Farbe Braunschwarz mit hellbraunen, runden und ovalen Flecken
(Verfärbung ausgehend von einem vermodernden Objekt?).

b) In 2 m bis 4 m Tiefe Anhäufungen von Köchern der Köcherfliegenlarve. Die Köcher waren leer.

c) In den Randgebieten ausgedehnte Rasen von Sphagnen (Torfmoos), welche sich entlang dem Ufer hinziehen und bis in einer Tiefe von 3 m vorkommen.

d) Am nördlichen See-Ende in ca. 1 m bis 2 m Tiefe flächiger Bewuchs der Binse Juncus bulbosus f. fluitans.

e) In der Seemitte und im nördlichen Seeteil am Grund verwesende Jungforellen.
Trotz der Versauerung war wieder einer der sinnlosen Versuche unternommen worden, den See mit Fischen zu bevölkern.
Die Fischleichen waren bereits mit Pilzen befallen (Bild S. 145).

f) Die bei den Tauchabstiegen aufgefundenen verendeten Insekten waren oft von Pilz-Myzel überzogen, welches sich auch auf die Unterlage ausbreitete.

g) Hellbeige bis gelbliche, unregelmäßige Schleifen am Grund.

h) Weißliche, wollfadenartige, oft senkrecht schwebende Gebilde.

7. Tauchabstieg – 23. August 1991

Kamera:	Nikonos III / Blitz Oceanic 2003
Foto-Objektiv:	Brennweite 15 mm
Wetter:	wolkig mit sonnigen Abschnitten
Sichtweite unter Wasser:	ca. 2 m
Wassertemperatur – an der Oberfläche:	ca. 17 °C
in maximaler Seetiefe von 9 m: (unter der nördlichen schwimmenden Insel)	ca. 8 °C
Tauchzeit:	14.00 Uhr, Dauer: 90 Min.

Tauchroute

Siehe Seekarte S. 143, Tauchabstieg 7

Beobachtungen:

- 9 m Tiefe,
  unter der nördlichen schwimmenden Insel:
  a) Absolute Dunkelheit.
  b) Keinerlei Leben entdeckt, es scheint alles ausgestorben.
- 9 m bis 4 m Tiefe,
  Randgebiet der nördlichen schwimmenden Insel:
  a) Weit weniger von den hellen, fädigen Gehängen an der Decke dieser schwimmenden Insel als im Juni und als im Juni unter der mittleren schwimmenden Insel.
  b) Keine von den oft senkrecht schwebenden, fädigen, im künstlichen Licht weißlich erscheinenden Gebilden, welche im Juni und Juli in allen Tiefen vorkamen.
  c) Keine der hellbeigen bis gelblichen unregelmäßigen Schleifen, wie beim 2. Tauchabstieg b) erstmalig am Seegrund entdeckt, gefunden.
  d) Köcher von Köcherfliegenlarven, keine Larven (Bild S. 187 unten).

Bemerkung:

Wegen starker Trübung ist nur eine geringe Anzahl von Fotoaufnahmen gelungen.

8. Tauchabstieg – 1. September 1991

Kamera:	Nikonos III / Blitz Oceanic 2003
Foto-Objektiv:	Brennweite 15 mm
Wetter:	sonnig, wolkenlos
Sichtweite unter Wasser:	ca. 2 m
Wassertemperatur – an der Oberfläche:	ca. 17 °C
in maximaler Seetiefe von 9 m:	ca. 8 °C
(unter der nördlichen schwimmenden Insel)	
Tauchzeit:	14.00 Uhr, Dauer: 100 Min.

Tauchroute

Siehe Seekarte S. 143, Tauchabstieg 8

Beobachtungen:

- 9 m bis 4 m Tiefe:
  Ergebnis: wie 7. Tauchabstieg vom 23. August 1991

9. Tauchabstieg – 13. September 1991

Kamera:	Nikonos III/Blitz Oceanic 2003
Foto-Objektiv:	Brennweite 15 mm
Wetter:	sonnig, wolkenlos
Sichtweite unter Wasser:	ca. 3 m.
Wassertemperatur – an der Oberfläche:	ca. 15 °C
in der Seetiefe von 7 m:	ca. 9 °C
Tauchzeit:	14.00 Uhr, Dauer: 90 Min.

Tauchroute

Siehe Seekarte S. 143, Tauchabstieg 9

Beobachtungen:

– maximal 7 m Tiefe:

a) Am nordöstlichen Ufer Juncus bulbosus f. fluitans.

b) Im nördlichen Teil bis maximal 4 m Tiefe zahlreiche, sehr agile Köcherfliegenlarven, mit leuchtend grünen Köchern – manche fressend auf den Binsen.
Versuch:
Durch leichten Druck auf Köcher verließen die Larven ihr „Haus". Wenn man ihnen dieses wieder anbietet, klettern sie sofort hinein, egal ob von vorne (größere Öffnung) oder hinten (kleinere Öffnung). Siehe auch Versuch beim 3. Tauchabstieg S. 136, Pkt. c).

– 7 m Tiefe:

Kein Leben.

– 4 m Tiefe:

c) An der mittleren schwimmenden Insel, Nähe Westufer, viele Köcherfliegenlarven.

d) Entlang der mittleren schwimmenden Insel und darunter nahezu keine der hellen, fädigen Gehänge mehr gefunden.

e) Keine weißlichen, wollfadenartigen, oft senkrecht schwebenden Gebilde gefunden.

10. Tauchabstieg – 18. Oktober 1991

Kamera:	Nikonos III/Blitz Oceanic 2003
Foto-Objektiv:	Brennweite 15 mm
Wetter:	geschlossene, tiefe Wolkendecke; ab 1000 m NN Schnee
Sichtweite unter Wasser:	ca. 2,5 m, Trübung, Dunkelheit

Wassertemperatur –

an der Oberfläche:	ca. 7 °C
am Seegrund, Tiefe 8 m:	ca. 6 °C
Tauchzeit:	14.00 Uhr, Dauer: 105 Min.

Tauchroute

Siehe Seekarte S. 143, Tauchabstieg 10

Beobachtungen:

- 8 m Tiefe:
  Am Seeboden keine Veränderungen im Vergleich zum Monat Mai.
- 4 m bis 3 m Tiefe:
  a) An der Decke der mittleren schwimmenden Insel keine von den hellen, fädigen Gehängen mehr gefunden.
  b) Weißliche, fädige Gebilde, oft senkrecht schwebend, nicht mehr vorhanden.
  c) Hellbeige bis gelbliche, unregelmäßige Schleifen, am Grund liegend, nicht mehr vorhanden.
  d) In allen Bereichen, wie im Sommer, hauptsächlich schwarzbraune Sedimente mit kleinen grünlichen Stellen.
  e) Im gesamten Tiefenbereich der Route zahlreiche, kreuz und quer verlaufende Bahnen der Köcherfliegenlarven. Jedoch Köcherfliegenlarven nur noch sehr vereinzelt. Einige ohne Köcher dahinkriechend (vorher nie beobachtet).
  f) Sphagnen und Juncus bulbosus f. fluitans.

Bemerkung:
Wegen starker Trübung ist nur eine geringe Anzahl von Aufnahmen gelungen.

Zusammenfassende Bemerkung zu den schwimmenden Inseln:

- Nördliche schwimmende Insel treibt frei im See je nach Wind.
- Mittlere und südliche schwimmende Insel teils am Grund aufsitzend, nicht beweglich. Zeigen Zerfallserscheinungen.
- Die Stärke der schwimmenden Inseln dürfte zwischen 1,5 m und 3,5 m liegen.
- Unter der mittleren und nördlichen schwimmenden Insel fanden sich von Juni bis September an der Moordecke helle, fädige Gehänge, wie beim 2. Tauchabstieg (14. Juni 1991) erstmalig entdeckt und unter d) beschrieben. Im September wurden diese Erscheinungen nur noch vereinzelt gefunden, im Oktober waren sie verschwunden.
- Man muß davon ausgehen, daß von der Unterseite der schwimmenden Inseln ständig organischer und anorganischer Schlamm zu Boden sinkt.

Abschließende Bemerkung:

Vergleicht man die Untersuchungsergebnisse von A. MELZER und E. ROTHMEYER, 1. Dezember 1983, „Die Auswirkung der Versauerung der beiden Arberseen im Bayerischen Wald auf die Makrophytenvegetation" mit den heutigen Beobachtungen, so entsteht der Eindruck, daß die Unterwasser-Pflanzenwelt – zumindest bezüglich der Blütenpflanzen – weiter verarmt ist, Sphagnen und die Binse Juncus bulbosus f. fluitans sich stärker ausgebreitet haben.

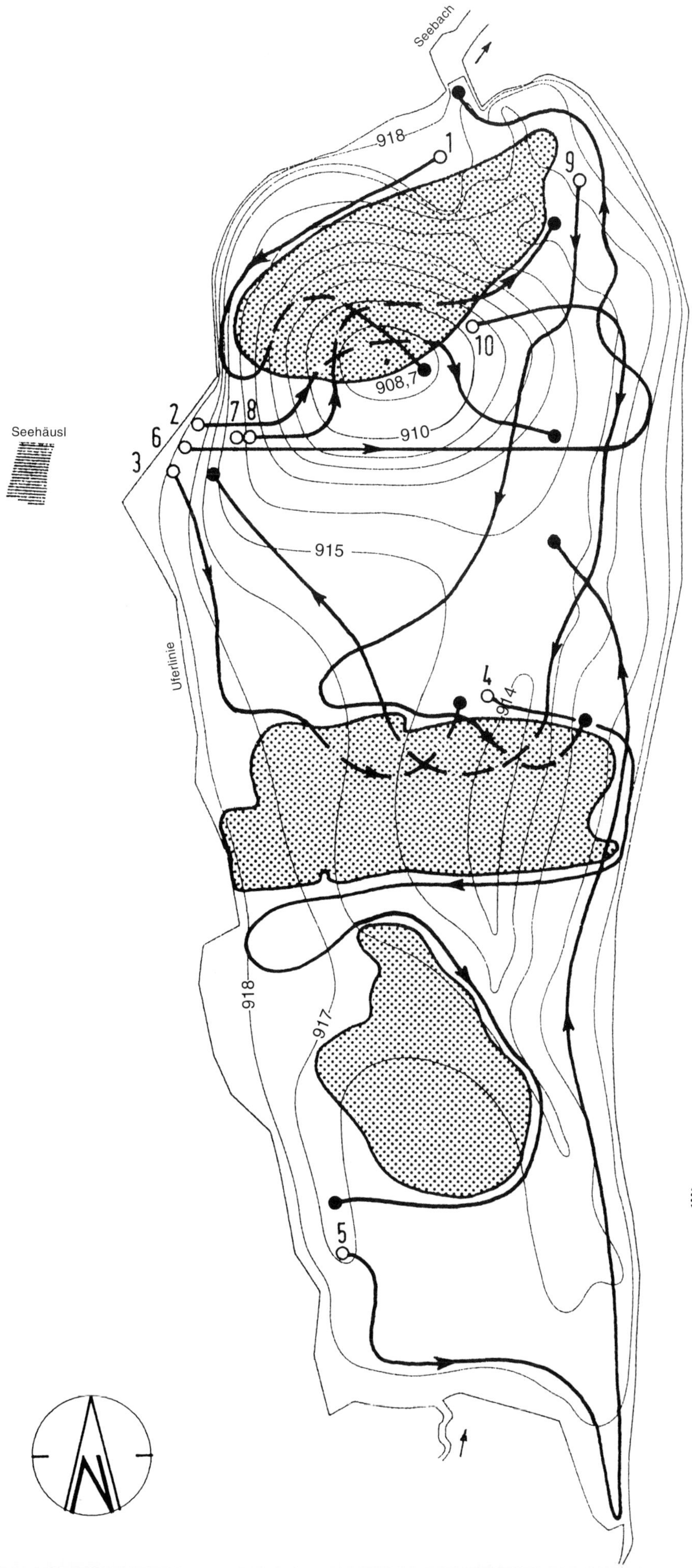

KLEINER ARBERSEE

152 2 111 – 001

Wsp = 918,35 m ü. NN
Aufnahme 15. 9. 1981

Uferlinie aus
Flurkarte 1 : 5000
u. Aufnahme des LfW

M = 1 : 2500

1. Tauchabstieg	17.05.1991
2. Tauchabstieg	14.06.1991
3. Tauchabstieg	28.06.1991
4. Tauchabstieg	12.07.1991
5. Tauchabstieg	21.07.1991
6. Tauchabstieg	26.07.1991
7. Tauchabstieg	23.08.1991
8. Tauchabstieg	01.09.1991
9. Tauchabstieg	13.09.1991
10. Tauchabstieg	18.10.1991

Einstieg

Tauchrichtung

Ausstieg

schwimmende Inseln

Kartengrundlagen verändert nach Verzeichnis der Seen in Bayern, Teil 2 „Karten" 1982
Herausgeber: Bayerisches Landesamt für Wasserwirtschaft

Der Bayerwald-Bote berichtet:

Samstag, 31. August 1991 — LOKALES

Jungforellen verendeten im Arbersee

Taucher der Wasserrwacht wurden im Rahmen eines Forschungsprojekts auf die Tierquälerei aufmerksam

Arber (lam). Auf einen schlimmen Fall von Tierquälerei ist Cletus Weilner, der Landesausbilder der BRK-Wasserwacht, bei einem Projekt im kleinen Arbersee aufmerksam geworden: Am Grund des Sees fanden sich tote Jungforellen, die aufgrund der unzureichenden Wasserqualität verendet waren.

„Wieder einer der sinnlosen Versuche, Fische einzusetzen, deren grausames Schicksal bereits vorprogrammiert ist", klagt Tauchausbilder Weilner, der bei günstigen Lichtverhältnissen eigentlich die „Schwimmenden Inseln" im Kleinen Arbersee hatte fotografieren wollen. Die Aufnahmenserie soll Teil einer wissenschaftlichen Bestandsaufnahme der Tier- und Pflanzenwelt werden. Die Sondergenehmigung für das Forschungsprojekt der Wasserwacht Regen war von der Regierung der Oberpfalz erteilt worden.

Gleich nach dem Tauchabstieg bot sich den Regenern ein Bild des Grauens: Im nördlichen Teil am Seegrund lagen verwesende Jungforellen. Wie der See-Wirt den Tauchern erklärte, hatte jemand den Versuch unternommen, Fische einzusetzen, was offensichtlich ohne Sachverstand und ohne Einvernehmen mit der zuständigen Behörde geschah. Fische nämlich haben, so Weilner, im Arberseewasser mit einem Säurewert von 4,2 pH keine Lebenschance: Erst ab einem Wert von 5,5 pH können sie gedeihen. Tödlich sei nicht nur der niedere pH-Wert, sondern vor allem der erhöhte Gehalt an giftigem Aluminium und an Schwermetallen, die durch das saure Wasser aus dem Gebirge gelöst werden. Der niedrige pH-Wert sei Folge des sauren Regens, der wiederum nur vermieden werden könnte, wenn die Kohlekraftwerke des Ostens mit entsprechenden Filtern ausgerüstet würden.

Verendete Jungforelle

Der Versuch einer Wiederansiedelung von Fischen ist wegen des niedrigen pH-Wertes des Seewassers und des erhöhten Gehaltes an Metallionen gescheitert.

Letzte Abstimmung zur Vorgehensweise für die Unterwasserdokumentation

Cletus Weilner
Hofbauerstraße 18, 94209 Regen

6. August 1995

TAGEBUCH

über die Tauchabstiege vom 11. Juni und 6. August 1995

im

Kleinen Arbersee

Untersuchung der Unterwasserwelt

Anwesend zur Probenentnahme:

Dr. Jaromír Lukavský und Dr. Štěpán Husák
Akademie der Wissenschaften der Tschechischen Republik
Institut für Botanik
Dukelská 145, CZ-37982 Třeboň

1. Tauchabstieg – 11. Juni 1995

Es wurden 8 Taucher zu 4 Paaren eingesetzt.

Fotoaufnahmen:	Es wurden ca. 10 Dias angefertigt.
Tiefenmessung:	Barometrischer Membran-Tiefenmesser
Anlagen:	Seekarte mit pauschaler Verteilung der dominierenden Makrophyten (S. 149) Seekarte mit Ort der Probenentnahme (S. 150) Liste der entnommenen Proben (S. 151)
Kamera:	Nikonos III / Blitz Oceanic 2003
Foto-Objektiv:	Brennweite 35 mm mit Makro-Vorsatz 1 : 3 (Bildausschnitt 108 mm x 72 mm)
Wetter:	starker Regen
Sichtweite unter Wasser:	ca. 3 m
Wassertemperatur – an der Oberfläche:	ca. 12 °C
in der Tiefe von 8 m:	ca. 6 °C
Tauchzeit:	15.00 Uhr, Dauer: 45 Min.

Beobachtungen:

Die Makrophytenvegetation reicht von der Flachwasserzone bis in eine Tiefe von ca. 4 m. In diesem Bereich des gesamten Sees bildet der Bewuchs oft ausgedehnte Rasen. Siehe Seekarte S. 149. Auf Unterwasserpflanzen teils helle, rauhreifartige Ablagerungen, welche auf den Fotos goldfarben erscheinen (Bild S. 192). Ebenso fanden sich diese Ablagerungen auf den herabhängenden Wurzeln im Randbereich der mittleren schwimmenden Insel (Bild S. 204 rechts und Bilder S. 205). Derartige Ablagerungen wurden bisher nie gesehen.
Im gesamten See fanden sich, wie 1991, wollfadenartige, oft senkrecht schwebende Gebilde, die erst im künstlichen Licht gut erkannt werden können. Sie erscheinen in weißlicher Farbtönung.

Probenentnahme:

Mikroorganismen wurden mittels Spritze (Vol. 20 ml) aufgesaugt.
Die Proben wurden bis zur Untersuchung kühlgehalten.
(Ort der Probenentnahme siehe Seekarte S. 150).

Ergebnis der Bestimmungen siehe S. 156, 157, 159, 160.

KLEINER ARBERSEE

152 2 111 – 001

Wsp = 918,35 m ü. NN
Aufnahme 15. 9. 1981

Uferlinie aus
Flurkarte 1 : 5000
u. Aufnahme des LfW

M = 1 : 2500

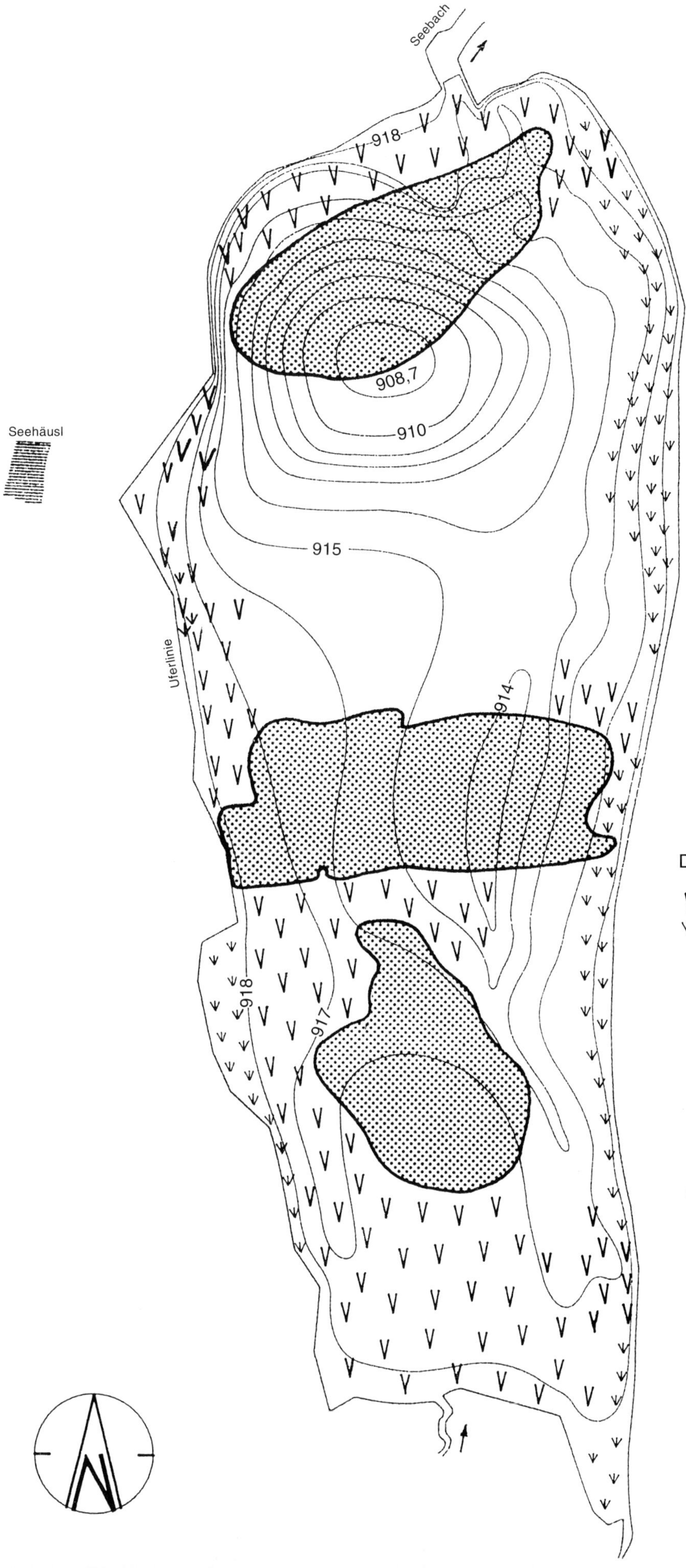

Dominierende Unterwasserpflanzen:

- V Juncus bulbosus f. fluitans (Rasenbinse)
- ѱ Sphagnen (Torfmoose)

schwimmende Inseln

Kartengrundlagen verändert nach Verzeichnis der Seen in Bayern, Teil 2 „Karten“ 1982
Herausgeber: Bayerisches Landesamt für Wasserwirtschaft

KLEINER ARBERSEE

152 2 111 – 001

Wsp = 918,35 m ü. NN
Aufnahme 15. 9. 1981

Uferlinie aus
Flurkarte 1 : 5000
u. Aufnahme des LfW

M = 1 : 2500

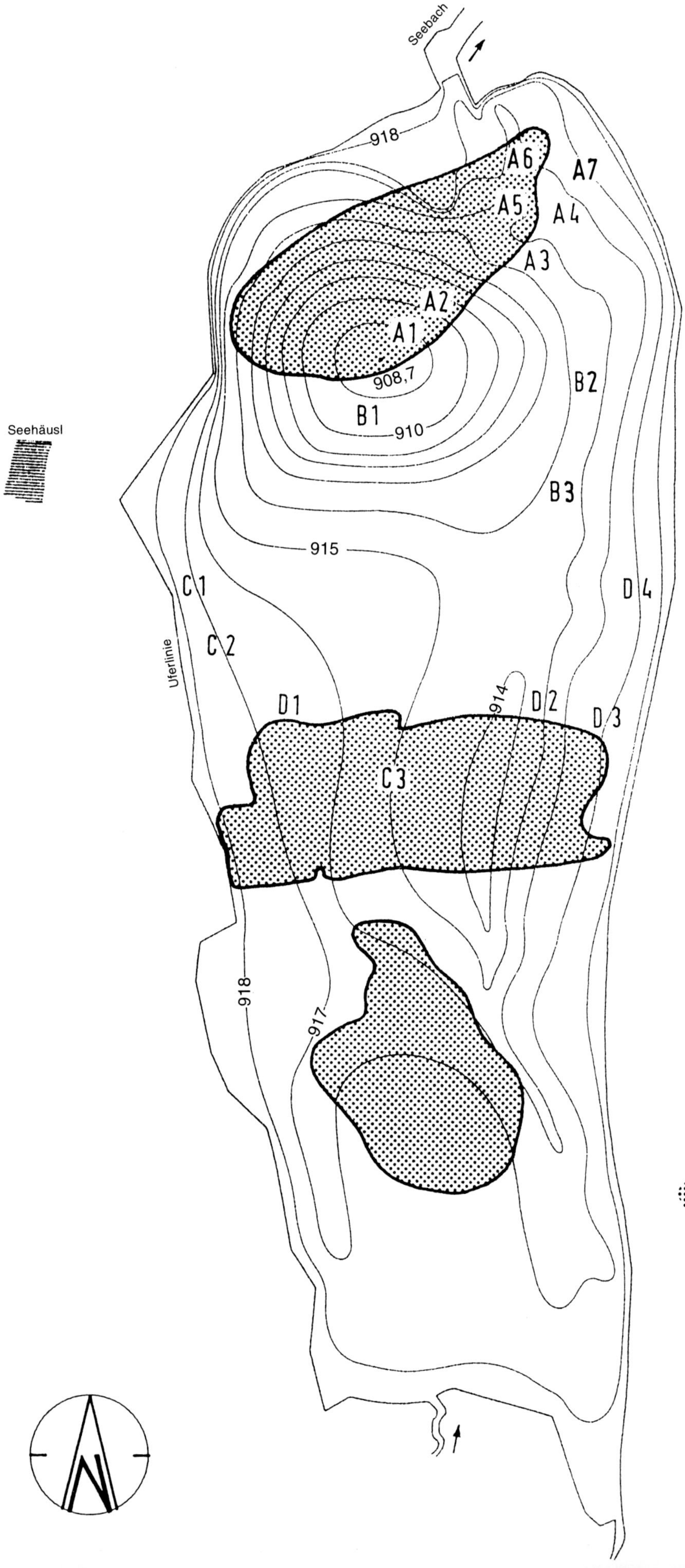

Entnahme von Mikroorganismenproben am 11. 6. 1995

Ort der Probenentnahme: A1 bis D4

Art der Proben S. 151

Auswertung S. 156 ff.

schwimmende Inseln

Kartengrundlagen verändert nach Verzeichnis der Seen in Bayern, Teil 2 „Karten“ 1982
Herausgeber: Bayerisches Landesamt für Wasserwirtschaft

Kleiner Arbersee

Entnahme von Organismenproben am 11. Juni 1995

(Substanzen wurden mit Einmalspritzen aufgesaugt)

Bezeichnung der Proben und Entnahmeort Seekarte S. 150	Art der Proben	Untersuchungsergebnis
A1	Faden, hängend an Decke der nördlichen schwimmenden Insel	Siehe Seite 156, 159
A2	Grünliche Ablagerung an Moordecke der nördlichen schwimmenden Insel	" "
A3	Wollfadenartiges, senkrecht schwebendes, weißliches Gebilde	" "
A4	Grünlicher Belag auf Schlammboden	" "
A5	Faden, hängend von Moordecke am Rand der nördlichen schwimmenden Insel	" "
A6	Dicker Faden, hängend am Rand unter der nördlichen schwimmenden Insel	" "
A7	Belag auf Juncus bulbosus f. fluitans	" "
B1	Wollfadenartiges, ca. 10 cm langes, senkrecht schwebendes, weißliches Gebilde	" "
B2	Feines Gespinst auf Algen (grün)	" "
B3	Feines Gespinst auf Ästen	" "
C1	Algen (grün) auf Schlamm	" "
C2	Gespinst zwischen Ästen	" "
C3	Gehänge 4 m bis 5 m unter der mittleren schwimmenden Insel	" "
D1	Wollfadenartiges, senkrecht schwebendes, weißliches Gebilde	Siehe Seite 157, 160
D2	Algenansammlung auf Fäden, herabhängend vom Rand der mittleren schwimmenden Insel	" "
D3	Weiße Substanz auf abgestorbener Pflanze	" "
D4	Algen (grün) auf Schlamm	" "

2. Tauchabstieg – 6. August 1995

Es wurden 8 Taucher zu 4 Paaren eingesetzt.

Fotoaufnahmen:	Es wurden ca. 30 Dias angefertigt.
Tiefenmessung:	Barometrischer Membran-Tiefenmesser
Anlage:	Seekarte mit Ort der Probenentnahme (S. 154) Liste der entnommenen Proben (S. 155)
Kamera:	Nikonos III / Blitz Oceanic 2003
Foto-Objektiv:	Brennweite 35 mm mit Makro-Vorsatz 1 : 3 (Bildausschnitt 108 mm x 72 mm)
Kamera:	Nikonos V / Blitz Nikonos SB102
Foto-Objektiv:	Brennweite 15 mm
Wetter:	sonnig
Sichtweite unter Wasser:	ca. 4 m
Wassertemperatur – an der Oberfläche:	ca. 19 °C
in der Tiefe von 4 m:	ca. 17 °C
Tauchzeit:	15.30 Uhr, Dauer: 60 Min.

Hinweis:

Die hellen, rauhreifartigen Ablagerungen auf den Unterwasserpflanzen, welche bei dem Tauchabstieg am 11. Juni 1995 beobachtet wurden, waren nicht mehr zu finden. Auch auf den herabhängenden Wurzeln im Randbereich der mittleren schwimmenden Insel war dieser Belag verschwunden.
Im gesamten See fanden sich wollfadenartige, oft senkrecht schwebende Gebilde, die erst im künstlichen Licht gut erkannt werden können. Sie erscheinen in weißlicher Farbtönung.

Probenentnahme:

Makrophyten wurden in einem Netz gesammelt.

Mikroorganismen wurden mittels Spritze (Vol. 20 ml) aufgesaugt.
Die Proben wurden bis zur Untersuchung kühlgehalten.
(Ort der Probenentnahme siehe Seekarte S. 154).

Ergebnis der Bestimmungen siehe S. 130, 157, 158, 160, 161.

Durch die Aufklarung des Wassers änderte sich das Lichtklima. Dies und der langfristig niedrige pH-Wert bewirkten eine submerse Florenverschiebung.

KLEINER ARBERSEE

152 2 111 – 001

Wsp = 918,35 m ü. NN
Aufnahme 15. 9. 1981

Uferlinie aus
Flurkarte 1 : 5000
u. Aufnahme des LfW

M = 1 : 2500

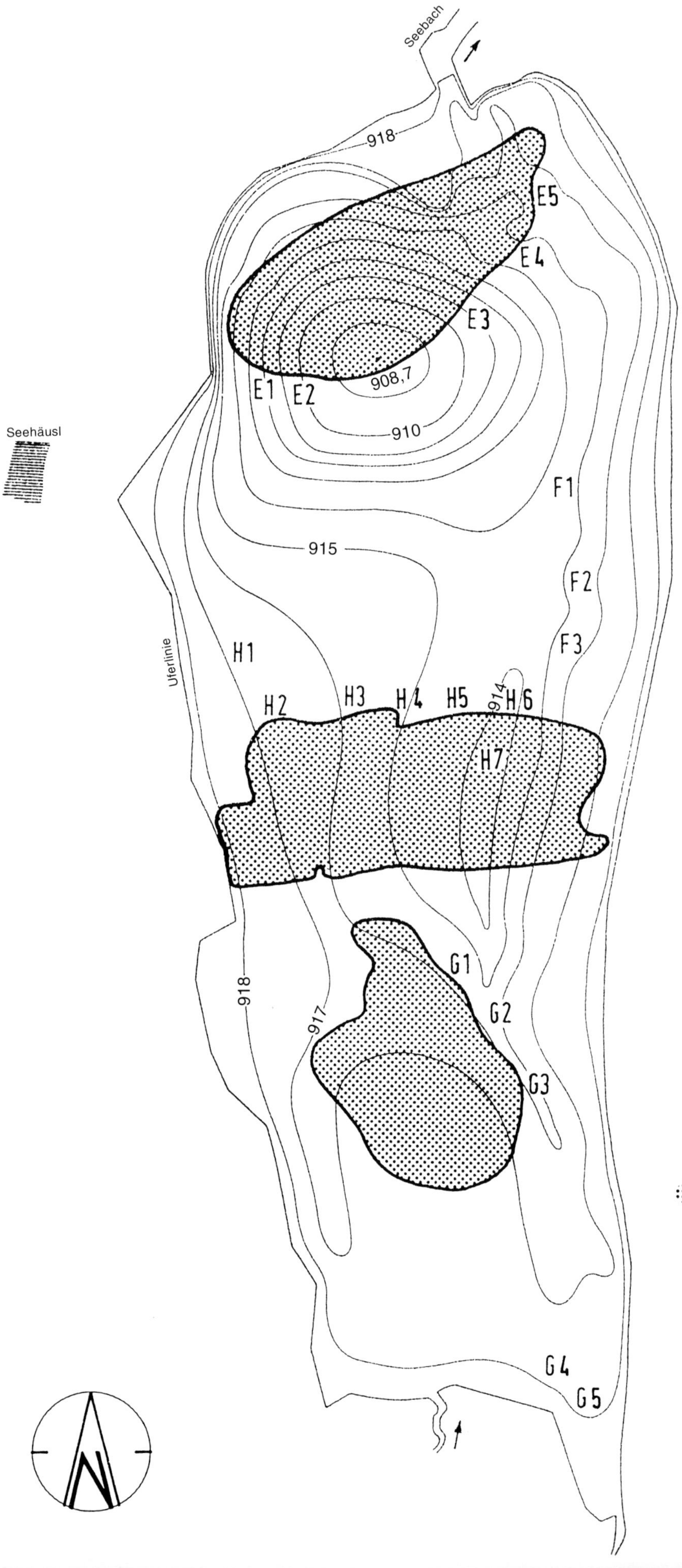

Entnahme von Mikroorganismenproben am 6. 8. 1995

Ort der Probenentnahme: E1 bis H7

Art der Proben S. 155

Auswertung S. 157 ff.

schwimmende Inseln

Kartengrundlagen verändert nach Verzeichnis der Seen in Bayern, Teil 2 „Karten“ 1982
Herausgeber: Bayerisches Landesamt für Wasserwirtschaft

Kleiner Arbersee

Entnahme von Mikroorganismenproben am 6. August 1995

(Substanzen wurden mit Einmalspritzen aufgesaugt)

Bezeichnung der Proben und Entnahmeort Seekarte S. 154	Art der Proben	Untersuchungsergebnis
E1	Belag auf Schlammboden	Siehe Seite 157, 160
E2	Grüne Algen auf Baumstumpf	" "
E3	Gehänge am Rand der nördlichen schwimmenden Insel	" "
E4	Belag auf Schlammboden	" "
E5	Schwebendes Gespinst	" "
F1	Belag auf Schlammboden	" "
F2	Belag auf Schlammboden am Beginn der Vegetationsgrenze	" "
F3	Türkisblauer, fleckenförmiger Bodenbelag	" "
G1	Belag auf Felsen	" "
G2	Gehänge am Ast eines im Schlamm liegenden Baumes	" "
G3	Belag auf einem im Schlamm liegenden Baumstamm	Siehe Seite 158, 161
G4	Belag auf Schlammboden	" "
G5	Belag auf Juncus bulbosus f. fluitans	" "
H1	Belag auf Schlammboden	" "
H2	Gehänge am Rand der mittleren schwimmenden Insel	" "
H3	Spinnennetzartiges Gebilde am Ast eines im Schlamm liegenden Baumes	" "
H4	Grüner Belag auf Schlammboden an Peripherie der mittleren schwimmenden Insel	" "
H5	Weißlicher Belag auf Schlammboden an Peripherie der mittleren schwimmenden Insel und einige Meter darunter	" "
H6	Gehänge am Rand der mittleren schwimmenden Insel auf Schattenseite	" "
H7	Belag auf einer herabhängenden Wurzel unter der mittleren schwimmenden Insel etwa 5 m vom Rand entfernt	Keine Organismen gefunden

Auflistung der im Kleinen Arbersee gefundenen Mikroorganismen

Ort der Probenentnahme siehe Seekarte S. 150 und S. 154
Probenentnahmen vom 11. Juni 1995 (A1 bis D4) und 6. August 1995 (E1 bis H7)
(Bestimmung J. LUKAVSKÝ)

KLEINER ARBERSEE	Bezeichnung der Proben und Ort der Probenentnahme													
	PL	A1	A2	A3	A4	A5	A6	A7	B1	B2	B3	C1	C2	C3
BACTERIA:														
Beggiatoa alba (VAUCH.) TREVISAN														
FUNGI:														
Alternaria sp.														
Leptomitus sp.														
Phlyctochytrium planicorne ATKINSON														
Pseudopileum unum CANTER													x	
Torulopsidosira filamentosa GEITL.				x										x
CYANOPHYTA:														
Anabaena sp.			x	x		x						x		
Aphanocapsa grevillei (HASS.) RABENH.			x			x			x					
Aphanothece microscopica NÄG.														
Calothrix sp.														
Chroococcus sp.			x			x			x				x	x
Chroococcus cf. prescottii			x			x			x				x	x
Cyanodictyon turfosum LEDERER			x										x	
Cyanosarcina sp.														
Cyanothece aeruginosa (NÄG.) KOM.														
Geitlerinema cf. splendidum														
Gloeocapsa sp.														
Hapalosiphon fontinalis (AG.) BORN.					x									
Leptolyngbya sp.					x						x			
Merismopedia cf. cantonensis			x		x									
Merismopedia glauca (EHR.) KÜTZ.			x		x						x	x	x	
Oscillatoria sp.														
Phormidium sp.	x								x		x			
Pseudanabaena sp.			x			x	x			x		x		
RHODOPHYTA:														
Batrachospermum vagum (ROTH.) AG.				x		x				x	x		x	
CRYPTOPHYTA:														
Cryptomonas sp.	x			x			x		x		x		x	
DINOPHYTA:														
Amphidinium radiatum JAVORN.	x													
Gymnodinium bohemicum FOTT											x		x	
Gymnodinium inversum NÄG.	x						x					x		
Peridinium inconspicuum LEMM.		x					x							
Peridinium cf. umbonatum	x		x			x			x	x	x	x	x	x
Stylodinium sphaera PASCH.					x									
CHRYSOPHYCEAE:														
Bitrichia ollula (FOTT) FOTT	x1	x		x			x		x		x	x		
Chrysosphaera palludosa (KORŠ.) BOUR.	x													
Dinobryon divergens IMH.				x			x				x			
Dinobryon pediforme (LEMM.) STEIN		x	x		x								x	x
Dinobryon sertularia EHRENB.					x									
Lagynion scherffelii PASCH.					x									
Ochromonas sp.											x			
Pseudokephyrion spirale SCHMID							x					x		
Synura sp.														
Stomatocyst 35 DUFF et SMOL						x	x		x		x			
Stomatocyst 72 DUFF et SMOL	x	x				x	x				x		x	x
Zyste		x	x				x		x	x	x		x	x

PL: Plankton

x: Vorkommen ohne deutliche Dominanz

x1: Häufigster Mikroorganismus

Ort der Probenentnahme siehe Seekarte S. 150

KLEINER ARBERSEE	Bezeichnung der Proben und Ort der Probenentnahme													
	D1	D2	D3	D4	E1	E2	E3	E4	E5	F1	F2	F3	G1	G2
BACTERIA:														
Beggiatoa alba (VAUCH.) TREVISAN														
FUNGI:														
Alternaria sp.														
Leptomitus sp.														
Phlyctochytrium planicorne ATKINSON		x												
Pseudopileum unum CANTER														
Torulopsidosira filamentosa GEITL.			x								x			
CYANOPHYTA:														
Anabaena sp.		x									x			
Aphanocapsa grevillei (HASS.) RABENH.								x						
Aphanothece microscopica NÄG.														
Calothrix sp.								x						
Chroococcus sp.				x						x				
Chroococcus cf. prescottii				x						x				
Cyanodictyon turfosum LEDERER														
Cyanosarcina sp.														
Cyanothece aeruginosa (NÄG.) KOM.														
Geitlerinema cf. splendidum														
Gloeocapsa sp.														
Hapalosiphon fontinalis (AG.) BORN.	x												x	
Leptolyngbya sp.	x													
Merismopedia cf. cantonensis													x	
Merismopedia glauca (EHR.) KÜTZ.	x		x		x1		x	x1		x		x	x	x
Oscillatoria sp.														
Phormidium sp.										x			x	x
Pseudanabaena sp.			x	x				x						
RHODOPHYTA:														
Batrachospermum vagum (ROTH.) AG.				x	x	x1							x	
CRYPTOPHYTA:														
Cryptomonas sp.		x	x											
DINOPHYTA:														
Amphidinium radiatum JAVORN.														
Gymnodinium bohemicum FOTT														
Gymnodinium inversum NÄG.														
Peridinium inconspicuum LEMM.														
Peridinium cf. umbonatum		x	x	x	x		x	x		x	x			
Stylodinium sphaera PASCH.														
CHRYSOPHYCEAE:														
Bitrichia ollula (FOTT) FOTT					x			x						
Chrysosphaera palludosa (KORŠ.) BOUR.														
Dinobryon divergens IMH.														
Dinobryon pediforme (LEMM.) STEIN														
Dinobryon sertularia EHRENB.														
Lagynion scherffelii PASCH.														
Ochromonas sp.														
Pseudokephyrion spirale SCHMID		x												
Synura sp.					x									
Stomatocyst 35 DUFF et SMOL				x	x			x						
Stomatocyst 72 DUFF et SMOL				x	x									
Zyste		x		x	x		x	x			x			

x: Vorkommen ohne deutliche Dominanz

x1: Häufigster Mikroorganismus

Ort der Probenentnahme siehe Seekarte S. 150 und S. 154

KLEINER ARBERSEE	Bezeichnung der Proben und Ort der Probenentnahme									
	G3	G4	G5	H1	H2	H3	H4	H5	H6	H7
BACTERIA:										
Beggiatoa alba (VAUCH.) TREVISAN								x		
FUNGI:										
Alternaria sp.						x				
Leptomitus sp.			x							
Phlyctochytrium planicorne ATKINSON										
Pseudopileum unum CANTER										
Torulopsidosira filamentosa GEITL.				x						
CYANOPHYTA:										
Anabaena sp.										
Aphanocapsa grevillei (HASS.) RABENH.						x				
Aphanothece microscopica NÄG.						x				
Calothrix sp.						x				
Chroococcus sp.				x		x			x	
Chroococcus cf. prescottii				x		x			x	
Cyanodictyon turfosum LEDERER	x									
Cyanosarcina sp.						x				
Cyanothece aeruginosa (NÄG.) KOM.						x				
Geitlerinema cf. splendidum							x			
Gloeocapsa sp.						x				
Hapalosiphon fontinalis (AG.) BORN.			x							
Leptolyngbya sp.										
Merismopedia cf. cantonensis	x									
Merismopedia glauca (EHR.) KÜTZ.	x	x	x	x	x				x	
Oscillatoria sp.									x	
Phormidium sp.				x		x	x1	x		
Pseudanabaena sp.						x				
RHODOPHYTA:										
Batrachospermum vagum (ROTH.) AG.				x						
CRYPTOPHYTA:										
Cryptomonas sp.										
DINOPHYTA:										
Amphidinium radiatum JAVORN.										
Gymnodinium bohemicum FOTT										
Gymnodinium inversum NÄG.										
Peridinium inconspicuum LEMM.										
Peridinium cf. umbonatum				x	x				x	
Stylodinium sphaera PASCH.										
CHRYSOPHYCEAE:										
Bitrichia ollula (FOTT) FOTT										
Chrysosphaera palludosa (KORŠ.) BOUR.										
Dinobryon divergens IMH.										
Dinobryon pediforme (LEMM.) STEIN										
Dinobryon sertularia EHRENB.					x					
Lagynion scherffelii PASCH.										
Ochromonas sp.										
Pseudokephyrion spirale SCHMID										
Synura sp.										
Stomatocyst 35 DUFF et SMOL							x			
Stomatocyst 72 DUFF et SMOL						x				
Zyste						x				

x: Vorkommen ohne deutliche Dominanz

x1: Häufigster Mikroorganismus

Ort der Probenentnahme siehe Seekarte S. 154

KLEINER ARBERSEE	Bezeichnung der Proben und Ort der Probenentnahme												
	PL	A1	A2	A3	A4	A5	A6	A7	B1	B2	B3	C1	C2	C3
BACILLARIOPHYCEAE:														
Anomoeoneis serians (BRÉB.) CL.									x				x	
Aulacoseira sp.			x		x	x			x		x		x	
Cocconeis sp.														
Eunotia sp. div.	x	x	x			x	x	x	x	x	x	x	x	
Frustulia rhomboides (EHR.) DE TONI			x											
Gomphonema sp.														
Melosira sp.													x	
Navicula sp.										x			x	
Nitzschia sp.div.									x				x	x
Neidium sp.										x				
Pinnularia nobilis (EHR.) EHR.									x				x	
Surirella sp. div.														
Tabellaria flocculosa (ROTH.) KÜTZ.		x	x				x					x	x	
XANTHOPHYCEAE:														
Ophiocytium sp.							x							
Pseudotetraedron sp.														
CHLOROPHYTA:														
Binuclearia tectorum (KÜTZ.) BEGER in WICHM.		x	x			x	x	x			x	x	x	
Carteria sp.							x							
Chlamydomonas sp.													x	
Chloropteridella tetragona (PASCH.) SILVA														
Coelastrum morus sensu SKUJA			x			x								
Cylindrocapsa sp.														
Dicranochaete bohemica NOVÁK. et POPOVSKÝ														
Klebsormidium flaccidum A. BR.											x	x		
Microspora amoena (KÜTZ.) RABENH.						x						x		
Microthamnion kuetzingianum NÄG.									x		x			
Oedogonium sp. steril.														
Pseudococcomyxa simplex (MAINX) FOTT		x					x							
Raphidonema sp.														
Scenedesmus sp.	x										x			x
Scotiella cf. palustris														
Tetraedron sp.		x				x	x	x				x	x	
Trochiscia sp.											x			
cf. Microspora								x						
ZYGNEMATOPHYCEAE:														
Arthrodesmus incus (BRÉB.) HASS.	x					x	x							
Closterium sp.							x							
Cosmarium sp.				x		x								
Cylindrocystis brebissoni MENEGH.	x	x		x1			x				x	x		
Euastrum sp.														
Mougeotia sp. steril.	x	x		x	x	x		x			x	x		
EUGLENOPHYTA:														
Euglena adherens MATVIENKO														
Euglena mutabilis SCHMITZ														
Euglena sp.														

PL: Plankton

x: Vorkommen ohne deutliche Dominanz

x1: Häufigster Mikroorganismus

Ort der Probenentnahme siehe Seekarte S. 150

KLEINER ARBERSEE	Bezeichnung der Proben und Ort der Probenentnahme													
	D1	D2	D3	D4	E1	E2	E3	E4	E5	F1	F2	F3	G1	G2
BACILLARIOPHYCEAE:														
Anomoeoneis serians (BRÉB.) CL.											x	x	x	x
Aulacoseira sp.			x											
Cocconeis sp.				x										
Eunotia sp. div.	x	x	x	x	x		x			x			x	
Frustulia rhomboides (EHR.) DE TONI					x2		x			x	x			x
Gomphonema sp.														
Melosira sp.					x		x			x1	x	x		x
Navicula sp.													x	
Nitzschia sp.div.		x			x		x	x						
Neidium sp.														
Pinnularia nobilis (EHR.) EHR.				x										
Surirella sp. div.														
Tabellaria flocculosa (ROTH.) KÜTZ.		x			x			x						x
XANTHOPHYCEAE:														
Ophiocytium sp.														
Pseudotetraedron sp.											x		x	
CHLOROPHYTA:														
Binuclearia tectorum (KÜTZ.) BEGER in WICHM.	x	x	x										x	
Carteria sp.														
Chlamydomonas sp.														
Chloropteridella tetragona (PASCH.) SILVA		x												
Coelastrum morus sensu SKUJA														
Cylindrocapsa sp.														
Dicranochaete bohemica NOVÁK. et POPOVSKÝ			x											
Klebsormidium flaccidum A. BR.		x						x					x	
Microspora amoena (KÜTZ.) RABENH.					x		x						x	
Microthamnion kuetzingianum NÄG.							x							
Oedogonium sp. steril.			x											
Pseudococcomyxa simplex (MAINX) FOTT														
Raphidonema sp.		x												
Scenedesmus sp.											x		x	
Scotiella cf. palustris		x												
Tetraedron sp.														
Trochiscia sp.														
cf. Microspora														
ZYGNEMATOPHYCEAE:														
Arthrodesmus incus (BRÉB.) HASS.					x			x						
Closterium sp.														
Cosmarium sp.														
Cylindrocystis brebissoni MENEGH.			x		x					x			x1	
Euastrum sp.					x									
Mougeotia sp. steril.		x	x	x	x			x	x					
EUGLENOPHYTA:														
Euglena adherens MATVIENKO		x												
Euglena mutabilis SCHMITZ														
Euglena sp.														

x: Vorkommen ohne deutliche Dominanz

x1: Häufigster Mikroorganismus

x2: Zweithäufigster Mikroorganismus

Ort der Probenentnahme siehe Seekarte S. 150 und S. 154

KLEINER ARBERSEE	Bezeichnung der Proben und Ort der Probenentnahme									
	G3	G4	G5	H1	H2	H3	H4	H5	H6	H7
BACILLARIOPHYCEAE:										
Anomoeoneis serians (BRÉB.) CL.	x			x	x	x				
Aulacoseira sp.										
Cocconeis sp.										
Eunotia sp. div.	x	x	x	x	x	x			x	
Frustulia rhomboides (EHR.) DE TONI						x				
Gomphonema sp.								x		
Melosira sp.	x			x	x	x			x	
Navicula sp.	x					x				
Nitzschia sp.div.				x	x			x		
Neidium sp.										
Pinnularia nobilis (EHR.) EHR.						x	x	x		
Surirella sp. div.	x									
Tabellaria flocculosa (ROTH.) KÜTZ.		x	x					x		
XANTHOPHYCEAE:										
Ophiocytium sp.										
Pseudotetraedron sp.										
CHLOROPHYTA:										
Binuclearia tectorum (KÜTZ.) BEGER in WICHM.		x								
Carteria sp.										
Chlamydomonas sp.										
Chloropteridella tetragona (PASCH.) SILVA										
Coelastrum morus sensu SKUJA										
Cylindrocapsa sp.										
Dicranochaete bohemica NOVÁK. et POPOVSKÝ										
Klebsormidium flaccidum A. BR.			x							
Microspora amoena (KÜTZ.) RABENH.		x	x1							
Microthamnion kuetzingianum NÄG.										
Oedogonium sp. steril.			x							
Pseudococcomyxa simplex (MAINX) FOTT										
Raphidonema sp.										
Scenedesmus sp.	x					x				
Scotiella cf. palustris										
Tetraedron sp.										
Trochiscia sp.										
cf. Microspora										
ZYGNEMATOPHYCEAE:										
Arthrodesmus incus (BRÉB.) HASS.										
Closterium sp.	x									
Cosmarium sp.										
Cylindrocystis brebissoni MENEGH.	x									
Euastrum sp.				x						
Mougeotia sp. steril.	x		x			x				
EUGLENOPHYTA:										
Euglena adherens MATVIENKO										
Euglena mutabilis SCHMITZ										
Euglena sp.								x		

x: Vorkommen ohne deutliche Dominanz

x1: Häufigster Mikroorganismus

Ort der Probenentnahme siehe Seekarte S. 154

Übersicht der im Kleinen Arbersee gefundenen Mikroorganismenarten
(Probenentnahmen vom 11. Juni und 6. August 1995)

85 Arten

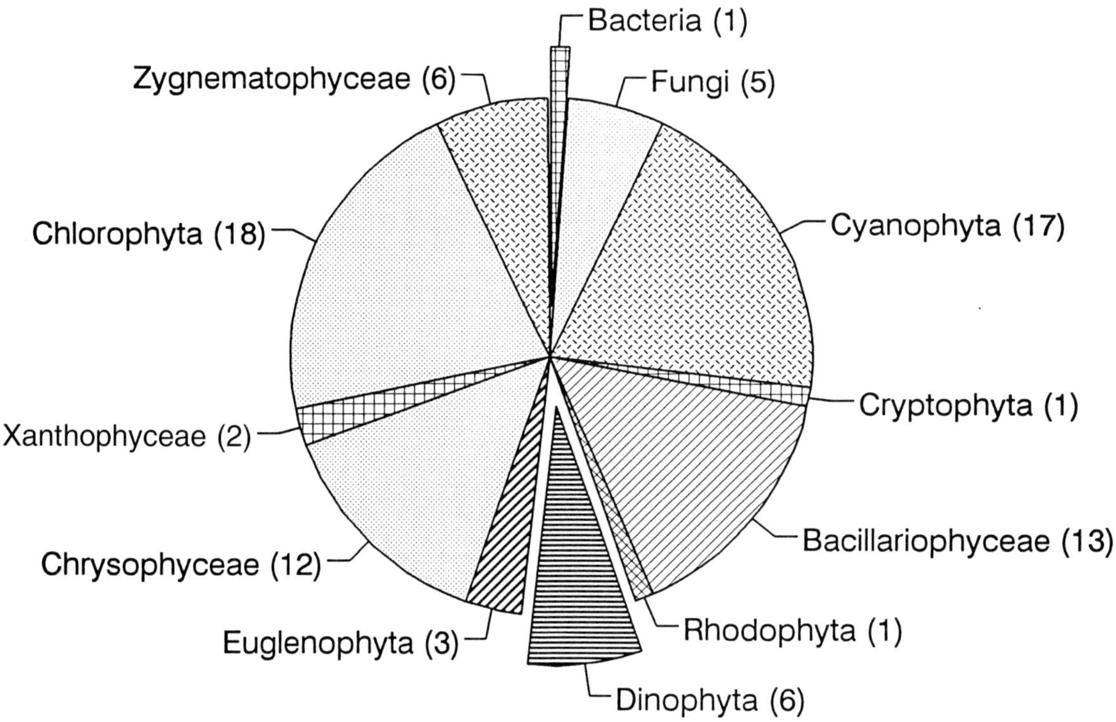

Zu Tafel 1, Fig. 12:

Cyanodictyon turfosum, wurde bei der Probenentnahme im Kleinen Arbersee (Sommer 1995) gefunden.

Cyanodictyon turfosum spec. nova wurde als neue Art der Cyanoprokaryoten (Cyanobacterien) aus dem Böhmerwald bekannt. Sie wurde 1994 während einer Untersuchung eines Torfmoores auf die Mikroflora in einem sehr flachen, moorigen Wasserbecken (pH 4,0) zwischen Sphagnen gefunden (LEDERER, 1994), und gehört zu keiner bisher bekannten Art.

Tafel 1: Mikroskopische Aufnahmen von Mikroorganismen aus dem Kleinen Arbersee

1, 2	Hapalosiphon fontinalis (AG.)BORN
3	Aphanocapsa grevillei (HASS.)RABENH.
4	Cyanothece aeruginosa (NÄG.)KOM.
5	Chroococcus cf. prescottii
6	Merismopedia cf. cantonensis
7	M. glauca (EHR.)KÜTZ.
8	Leptolyngbya sp.
9	Beggiatoa alba (VAUCH.)TREVISAN
10	Oscillatoria sp.
11	Aphanothece microscopica NÄG.
12	Cyanodictyon turfosum LEDERER
13, 14	Geitlerinema cf. splendidum

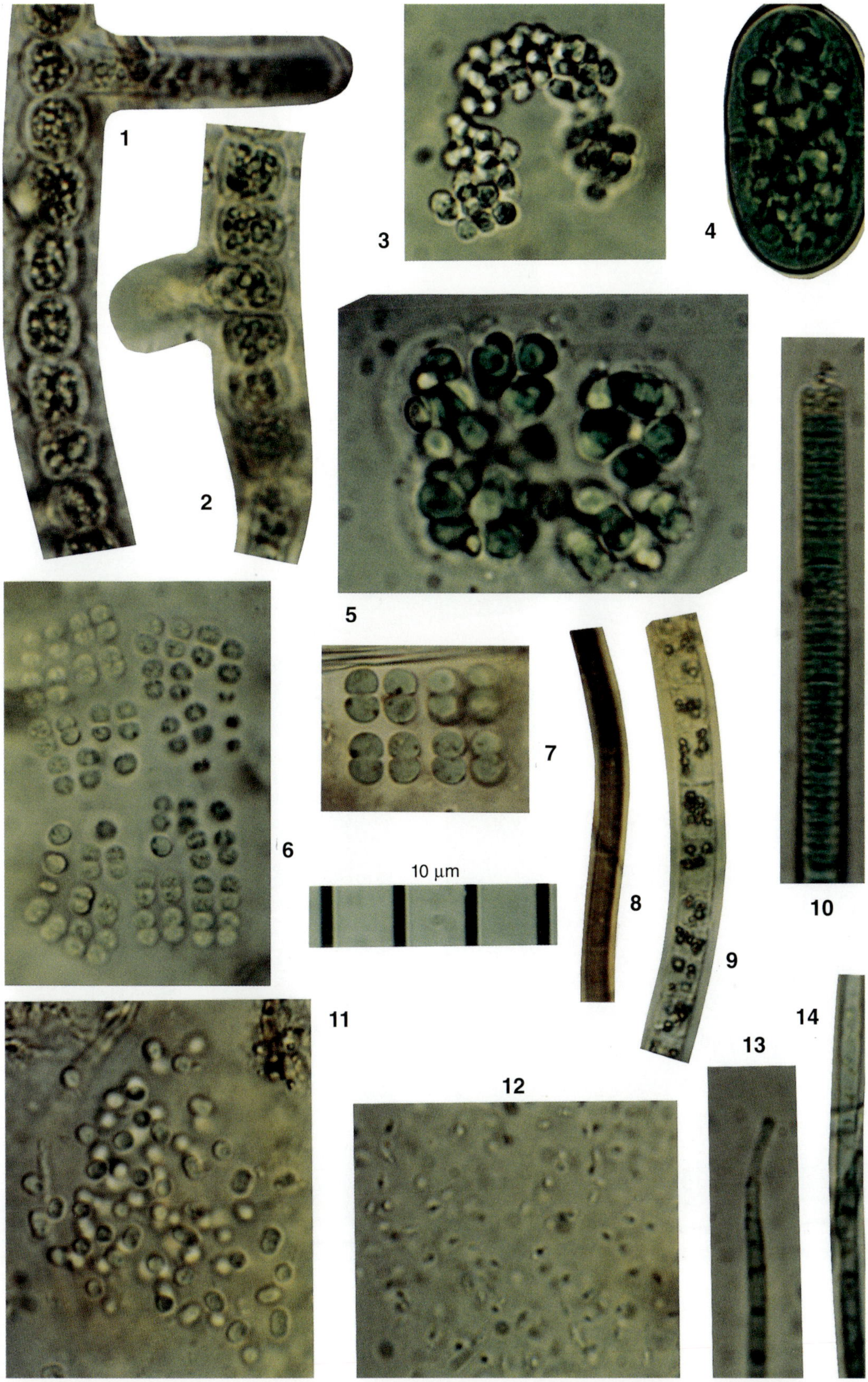

Tafel 2: Mikroskopische Aufnahmen von Mikroorganismen aus dem Kleinen Arbersee

1, 2 Aulacoseira sp.
3 Eunotia cf. bilunaris
4 Frustulia rhomboides (EHR.)DE TONI
5 Pinnularia nobilis (EHR.)EHR.
6 Eunotia-Zellen auf Sphagnum
7 Surirella cf. biseriata

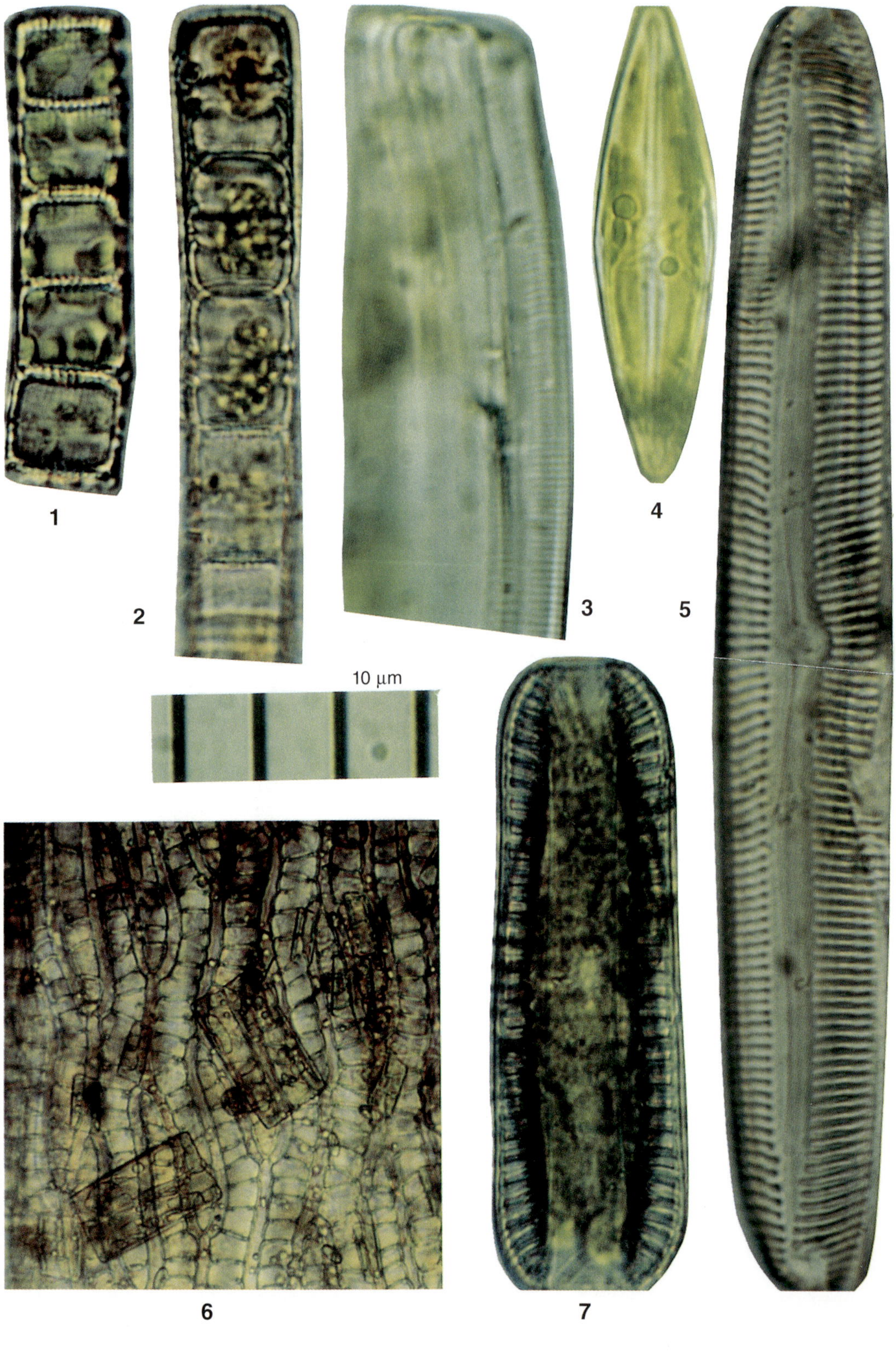

Tafel 3: Mikroskopische Aufnahmen von Mikroorganismen aus dem Kleinen Arbersee

1–3 Peridinium cf. umbonatum
4 Gymnodinium inversum NÄG.
5 Zyste von Chrysomonads
6 Stylodinium sphaera PASCH.
7 Bitrichia ollula (FOTT)FOTT
8 Zyste von cf. Mallomonas sp.
9 Stomatocyst 35 DUFF et SMOL (=Malomonas doignonii BOUR. em.ASMUND et CRONBERG)
10 Stomatocyst 72 DUFF et SMOL
11 Lagynion scherffelii PASCH.

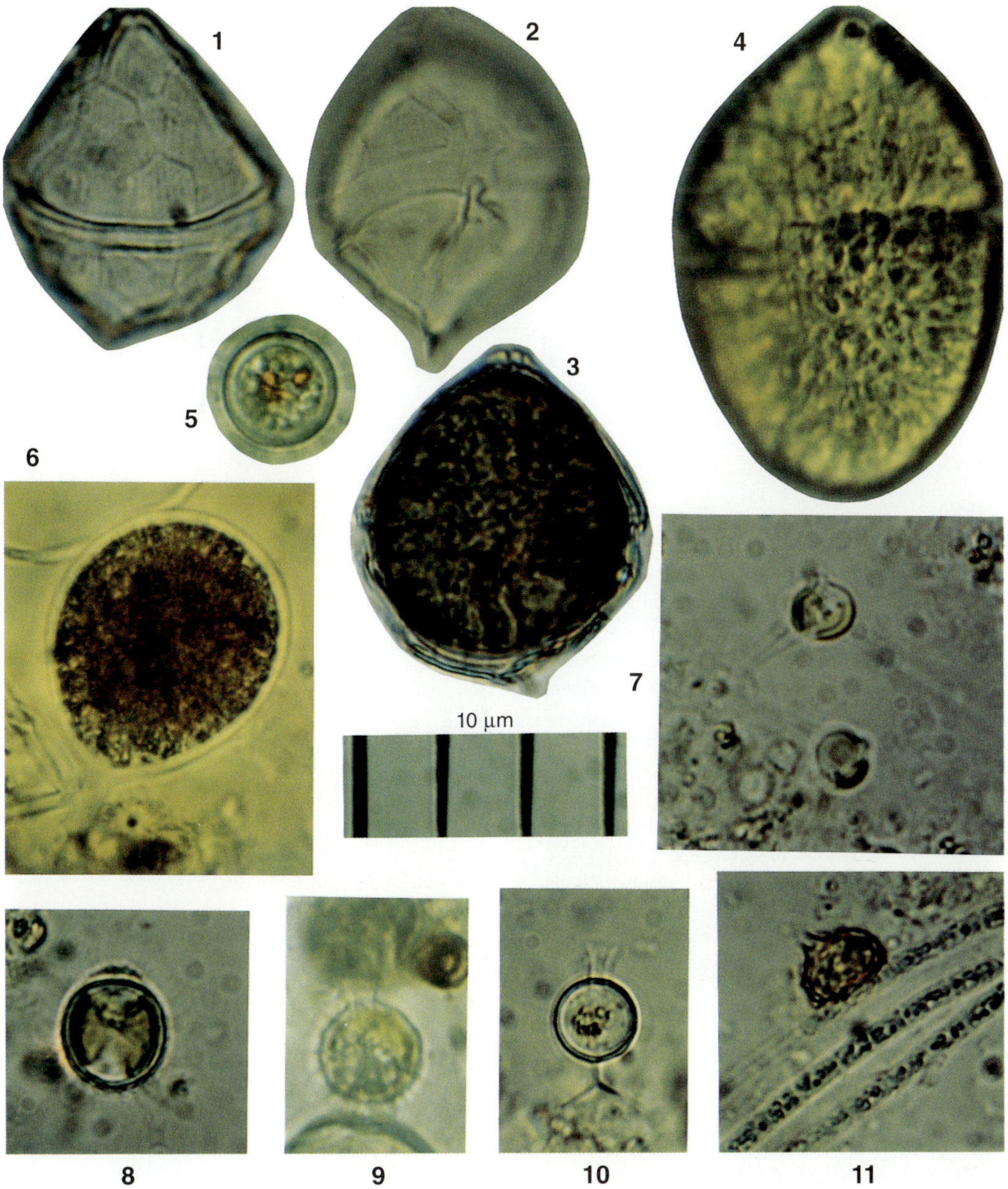

Tafel 4: Mikroskopische Aufnahmen von Mikroorganismen aus dem Kleinen Arbersee

1, 2 Chloropteridella tetragona (PASCH.)SILVA
3 Mougeotia sp. steril.
4 Binuclearia tectorum (KÜTZ.)BEGER in WICHM.
5 Microspora amoena (KÜTZ.)RABENH.
6 Dicranochaete bohemica NOVÁK. et POPOVSKÝ
7 Coelastrum morus sensu SKUJA

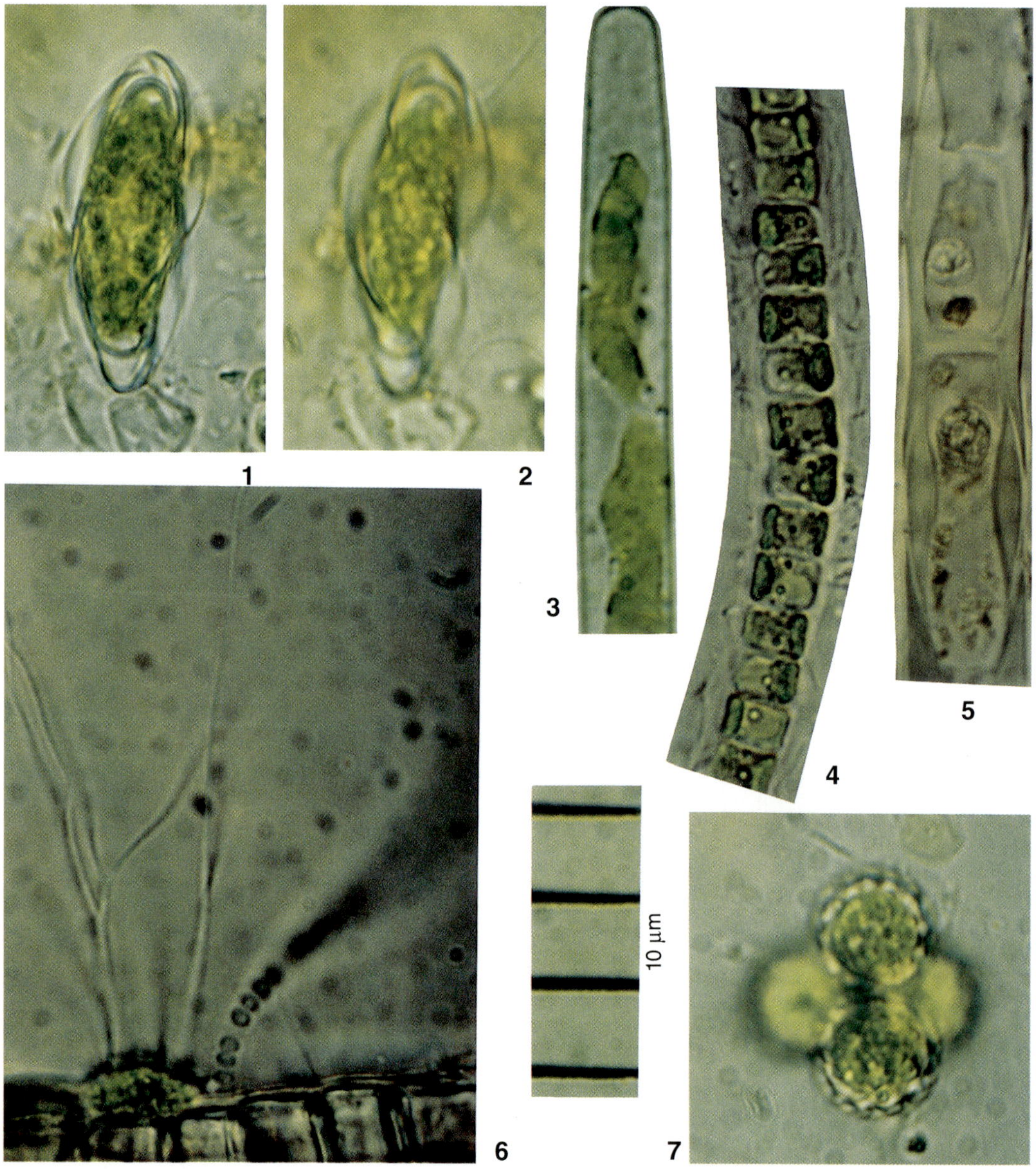

Zu Tafel 4, Fig. 7:

Coelastrum morus sensu SKUJA. Für diese neu gefundene Art schlägt LUKAVSKÝ den Namen „Coelastrum pascherii“ vor.

Sie wurde bei der Probenentnahme im Litoral (abfallender Seegrund ab der Uferzone) des Großen und Kleinen Arbersees (Sommer 1995) gefunden und ist derzeit noch in Untersuchung. Diese Art ist der Coelastrum morus W. et G. S. WEST ähnlich.

Bei der mikroskopischen Untersuchung der entnommenen Mikroorganismenproben fertigte Dr. Lukavský zu deren eindeutigen Bestimmung zahlreiche Zeichnungen an.

Einige Beispiele dieser Zeichnungen sind im folgenden wiedergegeben.

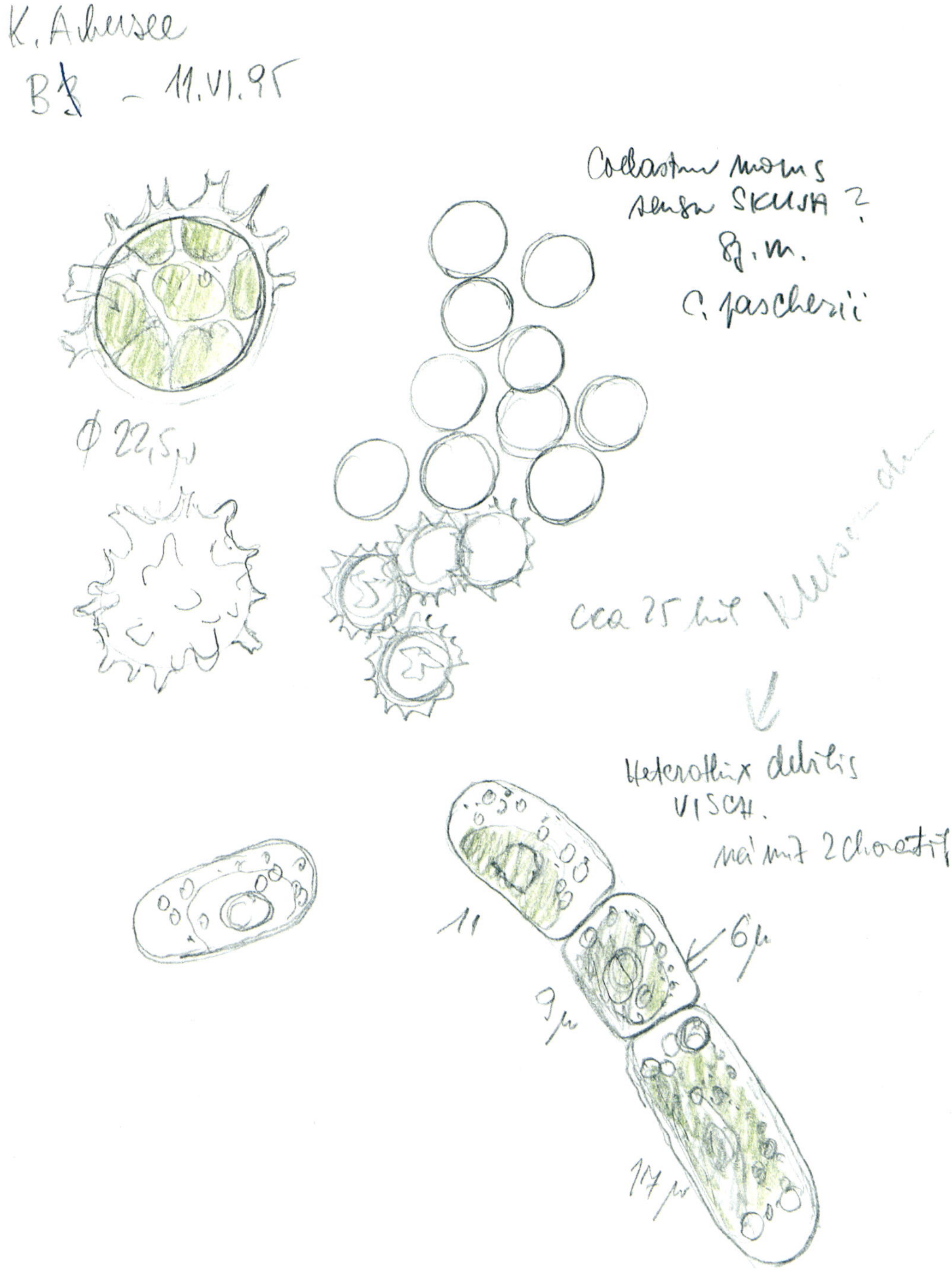

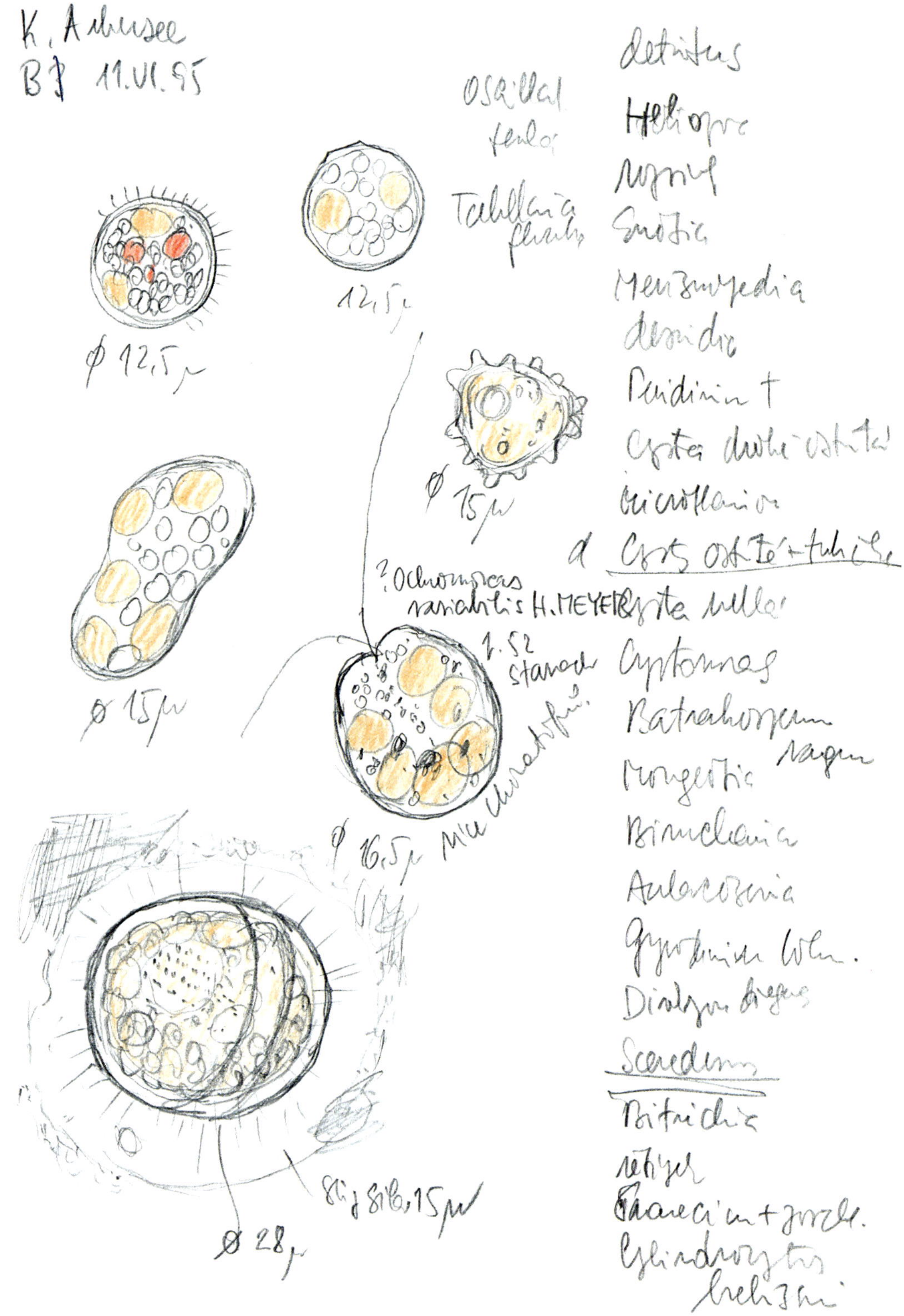

11.VI.95
ø 12,5 μ
12,5 μ
ø 15 μ
ø 15 μ
?Ochromonas variabilis H. MEYER
ø 16,5 μ
ø 28 μ
detritus
Merismopedia
desmidia
Peridinium +
Cryptomonas
Batrachospermum
Mougeotia
Binuclearia
Aulacoseira
Scenedesmus
Cylindrocystis
brebissonii

K. Attersee
D2, 11.VI.95

K.F. t. 712
Scotiella palustris KORS.
(syn. Chloropteris t. PASCH.)
(PASCH.) SILVA
Chloropteridella tetragona

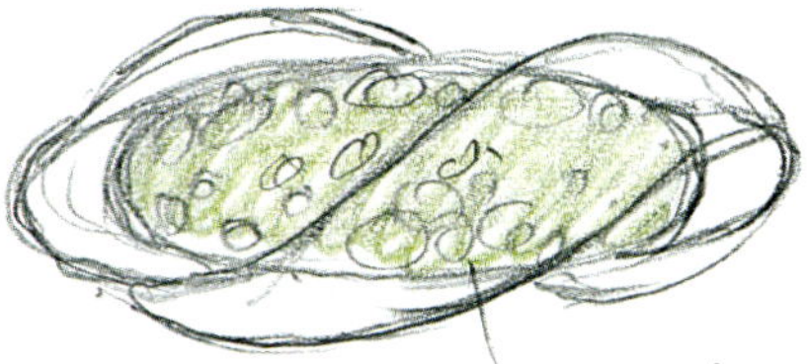

10 x 31 µ

Peridinium Cysta ?

⌀ 37 µ

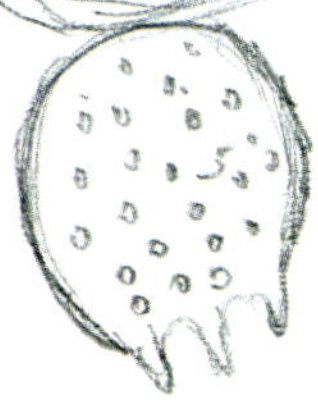

⌀ 15 µ
Phlyctochytrium planicorne ATKINSON.
Batko t. 175

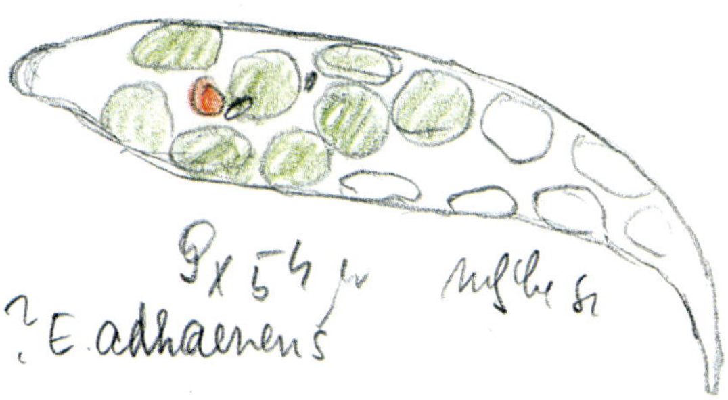

9 x 54 µ [illegible]
?E. adhaerens

Eunotia
Peridinium +
Cysts
Mougeotia
Binuclearia tectorum
Tabellaria flocculosa
Cryptomonas
[illegible]
Anabaena ?
Nitzschia sigmoidea
Pseudokephyrion
R. digitatum
desmidia
Eugl.
Klebsormidium
Raphidonema ?

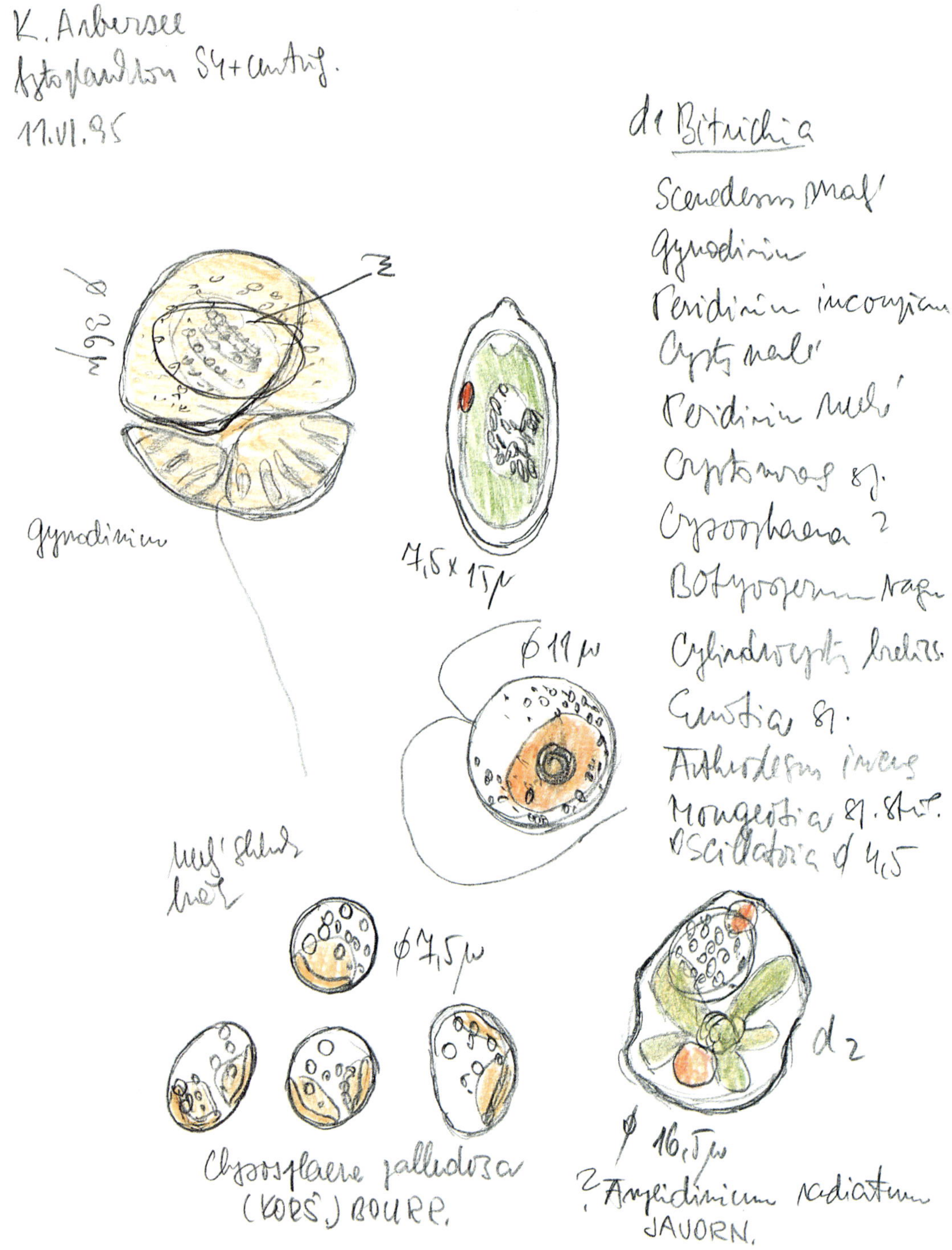
11.VI.95
d1 Bitrichia
Gymnodinium
Cryptomonas sp.
Eunotia sp.
Arthrodesmus incus
Mougeotia sp.
Oscillatoria ∅ 4,5
7,5 x 15 μ
∅ 11 μ
∅ 7,5 μ
d2
∅ 16,5 μ
Chrysosphaera paludosa
(KORŠ.) BOURR.
? Amphidinium radiatum
JAVORN.

KLEINER ARBERSEE

<u>chemische und physikalische Werte</u>

Meßstelle: Seemitte

Datum	Uhrzeit	Tiefe m	H_2O-Temp. °C	pH	O_2 gelöst mg/l	P ges. mg/l	NH_4-N mg/l	NO_3-N mg/l	Chlorophyll µg/l	Al *) mg/l	Al **) mg/l	Ca mg/l	Mg mg/l
17.05.	12:00	0,2	12,0	4,1	10,0	0,005	<0,02	1,1	2,24	0,32	-	-	-
1983	13:00	8,0	5,3	4,3	10,4	0,010	<0,02	1,1	3,02	0,35	-	-	-
18.07.	12:00	0,2	20,9	5,1	8,0	0,007	0,03	0,5	1,9	0,54	-	-	-
1983	13:00	7,5	10,0	4, 7	7,6	<0,005	0,04	0,8	2,8	1,13	-	-	-
11.10.	11:45	0,2	10,2	5,15	9,0	0,017	0,06	0,5	6,16	0,062	-	-	-
1983	12:30	8,0	8,5	5,80	0,7	0,011	0,38	<0,1	6,94	0,10	-	-	-
14.05.	12:45	0,2	4,3	4,1	11,3	<0,005	0,05	1,41	2	0,87	-	-	-
1984	13:00	7,5	4,4	4,3	11,2	<0,005	0,05	1,42	2	0,84	-	-	-
02.07.	11:30	0,2	13,3	4,7	9,2	0,010	<0,02	0,85	3	0,53	-	-	-
1984	12:40	7,8	6,2	4,5	8,4	0,015	0,03	1,03	4	1,07	-	-	-
29.08.	11:55	0,2	15,4	4,8	8,2	0,01	0,04	0,6	1	0,36	-	-	-
1984	13:40	8,5	7,4	4,75	3,4	0,02	0,15	0,6	3	0,54	-	-	-
18.10.	13:15	0,2	8,4	4,6	10,0	<0,005	0,02	0,71	-	0,52	-	-	-
1984	14:45	8,5	8,0	4,6	9,7	<0,005	0,03	0,70	-	0,56	-	-	-
08.05.	13:10	0,2	4,3	4,2	11,6	<0,02	0,06	1,41	1	0,73	-	1,6	0,6
1985	13:50	6,5	3,9	4,2	11,4	<0,02	0,06	1,40	1	0,70	-	1,6	0,6

NH_4-N = Stickstoffanteil errechnet aus Ammonium
NO_3-N = Stickstoffanteil errechnet aus Nitrat
Chlorophyll = Chlorophyll a
Al *) = nichtfiltrierte Probe
Al **) = filtrierte Probe (Membranfilter 0,45 µm)

Daten vom Wasserwirtschaftsamt Regensburg

KLEINER ARBERSEE

chemische und physikalische Werte

Meßstelle: Seemitte

Datum	Uhrzeit	Tiefe m	H_2O-Temp. °C	pH	O_2 gelöst mg/l	P ges. mg/l	NH_4-N mg/l	NO_3-N mg/l	Chlorophyll µg/l	Al *) mg/l	Al **) mg/l	Ca mg/l	Mg mg/l
22.07.	11:30	0,2	16,1	4,4	8,6	<0,02	0,07	0,8	<1	0,85	-	1,5	0,41
1985	12:20	8,0	9,1	4,3	7,6	<0,02	0,08	1,1	2	1,1	-	1,6	0,43
16.10.	12:30	0,2	9,9	4,4	9,3	<0,02	0,04	0,68	4	0,20	-	1,5	0,5
1985	13:10	9,0	8,3	4,7	1,0	<0,02	0,30	0,45	2	0,17	-	1,4	0,5
17.02.	14:20	0,2	0	3,9	-	<0,02	0,26	2,50	1	0,462	-	2,3	1,0
1986	15:20	4,5	3,4	4,4	-	<0,02	0,04	1,26	<1	0,480	-	1,7	0,7
27.05.	10:10	0,2	15,1	4,3	9,5	<0,02	<0,04	1,23	2	0,50	-	1,50	0,45
1986	11:20	8,5	6,2	4,3	9,5	<0,02	0,04	1,31	3	0,74	-	1,39	0,44
24.07.	10:40	0,2	16,4	4,1	8,6	<0,02	0,05	0,70	2	0,21	-	1,5	0,5
1986	11:30	8,0	7,4	3,9	7,6	<0,02	0,04	0,87	8	0,48	-	1,3	0,4
18.09.	14:00	0,2	14,0	3,8	8,8	<0,02	0,05	0,55	2	0,58	-	1,58	0,51
1986	15:00	8,5	7,6	4,0	3,3	<0,02	0,18	0,53	1	0,79	-	1,46	0,48
18.02.	13:00	0,2	0,4	3,8	11,2	<0,02	0,10	1,1	0	-	0,65	1,69	0,64
1987	15:00	6,5	3,8	4,1	4,2	<0,02	0,10	0,7	<1	-	0,47	1,58	0,58
11.05.	11:20	0,2	5,5	4,0	11,4	<0,02	0,04	1,10	1	-	0,71	1,29	0,42
1987	13:00	9,0	4,6	4,0	11,5	<0,02	<0,04	1,11	2	-	1,24	1,22	0,40

NH_4-N = Stickstoffanteil errechnet aus Ammonium
NO_3-N = Stickstoffanteil errechnet aus Nitrat
Chlorophyll = Chlorophyll a
Al *) = nichtfiltrierte Probe
Al **) = filtrierte Probe (Membranfilter 0,45 µm)

KLEINER ARBERSEE

chemische und physikalische Werte

Meßstelle: Seemitte

Datum	Uhrzeit	Tiefe m	H_2O-Temp. °C	pH	O_2 gelöst mg/l	P ges. mg/l	NH_4-N mg/l	NO_3-N mg/l	Chlorophyll µg/l	Al *) mg/l	Al **) mg/l	Ca mg/l	Mg mg/l
06.07.	11:30	0,2	17,2	4,5	9,2	<0,02	<0,04	0,75	-	-	0,20	1,31	0,43
1987	13:45	8,5	7,0	4,4	9,3	<0,02	<0,04	0,91	-	-	0,48	1,27	0,41
10.08.	11:30	0,2	11,8	4,6	9,4	<0,02	<0,04	0,5	4	-	0,76	1,22	0,40
1987	13:00	9,0	6,5	4,7	6,6	<0,02	0,06	0,8	4	-	1,03	1,30	0,44
28.09.	11:00	0,2	12,9	4,6	8,1	<0,02	0,06	0,49	4	-	0,18	1,45	0,44
1987	13.00	8,5	7,7	4,8	2,6	<0,02	0,17	0,51	4	-	0,26	1,42	0,46
22.02.	13:30	0,2	0,2	4,5	10,4	<0,020	0,05	1,1	1	-	0,42	1,7	0,6
1988	14:40	7,0	2,9	4,9	6,9	<0,020	0,07	0,8	1	-	0,36	2,2	0,6
09.05.	11:00	0,2	5,1	3,7	10,5	<0,020	0,04	1,1	2	-	0,70	1,6	0,4
1988	13:30	8,0	4,0	5,3	6,4	<0,020	-	0,7	3	-	-	2,4	0,5
18.07.	11:50	0,2	14,7	4,9	9,2	<0,020	0,03	0,6	4	-	0,22	1,4	0,4
1988	13:10	5,0	12,1	4,7	9,8	<0,020	0,02	0,7	4	-	0,63	1,3	0,4
10.10.	11:30	0,2	8,8	3,8	9,4	<0,020	0,03	0,5	2	-	0,47	-	0,5
1988	13:30	5,0	-	3,9	9,4	<0,020	0,03	0,5	2	-	0,47	1,4	0,5
08.11.	12:00	0,2	4,5	4,8	10,4	<0,020	0,07	0,5	3	-	0,45	1,2	0,5
1988	13:10	9,0	4,2	4,9	10,5	<0,020	0,02	0,5	3	-	0,46	1,1	0,5

NH_4-N = Stickstoffanteil errechnet aus Ammonium
NO_3-N = Stickstoffanteil errechnet aus Nitrat
Chlorophyll = Chlorophyll a
Al *) = nichtfiltrierte Probe
Al **) = filtrierte Probe (Membranfilter 0,45 µm)

KLEINER ARBERSEE

chemische und physikalische Werte

Meßstelle: Seemitte

Datum	Uhrzeit	Tiefe m	H_2O-Temp. °C	pH	O_2 gelöst mg/l	P ges. mg/l	NH_4-N mg/l	NO_3-N mg/l	Chlorophyll µg/l	Al *) mg/l	Al **) mg/l	Ca mg/l	Mg mg/l
17.05.	11:30	0,2	11,1	4,7	10,2	<0,010	0,02	1,0	9	0,67	0,54	1,5	0,5
1989	13:00	9,0	5,9	4,9	10,2	<0,010	<0,02	1,0	3	0,66	0,56	1,4	0,5
11.07.	12:05	0,2	19,2	5,2	8,5	<0,010	<0,02	0,5	7	0,21	0,13	-	-
1989	14:00	8,0	8,0	5,0	7,4	<0,010	0,02	0,7	11	0,50	0,40	-	-
16.10.	10:20	0,2	6,8	4,6	10,0	<0,010	0,03	0,6	3	0,57	0,49	-	-
1989	11:20	9,4	6,5	4,5	9,9	<0,010	0,03	0,7	2	0,69	0,64	-	-
27.03.	12:00	0,2	1,7	4,7	11,3	<0,010	0,02	0,8	1	0,22	0,21	-	-
1990	14:00	7,8	4,2	4,8	7,4	<0,010	0,08	0,6	1	0,42	0,37	-	-
22.05.	11:40	0,1	14,6	4,8	9,3	<0,010	<0,02	0,9	2	0,49	0,39	-	-
1990	13:00	8,8	6,7	4,4	9,9	<0,010	0,03	1,1	2	0,73	0,72	-	-
26.06.	11:00	0,1	15,9	4,8	9,2	<0,010	0,02	0,8	4	0,63	0,37	-	-
1990	12:10	8,5	7,7	4,5	7,2	<0,010	0,08	0,9	3	0,65	0,62	-	-
18.09.	14:45	0,2	11,1	5,2	8 , 7	0,013	0,10	0,4	1	0,30	0,15	-	-
1990	15:50	8,7	8,4	5,6	<1	0,016	0,33	0,3	1	0,38	0,10	-	-
19.06.	11:30	0,2	11,8	4,7	-	<0,010	0,03	0,7	2	-	0,19	1,4	0,5
1991	12:20	8,0	7,6	4,9	-	<0,010	0,02	0,8	6	-	0,13	1,3	0,5

NH_4-N = Stickstoffanteil errechnet aus Ammonium
NO_3-N = Stickstoffanteil errechnet aus Nitrat
Chlorophyll = Chlorophyll a
Al *) = nichtfiltrierte Probe
Al **) = filtrierte Probe (Membranfilter 0,45 µm)

KLEINER ARBERSEE

chemische und physikalische Werte

Meßstelle: Seemitte

Datum	Uhrzeit	Tiefe m	H_2O-Temp. °C	pH	O_2 gelöst mg/l	P ges. mg/l	NH_4-N mg/l	NO_3-N mg/l	Chlorophyll µg/l	Al *) mg/l	Al **) mg/l	Ca mg/l	Mg mg/l
17.09.	12:00	0,2	14,6	4,9	8,3	<0,010	0,06	0,4	3	-	0,10	-	-
1991	13:35	8,0	8,8	5,3	<1,0	0,013	0,32	0,2	3	-	0,06	1,6	0,5
05.11.	12:30	0,2	4,0	4,4	10,8	<0,010	0,06	0,4	3	-	-	-	-
1991	14:00	7,0	3,9	4,5	10,8	<0,010	0,05	0,3	4	-	-	1,4	0,5
24.06.	11:50	0,2	16,7	4,64	8,8	0,012	0,02	0,6	6	-	0,20	1,3	0,4
1992	13:30	8,0	6,4	4,28	8,3	<0,010	0,04	1,0	2	-	0,63	1,3	0,4
21.07.	11:00	0,2	20,2	4,91	8,5	<0,010	<0,02	0,4	4	-	0,25	1,3	0,4
1992	13:00	8,0	7,1	4,75	5,9	<0,010	0,08	0,8	4	-	0,49	1,2	0,4
22.09.	11:30	0,2	14,2	4,88	8,7	0,011	0,07	0,3	3	-	0,26	1,2	0,4
1992	13:15	8,0	8,1	5,19	1,3	0,013	0,30	0,4	3	-	0,26	1,3	0,4
21.10.	11:00	0,2	6,2	5,22	9,3	<0,010	0,07	0,4	3	-	0,19	1,5	0,5
1992	13:00	8,0	5,7	5,21	9,4	<0,010	0,07	0,4	4	-	0,21	1,4	0,5

NH_4-N = Stickstoffanteil errechnet aus Ammonium
NO_3-N = Stickstoffanteil errechnet aus Nitrat
Chlorophyll = Chlorophyll a
Al *) = nichtfiltrierte Probe
Al **) = filtrierte Probe (Membranfilter 0,45 µm)

KLEINER ARBERSEE

chemische und physikalische Werte

Meßstelle: Ablauf Norden

Datum	Uhrzeit	Tiefe m	H_2O-Temp. °C	pH	O_2 gelöst mg/l	P ges. mg/l	NH_4-N mg/l	NO_3-N mg/l	Chlorophyll µg/l	Al *) mg/l	Al **) mg/l	Ca mg/l	Mg mg/l
19.06.	12:50	0,2	11,9	4,8	9,6	<0,010	<0,02	0,7	-	0,63	-	1,4	0,5
1991													
09.07.	14:40	0,2	19,6	4,8	-	-	<0,02	0,6	-	-	-	1,6	0,6
1991													
06.08.	13:15	0,2	14,8	4,3	9,5	<0,010	0,03	0,4	-	0,50	-	1,3	0,4
1991													
28.04.	12:30	0,1	2,9	4,32	10,9	<0,010	0,04	1,2	-	0,53	-	1,5	0,5
1992													
20.05.	12:50	0,2	12,2	4,38	9,8	<0,010	<0,02	0,5	-	0,41	-	1,4	0,5
1992													
22.09.	14:00	0,2	14,4	5,05	8,6	0,010	0,07	0,3	-	0,21	-	1,2	0,4
1992													

NH_4-N = Stickstoffanteil errechnet aus Ammonium
NO_3-N = Stickstoffanteil errechnet aus Nitrat
Chlorophyll = Chlorophyll a
Al *) = nichtfiltrierte Probe
Al **) = filtrierte Probe (Membranfilter 0,45 µm)

KLEINER ARBERSEE

<u>chemische und physikalische Werte</u>

Meßstelle: Ablauf Norden

(ab einschl. 1993 wurden keine Proben mehr aus der Seemitte entnommen)

Datum	Uhrzeit	Tiefe m	H_2O-Temp. °C	pH	O_2 gelöst mg/l	P ges. mg/l	NH_4-N mg/l	NO_3-N mg/l	Chlorophyll µg/l	Al *) mg/l	Al **) mg/l	Ca mg/l	Mg mg/l
27.04. 1993	12:00	0,2	8,4	4,72	10,3	0,010	0,04	1,2	-	0,70	-	1,7	0,6
17.05. 1993	11:15	0,2	11,4	5,06	9,5	0,010	0,02	1,1	-	0,43	-	1,6	0,5
02.08. 1993	12:10	0,1	16,0	4,2	8,6	0,010	0,02	0,5	-	0,41	-	1,3	0,4
14.09. 1993	11:45	0,2	11,6	4,86	-	<0,01	0,04	0,4	-	0,31	-	1,2	0,4
10.05. 1994	12:00	0,2	10,0	4,12	10,2	<0,005	<0,02	0,8	-	0,24	-	1,2	0,4
05.07. 1994	11:15	0,2	21,4	4,84	7,9	0,007	<0,02	0,5	-	0,30	-	1,2	0,4
02.08. 1994	12:00	0,2	22,6	5,64	7,6	0,011	0,04	0,3	-	0,17	-	1,1	0,4
27.09 1994	10:55	0,2	14,2	5,52	9,0	<0,005	0,06	0,3	-	0,25	-	1,0	0,4

NH_4-N = Stickstoffanteil errechnet aus Ammonium
NO_3-N = Stickstoffanteil errechnet aus Nitrat
Chlorophyll = Chlorophyll a
Al *) = nichtfiltrierte Probe
Al **) = filtrierte Probe (Membranfilter 0,45 µm)

KLEINER ARBERSEE

chemische und physikalische Werte

Meßstelle: Ablauf Norden

Datum	Uhrzeit	Tiefe m	H_2O-Temp. °C	pH	O_2 gelöst mg/l	P ges. mg/l	NH_4-N mg/l	NO_3-N mg/l	Chlorophyll µg/l	Al *) mg/l	Al **) mg/l	Ca mg/l	Mg mg/l
22.o2 1995	13:oo	o,2	o,6	4,52	6,3	<o,oo5	o,o8	o,6	-	o,4	-	o,9	o,3
26.o6. 1995	12:oo	o,2	12,5	4,6	9,5	<o,oo5	o,o3	o,5	-	o,4	-	1,2	o,4
o8.o8. 1995	12:5o	o,2	19,2	4,2	6,7	o,oo7	o,o3	o,3	-	o,15	-	1,1	o,4
17.1o. 1995	13:oo	o,2	1o,7	4,5	9,6	<o,oo5	o,o2	o,5	-	o,45	-	1,1	o,4
o6.o5. 1996	12:3o	o,1	6,2	4,1	9,6	<o,oo5	o,o6	1,2	-	o,5	o,5	-	-
o9.o7. 1996	13:oo	o,1	11,2	4,5	9,5	<o,oo5	<o,o2	o,7	-	o,5	o,5	-	-
o5.o8. 1996	13:5o	o,1	17,1	4,8	8,6	o,oo6	<o,o2	o,5	-	o,4	o,3	-	-
15.1o. 1996	13:1o	o,1	9,4	4,8	9,3	<o,oo5	o,o3	o,5	-	o,4	o,3	-	-

NH_4-N = Stickstoffanteil errechnet aus Ammonium
NO_3-N = Stickstoffanteil errechnet aus Nitrat
Chlorophyll = Chlorophyll a
Al *) = nichtfiltrierte Probe
Al **) = filtrierte Probe (Membranfilter 0,45 µm)

Kleiner Arbersee
(Gegenlichtaufnahme)

Blick von Norden nach Süden. Die mittlere schwimmende Insel und die südliche sitzen zum Teil am Untergrund auf und zeigen deutliche Zerfallserscheinungen. Die nördliche Insel treibt mit dem Wind frei auf dem See. Der Kleine Arbersee und seine Umgebung stehen seit 1959 unter Naturschutz.

Tafel am See

Durch anschauliche Darstellungen werden dem Besucher die Tier- und Pflanzenwelt im Naturschutzgebiet „Kleiner Arbersee" nahegebracht.

Blick von Südwesten zum nördlichen See-Ende →

Der ursprünglich kleinere, verlandende See wurde zur Nutzung als Triftschwelle aufgestaut. Durch die Hebung des Seespiegels wurde die Moordecke der Verlandungszone angehoben, so daß sie vom Ufer abriß und in einzelne „schwimmende Inseln" zerfiel, die vom Wind herumgetrieben wurden. Inzwischen sitzt die südliche und mittlere Insel teilweise am Seeboden auf.

Die Umweltbedingungen (Hochmoor) auf den schwimmenden Inseln sind selbst für Fichten tödlich

Nördliche schwimmende Insel
Der Torfboden ist zwischen 1,5 m bis 3,5 m mächtig.

→
Heidekraut, Wollgras und andere Moorpflanzen bestimmen die Vegetation auf den schwimmenden Inseln

Torfmoos und die insektenfressende Pflanze Sonnentau
(M 3 : 1)

Randzone der mittleren schwimmenden Insel

Am Rand der schwimmenden Insel erkennt man unter der Wasseroberfläche den Torfuntergrund. Die kräftigen dreigeteilten Blätter des Fieberklees reihen sich auf einem langen, im Boden liegenden Stengel auf.

Blick unter Wasser von der Seite gegen den Torfboden der mittleren schwimmenden Insel
Das Grundgeflecht ist ein Gewirr aus halbvermoderten Pflanzenteilen.
(M 1,4 : 1)

Zum sicheren Tauchabstieg gehören die Rettungsweste und verschiedene Instrumente

Larve der Köcherfliege Phryganea sp. →

Zur Verpuppung verschließt die Larve ihren Köcher an den beiden Enden, wobei hinten und vorne eine kleine Öffnung verbleibt. Die Öffnungen dienen der Sauerstoffversorgung. Aus den Puppen entwickeln sich geflügelte Wesen, die über der Wasseroberfläche „tanzen". Ihr Leben dauert nur wenige Tage.
(M 2,1 : 1)

Verlassene Köcher der Köcherfliegenlarven

Eine Libellenlarve jagt auf dem Schlammboden
(M 2,1 : 1)

Vermutlich Kolonie von Mikroorganismen oder Reste von organischen Aktivitäten →
Sie wurden im Sommer 1991 gefunden. Durchmesser des schleifenförmigen Gebildes ca. 50 cm. Zerfällt bei geringster Bewegung zu feinen Teilchen.

Detail des Bildes S. 189 oben
(M 1,4 : 1)

Scapania undulata umhüllt am Eintritt des Seebaches als dichtes Polster einen Stein

Torfmoos (Sphagnum cuspidatum) →

Ausgedehnte Unterwasser-Torfmoosrasen im Osten des Sees.
(Bild unten: M 1,4 : 1)

Torfmoos (Sphagnum sp.) mit einem Belag (Goldalgen oder andere Mikroorganismen)

Die Farbe wechselt von Schneeweiß bei Tageslicht in glänzendes Gold bei künstlicher Beleuchtung (Scheinwerfer oder Blitzlicht). Der Belag wurde nur im Juni 1995 beobachtet.
(M 1,4 : 1)

Rasenbinse (Juncus bulbosus f. fluitans) →

Unterwasserform der Rasenbinse.

Großflächiger Unterwasserrasen breitet sich in geringer Tiefe im Norden und Süden des Sees aus.
Die Ausläufer der Rasenbinse dienen der ungeschlechtlichen Vermehrung. Wenn sich die Ausläufer ablösen oder Bodenberührung bekommen, können sie rasch anwurzeln.

Rasenbinse (Juncus bulbosus f. fluitans), 2 m Tiefe

(M 1,4 : 1)

Rasenbinse (Juncus bulbosus f. fluitans)

Fieberklee und Schnabelsegge

Sie wurzeln in der Uferzone unter der Wasseroberfläche. Der größte Teil der Pflanze ragt aus dem Wasser.

Letzte Absprache vor dem Tauchabstieg unter die mittlere schwimmende Insel

Unter der mittleren schwimmenden Insel →

Phänomene, die im Sommer, teilweise bis in den Herbst beobachtet wurden:
Die hellen, fädigen Gehänge bis ca. 5 m Länge an der Decke der schwimmenden Insel zerfallen bei der geringsten Bewegung zu feinen Teilchen. Es handelt sich vermutlich um Mikroorganismen. Sie wurden 1991 von Juni bis September beobachtet.

Die weißlichen, wollfadenartigen, schwebenden Gebilde sind vermutlich ebenso fadenförmige Mikroorganismen. Sie durchsetzen den See. Im künstlichen Licht leuchten sie grell auf. Durch unsere Druckwellen ist ihre meist senkrechte Lage verändert. Typisch das weißliche Gebilde auf der Abbildung rechts unten (Bildmitte). Diese Deutung gilt ebenso für das Bild S. 198.

Im Randgebiet unter der mittleren schwimmenden Insel

Deutung siehe Text S. 196 unten.

→

Randbereich der mittleren schwimmenden Insel

Sie sitzt teilweise auf dem Seegrund auf.

Ein säulenartiges Gebilde zwischen der schwimmenden Insel und dem Seegrund

Niemand weiß, was der Kern dieser „Säule" ist, auf der ein Teil der mittleren schwimmenden Insel zu ruhen scheint.

Jeder Tauchabstieg unter die schwimmenden Inseln fasziniert durch die vielen unterschiedlichen Strukturen

Zerfallserscheinungen der mittleren schwimmenden Insel →

Wo sie zerfällt, häufen sich Sedimenthügel an und die Löcher in der Moordecke werden immer größer.

Auch hier sind die Zerfallserscheinungen der mittleren schwimmenden Insel deutlich sichtbar

Blick von unten auf die schwimmende Moordecke der nördlichen Insel →

Aus dem Torfkörper hängen mehr oder weniger lange Wurzelreste. Sie sind mit einem Algenrasen bewachsen, der nur locker mit den Wurzelsträngen verbunden ist. Im Randgebiet unter dem schwimmenden Torf tummeln sich zahlreiche stäbchenförmige Mückenlarven.

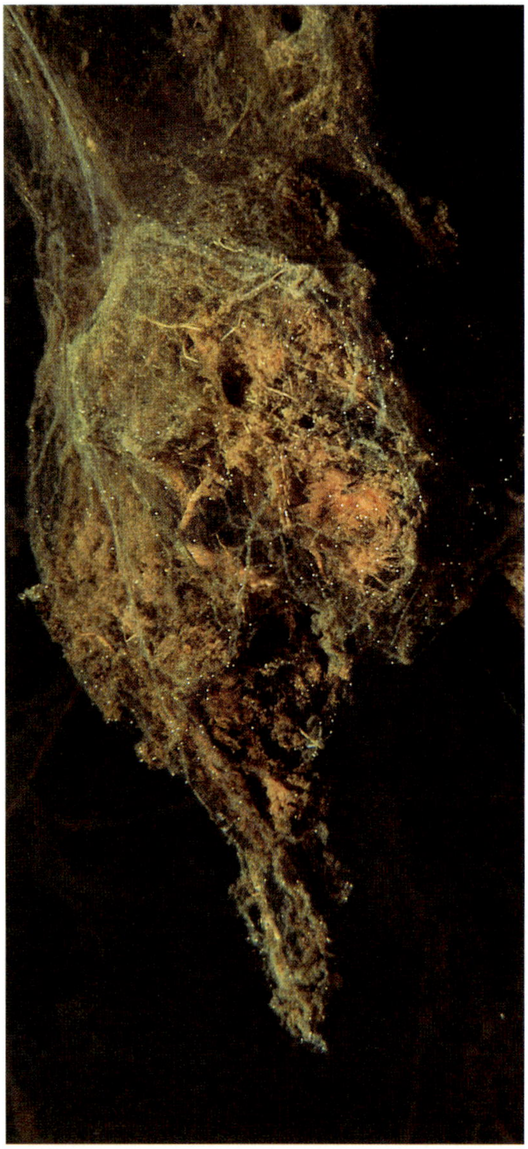

Fadenbakterienartige Gebilde umhüllen wie Spinnweben die Wurzelgeflechte an der Decke der schwimmenden Inseln (Aufnahme Juni 1991)

(M 1,4 : 1)

Bild oben und Bilder S. 205

Belag auf Wurzelwerk im Randbereich unter der mittleren schwimmenden Insel

Im Scheinwerferlicht erscheint der Belag goldfarben (Goldalgen oder andere Mikroorganismen). Dieser Belag wurde nur im Juni 1995 beobachtet. (M 1,4 : 1)

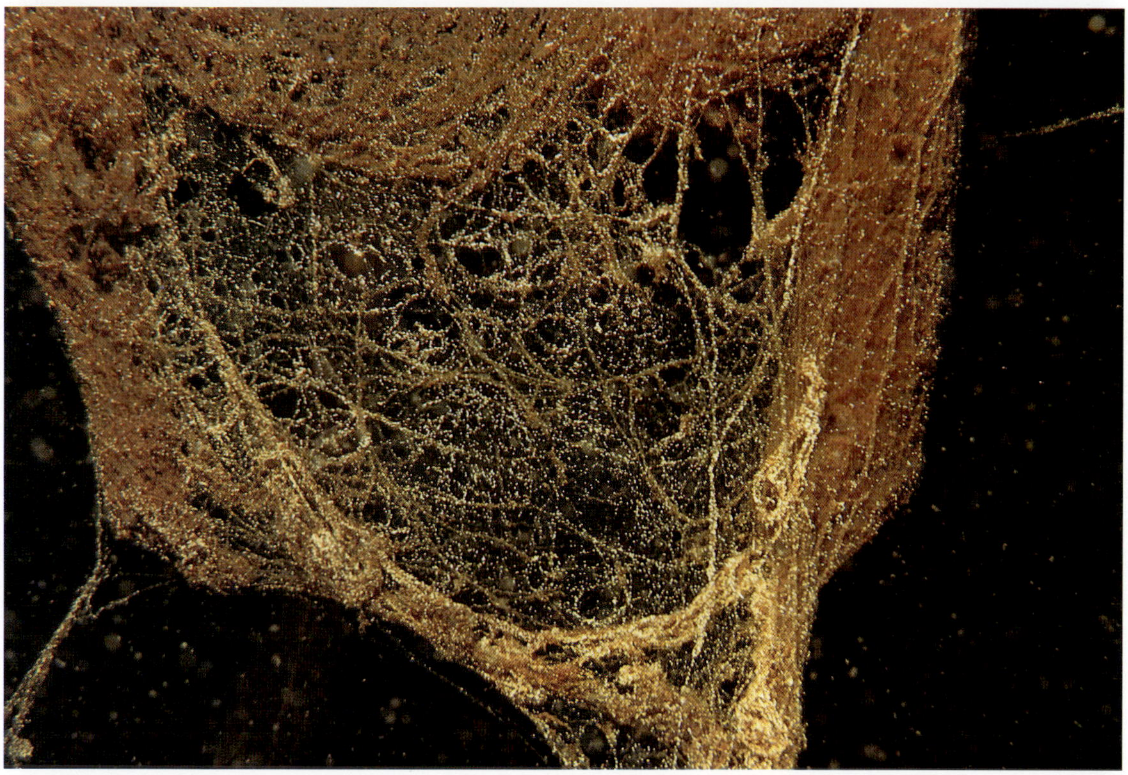

Der Kleine Arbersee im Oktober – im Hintergrund der Große Arber

Herbststimmung am Kleinen Arbersee

Bemerkung zur Vegetation auf den schwimmenden Inseln S. 122

Nach mündlicher Mitteilung von Dipl.-Ing. František Procházka, Dům ú Jelena 61, CZ-38501 Vimperk, befindet sich im Herbarium des Nationalmuseums in Prag ein Herbarbeleg von Hammarbya paludosa, der vom Kleinen Arbersee stammt. Die Pflanze wurde im Jahre 1899 von Paul Hora gesammelt. Hammarbya paludosa ist eine seltene kleine Orchidee, die auf den schwimmenden Inseln und am Ufer des Sees heute noch vorkommen könnte. Wegen ihrer Unscheinbarkeit wird sie wenig beachtet.

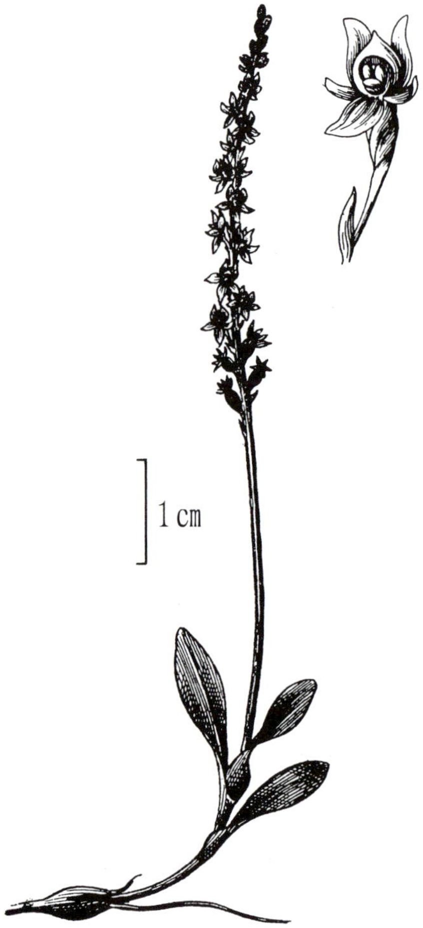

Hammarbya paludosa

Diese Orchidee wächst in der Tschechischen Republik nur in der Gegend von Břehyně, Bezirk Česká Lípa/ Nordböhmen (Aufnahme). Dort herrschen ähnliche Bedingungen wie am Kleinen Arbersee.

Rachelsee

Älteste Darstellung des Rachelsees
Stahlstich von Prof. B. GRUEBER, 1846

Sagen

Eingeschlossen in eine dichte Waldwildnis liegt der Rachelsee am Hang des Rachelberges. Seine oft smaragdgrüne Farbe und unheimliche Lage in der gespenstischen Bergwildnis beflügeln die Phantasie und den Glauben an das Schauerliche besonders. Viele Geschichten erzählen von unheimlichen Geschehnissen, die sich dort zugetragen haben und bis heute nicht vergessen sind.

Ein Rachen des Todes

Der Name Rachelsee führt auf die Hel oder Rachel zurück, wie des Teufels Großmutter heißt. Es ist ein Rachen des Todes, in dessen Tiefe die Verdammten hausen.

Der Rachelsee und die Unterwelt

Die Fische darin haben ein seltsames Wesen und Aussehen, es sind nach der Volksmeinung verwunschene Menschen, die den Tag des

Gerichtes erwarten. – Junge Leute wollten die Tiefe ermessen, da rief es: „Kommst auf mich, so schluck ich dich.“ Schnell warfen sie alles von sich. – Ein Bauer fing Fische, da begann es in seinem Lägel zu weinen wie ein Kind.

Eiserne Pantoffel

Nach alter Sage sollen in dem Rachelsee drei verwunschene Fräulein gehaust haben, von welchen eine die Böse war. Die Böse soll eine Magd mit Pantoffeln erschlagen haben, und an dem Jahrestage, wo sie diese Tat verübt hat, sagen alte Leute, legte sie um die Mittagsstunde, auf dem Rachelsee daherschwimmend, zwei eiserne Pantoffel auf einen in der Nähe des Sees befindlichen schwarzen Stein. Ein Hirt sah diese Jungfrau, wie sie die eisernen Pantoffel auf den schwarzen Stein hinlegte, und bemerkte, daß ihr oberer Körper weiß, der untere schwarz war. Das geschieht in jedem Jahre am Suwendtage, und an diesem Tage sah sie auch der Hirt. Herkömmlich werden die Waldstiere am Suwendtage ausgetrieben; die Hirten getrauten sich aber nicht dem Rachelsee zu nahen, weil sie die drei verwunschenen Jungfrauen fürchteten und weil sich das Vieh im Walde verirrte. In der Tiefe des Rachelsees liegt ein Schatz; es wurden schon Seile hinabgelassen, um die Kiste heraufzuziehen, aber die Leute fanden keinen Grund. Wenn ein Mädchen schlecht spinnt, so wird ihr mit der verwunschenen Frau gedroht.

Sühne

Man erzählt auch von einer alten Burgfrau, bei deren Tod, wie sie im Leben böse und unverträglich war, ein heftiger Sturmwind sich erhob, und ein Schwarm von Raben auf den Sarg sich senkte die ganze Zeit bis es zur Beerdigung kam. Ihr Geist soll einer der letzten gewesen sein, der in den Rachelsee fahren mußte, wo sie in rothem Rock und Mieder, weiß Gott wie lange, zur Sühne ihrer Bosheit umgehen muß.

Pilatus

Im Rachelsee liegt auch Pilatus begraben und regt sich jeden Freitag mit Ungestüm im Gewässer, zur Zeit, wo er Christum verurtheilt hat.

Mörder

Jedes Haus hat hier (im Lusengebiet) seine Sage. Nur die eine vom Wirtshaus: Ein Fremdling bittet um Herberge. Die Ofenbank ist sein Nachtlager. Da hört er in der Nebenkammer Schritte, die immer vernehmlicher werden. Er weckt die Leute; man sucht und findet nichts als im Boden eine Lücke, und darunter vernimmt man das Klirren von Münzen. Niemand kann den Schatz heben. Schließlich gelingt es einem Jesuiten, den man aus Passau holte. Er wird aber ermordet, und die Mörder tauchen noch heute an gewissen Tagen aus dem Rachelsee, in den sie verschafft wurden.

Büßer

Am Abhang des Rachels liegt in einem Kessel ein schauriger See, die Hirten scheuen ihn und die Jäger. Tief drunten auf seinem Grund muß der Landpfleger Pilatus ewig büßen, weil unter ihm unser Heiland hat Gewalt gelitten.
Auch drei Fräulein sind in den Rachelsee verwunschen. Eine davon erschlug bei Lebzeiten ihre Magd mit dem Pantoffel, drum muß die Schlimme zur Strafe in eisernen Pantoffeln gehen. Zur Sonnwendnacht schwimmt sie ans Land und darf die eisernen Pantoffeln abtun. Sie geht barfuß durch den mondscheinigen Wald, und ihre Pantoffeln liegen derweil auf einem Stein. Der Unterleib des Fräuleins ist schwarz, aber das Gesicht und die Brust sind schon wieder weiß, sie hat die schwere Sünde schon halb gebüßt.
Gott schenke allen verirrten Seelen die Rast!

Voller Geister

Am Abhang des Rachels liegt in einem Kessel ein schauriger See, den die Hirten und Jäger scheuen. In diesem See sind die Seelen derer, die im Grabe keine Ruhe finden. So still und ruhig er scheinbar daliegt, so braust und schäumt er und wirft wilde Wellen, wenn ein Steinchen hineingeworfen wird und so die Geister aus ihrer Ruhe gestört werden. Und es ist möglich, daß der See einmal übergeht, wenn ein Stein hineingeworfen wird; dann aber überschwemmt er ganz Böhmen und Bayern. Dorthin sind auch viele Menschen verwunschen worden; so ist von einem Priester aus Kuschwarda ein Wucherer auf den Rachel gebannt worden und einem Hirten, der einen Frevel begangen hatte, ist dasselbe geschehen. Ein Pfarrer in der Mauth (Bayern) soll vor vielen Jahren das Geheimnis gewußt haben, wie man die Verschafften bannt.

Gräfin Weklin

In der Nähe des Marktes Schönberg befinden sich die Ruinen des Schlosses Rammelsberg, ehemals eines der ältesten Schlösser des Bayerischen Waldes. Hier lebte einst die Gräfin Weklin, welche wegen ihrer bezaubernden Schönheit, nicht minder aber auch wegen ihres Neides und ihrer Hartherzigkeit bekannt war. Oft kamen die Armen der Gegend um etwas von den Überresten der reichbesetzten Tafel zu erbitten. Gräfin Weklin wies ihnen stets unbarmherzig die Tür und befahl den Dienern, die Speisereste den Schweinen vorzuwerfen. Da wurde die Gräfin krank und starb schon nach wenig Tagen. In feierlicher Weise wurde ihr Leib in der Ahnengruft beigesetzt. Nachdem das geschehen war, ging die Dienerschaft wieder ihrer gewohnten Arbeit nach. Mit Entsetzen gewahrten die Mägde die Verstorbene unter den Schweinen sitzen und mit diesen aus dem Troge zehrend. Als der Graf davon hörte, ging er zur Zeit der Fütterung in die Stallungen und fand mit Schrecken die Mär bestätigt. Darauf ließ er einen kostbaren Trog anfertigen, ihn in den Schweinestall stellen und zur Speisezeit jedesmal mit den köstlichsten Sachen füllen. Aber die Gräfin saß immer wieder unter den Schweinen. Nun rief er einen Einsiedler zu Rate, der in der Nähe hauste. Der verbannte die Gräfin an den Rachelsee. Ehe sie aus dem Stalle verschwand bat sie noch: „Bringt mir jedes Jahr ein Paar eiserne Schuhe an den Ort meiner Verbannung! Ich muß noch weiter büßen für meinen Neid.“ Von der Stunde an ging der Geist der Gräfin am Rachelsee um, der damals noch mit Urwald umgeben war und selten eines Menschen Antlitz sah. Alljährlich stellte man ihr an das Ufer des Sees die gewünschten Schuhe. Wenn sich dann und wann die Hirten mit ihrem Vieh an den See verirrten, sahen sie die Gräfin in weißem Kleid und mit aufgelösten Haaren weinend am Ufer sitzen oder schwerfällig über den Wasserspiegel schweben, wobei sie die eisernen Schuhe in die Tiefe zu ziehen drohten. Seit einiger Zeit ist sie verschwunden. Ob sie wohl erlöst ist?

Nach einer im Pfarrhofe zu Hutthurm liegenden Handschrift war die Frau des im Jahre 1495 verstorbenen fürstbischöflichen Pflegers Degenhart von Wotzmannsdorf zu Leuprechting (Leoprechting) Sabina, ungemein geizig. Sie hatte vor ihrem Tode all ihre Kostbarkeiten vergraben und mußte zur Strafe nachher „umgehen“. Nachdem sie bereits lange ihr Unwesen in ihrem ehemaligen Wohnsitze getrieben hatte, wurde sie in einen jenseits des Inn gelegenen Teich verbannt, wo man sie oft als großen, schwarzen Fisch, der auf dem Rükken einen Bund Schlüssel trug, sehen konnte.

Vum Rachlsee

Vum Rachlsee habts ös gwiß scho gheat. No, bo dem is nöt recht saba, da herst dö bsunderstn Sachan vozejn. So hoaßt's a, ma kannt'n nöt dagründn. Amoi hat's do oana probiert; hot a Zejn gnumma, hot an Schtoa ön an langa Schtrick obundn un is mittn in d' Mitt vum See einögfahrn. Schö langsam hot a r an Schtoa obölossn. Af omoi, wia r eahm sched da Schtrick is asganga, tuat's an Schnalla, aß'n schia öns Wossa assögrissn hot, un a Wäbaläd hot a schreia hean: „Gründst du mi, so schlind i di!“ Is d' Seejungfra gwen. Do ist eahm hoit do d' Schneid asganga un hot gschat, das a as n Wossa assa kimmt. Hot's nimma gwogt!

A n andas Moi hand zwö Hoizoabata hoamganga. Wia s'grad finsta wird, kömman s' zon See hi. Dawei is a Mordswöda afgschtiegn un dö zwö hand nix bössers z'toa gwißt, ais as a sö än a Rana voschloifan. Wias Wöda umi is gwen uns 's Renga afgheat hot ghot, is 's na do scho z'finsta zon hoamgeh gwen, hands ön eahnana Rana liegn bliebn. Da – um dö zweift Schtund – sehng s' grod 's Seefräu(l)n as'n Wossa steign; 's da(u)at nöt lang, kimmt's a zon ea hi un sehgt, wia dö zwö d'Köpf assaröckan as eahnan Baam. Oamoi geht's uma drum zwoamoi, drämoi. Oft bläbt's schteh. „Hm" moant's un schüttlt an Kopf dazua, „wos is iatzunda dös? Zwö Köpf un koanö Füaß! Da maou i mei Guckahl hoin". D'Guckahl hamd sö dö zwö nimma z'sehng volangt un hand glofa, wos lafa ham kinna, eahnana Hoamat zua.

Die Geisterfische

Die Fische im Rachelsee haben ein gar eigentümliches Aussehen. Nach der Volksmeinung sind sie verwunschene Menschen, die dort oben den Tag des Gerichtes erwarten müssen. Ein Bauer, der nichts davon wußte, trug einmal einige Fische mit nach Hause, um sich eine gute Mahlzeit zu bereiten. Unterwegs aber fing es in seinem Fischsack an zu weinen, so traurig und kläglich, daß er die Fische wegwarf und davonlief. Und ein anderesmal, wie ein Mann im Rachelsee gefischt hatte und mit dem vollen Fischlagel auf dem Heimwege war, hörte er auf einmal die Fische reden und fragen: „Wo sind wir denn schon?" Da erschrak der Fischer und warf das Lagel fort. Am nächsten Tag suchte er die Stelle auf, aber fand weder Fische noch Lagel.
Einmal wollten einige junge Leute die Tiefe des Sees untersuchen; da vernahmen sie eine Stimme aus dem Wasser;

„Kommst auf mich,
So schluck' ich dich!"

Da warfen sie alles von sich und suchten den Rückweg.

Der tiefe See

Am Abhang des Rachel liegt in einem Kessel ein dunkler See, den scheuten einst alle Hirten und Jäger und die Fischer erst recht. Denn mit den Fischen im Rachelsee ist es nicht geheuer. Sie haben feuerrote Augen und können reden. Ein Bauer, der davon nichts wußte, fing dort heimlich Fische, und als er das Lägel voll hatte, ging er damit nach Hause. Da hörte er unterwegs aus dem Lägel ein Schnalzen und dann wieder ein klägliches Wimmern. Als er aufmachte, fingen die Fische gar zu sprechen an und fragten: „Wo sind wir denn?" Da überkam den Bauern der bleiche Schrecken, er warf das Lägel fort, rannte mit langen Beinen heim, und dabei brach ihm der Schweiß aus der Haut.
In dem See wohnen die Seelen solcher Menschen, die im Grabe keine Ruhe finden konnten. Drei Fräulein sind in den Rachelsee verwünscht. Die eine erschlug bei Lebzeiten ihre Magd mit dem Pantoffel; darum muß sie zur Strafe in eisernen Pantoffeln gehen. Die andere hat zu Lebzeiten mit dem Brot gefrevelt, dafür muß sie nun die Fische mit Brot füttern und selber bitteren Hunger leiden. Die dritte aber hat ihre blinde Schwester beim Erbteilen betrogen, dafür muß sie so lange Wasser herausschöpfen mit hohlen Händen, bis der See ganz leer ist.
Der See soll grundlos sein. Ein Stein, den man hineinwirft, muß fallen bis in die Ewigkeit. Einmal bauten sich kecke vorwitzige Burschen ein Floß und ruderten damit in die Mitte des Sees. Dort warfen sie einen Bleikegel aus und wollten die Tiefe messen. Aber der Strick reichte nicht, so lang er auch war. Auf einmal wirbelte das Wasser in die Höhe und von unten herauf hörte man einen Schrei:

„Gründst du mich,
so schlünd ich dich!"

Da verging den Burschen ihr Vorwitz. Sie ruderten schnell ans Ufer und redeten nie mehr ein Wort vom tiefen See, der sein Geheimnis hat wie alles auf der Welt.

Eine Frau wird in den Rachelsee verschafft

Eine sogenannte „bessere Frau" geht nach dem Tode um, das heißt sie „reigiert". Sie fordert, daß man sie unter die Griesbacher Brücke am Flanitzbach verbanne. Dort könne sie, wie sie sagt, wenigstens ihre Dienstknechte sehen, wenn sie vorbeikämen. Man erfüllt ihr aber den Wunsch nicht, sondern verschafft sie in den Rachelsee:
Ös soj a Bessane gwen saa. Und dö hot greigiert. Und wia s ös voschofft hättnt, ejtz hot s gsogt: „Ödt Griesböcka Bruck mecht i aussö. Wenn maane Knecht vürfahrnt, daß ös na sehg!" Owa sö hamand s net aussö ta und hamand s am Rai-See affö voschofft.

Schwimmende Pferdeköpfe

In den Rachelsee sind früher alle armen Seelen verschafft worden. Von Zeit zu Zeit hat man dort zwei Pferdeköpfe schwimmen sehen. Dann sind sie erlöst und nie mehr gesichtet worden:
Do hamand s friahras dö ganzn Oama Sejn am Rai-See voschofft. Und do hand dano owei zwä Roßköpf am Rai-See gschwumma, bis s ös dano daleest hamand.

Der See redet

In Frauenau lebt eine reiche Bäuerin, die sich in der Kuhmilch badet, bevor sie diese verkauft. Eine seltsame Tugend! Als sie gestorben ist, muß sie umgeistern. Da kann kein Geistlicher helfen, außer der Pfarrer und der Kooperator von Kirchdorf im Wald. Die Kirchdorfer Holzhauer, beim Glashüttenherrn v. Poschinger in Arbeit stehend, werden Zeugen des Vorganges. Sie hören aus dem Munde der unerlösten Seele dies: „Will unter die Regener Brücke verbannt werden, dorthin, wo die Figur des hl. Johannes von Nepomuk steht!"
Weil die Geistlichen aber befürchten, daß dann niemand mehr, vor allem nicht zwischen zwölf Uhr nachts und fünf Uhr früh die Brücke ohne Anfechtungen passieren kann, lehnen sie das Ansuchen ab. Man verschafft die ruhelose Tote vielmehr in den Rachelsee, der seit dieser Zeit reden soll. Einmal hat man versucht, seine Tiefe auszuloten. Und wieder hat sich der See mit Menschenworten gemeldet:
„Willst Du mich ergründen, so will ich dich verschlingen":
Ö dar Au is amoi a recht a reiche Bairön gwen. Und dö hot dö Dugat ghot, daß s d Mil erscht vokafft hot, wenn s a sö zerscht e da Mil bodt hot. Und wei s gstoam is gwen, ejtz hot s aa nix wos greigiert. Oi Geistliche hamd s scha zuaraghoit und neapt hot hejffa kinnt. Hamd s aa an Kiadoaffa ghoit, an Pfarra und an Kowaradda. Und vo Kiadoaf hand do zo da sejn Zeit vej von Poschinga e da Frauenau do e da Hoizoawat gwen und ejtz hand d Kiadoaffa Hoizhaua natirli mit ei und hand heraußt higstandn und hamd eah a Loitan agloit und hand affekraxlt, ob sö s ebba sehngt. Und oana is affegstiegn und der is in aschlön wiedar owagfoin: „Na", hot a gsogt, „koinschwarze sitzt s am Tisch drin. Und d Zottn hängand ihr iwa s Gsicht owa!" Iatz hamd sö dö onan aa nimmar affö traut.
Dawei het dö nedda grod unta d Rengara Bruck aussö möng, wo da Nepomuk steht. „Na", hamd dö Geistlinga gsogt, „dös kimmt iwahaupt net in Frage, dös foit uns goar net ei, do kannt z guata Letzt neamt mehr iwa d Bruck iwageh. Dös foit uns net ei. Zwischa Zwejfö und Fimfö e da Friah, dö Leit tatst oizam du hamstern, dö wou iwa gangatnt!"
Und a so hamd s dö Geistlinga en Rachlsee ei voschofft. Und seit daher schmatzt da Rachlsee. Und do soitn s frihar amoi an Rachlsee messn hom wejn, wia doif daß ar is. Und do muaß oana dö Sprach ghert hobn: „Willst du mich ergründen, so will ich dich verschlingen!"

(HALLER, 1983)

Hinweis: Die Sagen wurden im Originaltext übernommen.

Der Rachelsee – Lage, Struktur und Hydrologie

Der Rachelsee liegt 1071 m über NN (Normal Null, d. h. Meeresspiegel) südöstlich des 1452 m hohen Rachelgipfels und hat eine Wasserfläche von 5,7 ha. Im Norden des Sees erhebt sich die Seewand. Sein geologischer Untergrund besteht im wesentlichen aus Gneis. Unter dem Wasserspiegel liegen zwei Becken

- ein nördliches, nahezu quadratisches Becken mit einer maximalen Wassertiefe von ca. 3 m
- ein südliches, annähernd rundes Becken mit einer maximalen Wassertiefe von ca. 13 m.

Wie Untersuchungsergebnisse (HAUNER, 1980) zeigen, ist der gesamte Seeboden mit einem bis zu 6,5 m mächtigen, in oberen Lagen an Holzteilen reichen und schlammigen, tonig-schluffigen Lockersediment ausgekleidet. Das unter diesem Sediment liegende Felsbecken im hinteren Teil des Sees erreicht unter dem Wasserspiegel eine Tiefe von 9,5 m, der feste Untergrund des vorderen Beckens (alter Talboden) wurde bei ca. 17 m Tiefe gefunden. Die beiden Becken sind durch eine Felsbarriere, den Karriegel, getrennt. Das vordere Becken wird durch einen steil abfallenden Blockwall, die Endmoräne, abgedämmt. Allgemein nimmt die Schlammächtigkeit zum hinteren Abschluß des Sees zu, was mit dem Sedimenttransport der Zuflüsse zu erklären ist. Bei 1 m Wassertiefe ist die Schlammschicht bis zu 5 m mächtig. Die 10 m breite Verlandungszone am Nordrand des Rachelsees gibt uns Hinweise auf eine rezente Verschlammung und Vermoorung des Sees. Die Verlandung ist im Vergleich zum Großen Arbersee wegen des kleineren Beckens weiter fortgeschritten.

Das Wassereinzugsgebiet erstreckt sich über ca. 0,7 km^2. Wesentlicher Zufluß ist der Seebach, der an der oberen Abbruchkante der Seewand in 1300 m Höhe entspringt. Etwa 500 m unterhalb des Sees vereinigt sich der Seebach mit dem Rachelbach, der aus dem Hochmoor des Alten Sees entspringt, und einem kleineren Zufluß aus dem Hochgfeichtet. Nach weiteren ca. 3,5 km Bachstrecke und ca. 300 m Höhenverlust fließt der Seebach mit dem Hinteren Schachtenbach und dem Vorderen Schachtenbach zur Großen Ohe zusammen.
Nach Mitteilung der Nationalparkverwaltung erfuhr der natürliche Damm des Rachelsees bereits 1835 Veränderungen durch eine Aufschüttung um ca. 1 m im Zusammenhang mit dem Ausbau des Rachelsees als Triftklause (Aufstau für den Transport von Baumstämmen auf dem Wasserweg in das Tal). Der relativ gleichmäßige Innenabfall des Dammes geht auf Ausbesserungen und Glättungen im Jahre 1961 zurück. Auch der Triftkanal zwischen dem Alten See und dem Rachelsee, der eine teilweise Trockenlegung des verlandeten Alten Sees nach sich zog, wurde 1835 erstellt. Dieser Triftkanal durchschneidet einen Felssporn, der zur Karschwelle des Alten Sees gehört. Ihr lagert eine Blockmoräne auf. Hier handelt es sich (nach Rücksprache mit Prof. Dr. D. J. Manske, 93177 Altenthann) vermutlich um ein spätglaziales bis frühestholozänes Gletscherrückzugstadium, dessen Endmoräne direkt auf dem Karriegel auflagert. Der Alte See wurde damit nicht nur vom Karriegel, sondern zusätzlich von der auflagernden Endmoräne abgedämmt. Demnach war der Alte See ein klassischer Karmoränensee.
Die geschützte Lage des Rachelsees im Talkessel und die Einbettung in eine dichte Waldwildnis lassen dem Wind wenig Zutritt, so daß kaum eine Durchmischung der obersten Wasserschichten stattfindet.
Der See erwärmte sich im Sommer der letzten Jahre an der Oberfläche bis zu 21,5 °C. In der gemessenen Tiefe von 11 m lag die Temperatur zu dieser Jahreszeit bei durchschnittlich 6,4 °C. Dieser Wert wurde ermittelt aus den jährlichen Messungen zwischen 1984 und 1996. Siehe Tabellen S. 242 ff.

Geomorphologische Entstehung des Seebeckens

(Siehe auch „Entstehung der Eiszeitseen" S. 19)

Der Rachelsee ist wie der Große Arbersee ein Kar-Endmoränensee (auch als Kar-Zungenbeckensee bezeichnet).
Er entstand in der letzten Kaltzeit (Würmeiszeit). Der Rachelsee ist durch einen auf glaziale Akkumulation (eiszeitliche, etappenweise Ablagerung) zurückgehenden metermächtigen Blockwall (Endmoräne) aufgestaut (HAUNER, 1980). Dieser dokumentiert den letzten Gletscherstand in einer Folge von Rückzugsstadien des Rachelsee-Gletschers. Das hinter ihm liegende ca. 17 m tiefe Seebecken ist ein Zungenbecken. Trotzdem kann der Rachelsee nicht als Zungenbeckensee bezeichnet werden, denn das hintere Felsbecken ist ein genetisch eigenständiges Karbecken, das durch eine Felsbarriere vom vorderen Becken getrennt wird. Man nennt diese Erscheinungsform Kar-Endmoränensee oder Kar-Zungenbeckensee. Nur der Tatsache, daß die Kuppe des letzten Moränenwalls höher liegt als die Karschwelle des Talendengletschers, ist es zu verdanken, daß sich über beiden Becken eine einheitliche Seefläche ausdehnt.
Der vereinigte Rachel-Gletscher (unterhalb Rachelsee, Alter See und Karoid am Hochgfeichtet) setzte sich, wie der Verlauf der Moränenwälle zeigt, aus drei Teilgletschern zusammen, die ihren Ursprung in den Karen[1]) des Alten Sees, Rachelsees und im Hochgfeichtet-Karoid hatten (HAUNER, 1980).
Demzufolge existieren hier anschließend an die Karbereiche bis zur Konfluenzstufe im Gegensatz zu den Arberseen zwei Mittelmoränen, die sich während des Spätwürms zwischen den drei Eisabflüssen gebildet haben. Jene zwischen dem Alten See und dem Rachelsee beginnt in 1055 m Höhe und zieht sich bis 1095 m den beide Kare trennenden Felsrücken hinauf. Von ihr gehen beiderseits

---

[1]) Durch Hanggletscher entstandene sesselähnliche Hohlformen mit steilen Rück- und Seitenwänden, schroffen Graten, meist aus eiszeitlichen Firnmulden oder Talschlüssen hervorgegangen.

zwei Seitenmoränen ab, von denen die jeweils oberste einen See aufstaut,

- den Rachelsee als Kar-Endmoränensee in 1071 m Höhe und
- den vermoorten, verlandeten Kar-Endmoränensee am Rachelbach in 1056 m Höhe. Die Blöcke unterhalb des Rachelsees sind vermutlich durch den Rachelbach herausgewaschen worden.

Im Bereich des nördlichen Rachelgletschers sind mehrere treppenartige, übertiefe, heute vermoorte Absätze innerhalb des Kars in einer Höhe von 1050 m, 1100 m und 1200 m zu erkennen, wobei Teile dieser Karschwellenansätze[1]) Gletscherschliffe aufweisen.

Die Hochwürmmoränen liegen nach einer deutlichen Konfluenzstufe 1,5 km bis 2,5 km unterhalb des Rachelsees.

Glazialmorphologische Untersuchungen zu Beginn der 70er Jahre (Prof. Dr. D. J. Manske mit Dr. U. Hauner) ergaben etwa 2 km bis 3 km unterhalb der Hochwürmmoränen zwei mächtige, der Rißeiszeit zugeordnete Moränenwälle mit vorgelagertem Sandrfeld. Sie sind der Beweis dafür, daß sich im Gebiet des Großen Rachels während der Rißeiszeit ein gewaltiger Gletscher talabwärts bewegt hat.

Zur Entstehung des Seebeckens siehe Schema als angenommene Situation während des Hochwürms S. 20.

Versauerung des Rachelsees und Auswirkung auf die Tier- und Pflanzenwelt

Ursache und Auswirkung der Versauerung wurde für die drei Eiszeitseen des Bayerischen Waldes allgemein unter „Versauerung der Seen und Konsequenzen für die Tier- und Pflanzenwelt“ S. 23 geschildert. Tabellen mit chemischen und physikalischen Werten des Rachelsees s. S. 242 ff.

Im folgenden werden einige Details des Rachelsees speziell behandelt.

Das Wassereinzugsgebiet des Rachelsees liegt größtenteils im Bereich des Bergfichtenwaldes. Aus Nadelwäldern ist der Protonenaustrag (Säureaustrag) höher als aus Misch- oder gar aus Laubwäldern. Deshalb war der pH-Wert im Rachelsee auch zu früheren Zeiten mit 5,0 bis 5,2 niedrig (STEINBERG, u. a., 1985).

Bereits im 14. Jahrhundert erfuhr der Rachelsee eine anthropogene Beeinflussung (ROSENBERGER, 1985). Zu dieser Zeit wurden im Bayerischen Wald erstmals Glashütten errichtet. Die Beheizung der Glasschmelzöfen und die Herstellung von Pottasche erforderten große Holzmengen. Durch die Holzverbrennung und durch das Schmelzen des Sandes wurden Rauchgase und Schwermetalle in die Atmosphäre emittiert und mit den Niederschlägen in das Einzugsgebiet und in den See eingetragen.

Eine weitere anthropogene Versauerungsquelle könnte darin gesehen werden, daß Mitte des 18. Jahrhunderts sulfidische Erze aus der Rachelwand gefördert wurden und im Sediment des Sees ihre Spuren hinterlassen haben. In den Sedimentschichten, die in jener Zeit abgelagert wurden, fand sich ein auffallend hoher Mineralanteil. Der sulfidische Schwefel wird durch den hinzutretenden Luftsauerstoff zu schwefeliger Säure und Schwefelsäure aufoxidiert.

Das darüber- und darunterliegende Sediment besteht fast nur aus organischem Material. Nach Einstellung des Grubenbetriebes führte die Silikatverwitterung im Einzugsgebiet wieder langsam zu höheren pH-Werten – die Säurebelastung wurde kompensiert (STEINBERG, u. a., 1985).

In den vergangenen Jahrzehnten trat eine erneute Versauerung auf, wobei sich 1984/1985 pH-Werte von rund 4,4 einstellten. Im Jahr 1987 wurde sogar ein pH-Wert von durchschnittlich 3,8 gemessen. In den letzten Jahren ist jedoch wieder ein Anstieg zu verzeichnen. Der pH-Wert lag 1996 bei ca. 5 (Tab. S. 247).

Ebenso wie an den beiden Arberseen wurde die Erhöhung der Protonenkonzentration (Zunahme der Versauerung) durch die sauren Niederschläge verursacht. Als Folge der Versauerung trat, wie bei den anderen Seen, eine starke Erhöhung der Aluminiumkonzentratio-

[1]) Karschwellen schließen das Kar nach unten ab; oft ein steiler, gerundeter Felsriegel.

nen des Wassers auf. Dadurch kam es zu einer Ausfällung von Huminsäuren und einer damit verbundenen deutlichen Zunahme der Wassertransparenz. Dies hatte entscheidende Folgen im biologischen Bereich (MELZER, u. a., 1985).

Tierwelt

Der Rachelsee war von Natur aus ein saures Gewässer, dessen pH-Wert vor der anthropogenen Versauerung vermutlich bei 5,0 bis 5,2 lag. Wie eine Arbeit von GÜMBEL (Zitat S. 25) belegt, sind frühere Fischvorkommen nicht verbürgt! Wissenschaftliche pH-Wert-Rekonstruktionen stützen GÜMBELS Beschreibungen (Zitat S. 25) und die Angaben von THIEM (1905)[1]), wonach bereits 1887 das Wasser wegen Mangel an Kalksalzen und anderen Nährstoffen das Leben der Fische nicht unterhalten konnte. Dagegen bemerkte GÜMBEL verschiedene Insekten und Insektenlarven im See.
Bei den Tauchabstiegen 1989 wurde ein reges Insektenleben von Rückenschwimmern, Wasserspinnen, Larven von Libellen, Schlammfliegen, Köcherfliegen u. a. beobachtet. Der pH-Wert lag bei rund 4,8 (siehe „Tagebuch über die Untersuchung der Unterwasserwelt des Rachelsees", C. WEILNER, 1989, S. 223).

Pflanzenwelt

Der Ergebnisbericht von A. MELZER, u. a., 1985, der nach einer Tauchkartierung veröffentlicht wurde, enthält folgende Darstellung zur Pflanzenwelt:
„Da der Rachelsee von Natur aus vermutlich einen pH-Wert von 5,0 bis 5,2 hatte, konnten sich hier, wenn überhaupt, nur acidobionte (größte Häufigkeit bei pH < 5,5) Makrophyten (höhere Pflanzen) behaupten. Ältere Florenangaben konnten nicht gefunden werden. Somit ist ein Vergleich mit den festgestellten Vegetationsverhältnissen nicht möglich.
Die Makrophytenvegetation kann als sehr artenarm und gleichzeitig als spärlich bezeichnet werden. Als einziger Vertreter des Röhrichts erreicht lediglich Carex rostrata (Schnabelsegge) größere Häufigkeiten – vor allem in der Nordbucht, wo sich im Gegensatz zu den anderen Teilen des Sees ein Verlandungsufer ausgebildet hat. Die einzige submerse Samenpflanze ist Juncus bulbosus f. fluitans (Rasenbinse), die selten auftritt. Innerhalb der Gruppe der Moose ist der Artenreichtum relativ groß – es kommen acht Arten vor – aber es waren nur wenige Exemplare je Art zu finden (S. 231). Am häufigsten kam Sphagnum auriculatum vor – es trat nur als einzeln wachsende Pflanze dieser Art auf. Bis auf Marsupella emarginata und Marsupella sphacelata kamen die übrigen Moosarten auch im Großen Arbersee vor.
Es fiel auch noch das Vorkommen der Rotalge Batrachospermum auf, die nicht zur Gruppe der makrophytischen Wasserpflanzen gezählt wird. Wegen ihres häufigen Auftretens in versauerten Gewässern stellt sie einen wichtigen Indikator dar. Alle beobachteten Exemplare wuchsen auf umgestürzten Baumstämmen, die auf dem Seegrund umherliegen – sie benötigen für die Ansiedlung einen festen Untergrund.
Die Gründe für den geringen submersen Bewuchs können nicht ohne weiteres abgeschätzt werden. Entsprechend den Beobachtungen hat sich fast im gesamten Bereich der Uferbank eine dicke Schicht unzersetzten Falllaubs, hauptsächlich von Fagus sylvatica (Rotbuche), gebildet. Es ist denkbar, daß die jährliche Ablagerung von neuem Laub so stark ist, daß die Sphagnen (Torfmoose) größtenteils überdeckt werden und so zu keinem Massenwuchs kommen können.
Weiter fallen große Kolonien wattefädiger Grünalgen auf, die dem Sediment locker aufliegen und die Sphagnen häufig mit einhüllen. Bei diesen Watten handelt es sich hauptsächlich um Mougeotia spec. (Plattenalgen).
Die ebenfalls beobachteten, oft mehrere Quadratmeter großen Blaualgen-Überzüge liegen der Fallaubschicht dicht auf und dürften ein Wachstum der Sphagnen kaum negativ beeinflussen. Sphagnen sind in der Lage, Kationen gegen Protonen auszutauschen. Bei diesem Vorgang werden nicht nur die für die Sphagnen als Nährstoff dienenden Alkali- und Erdalkalimetalle ausgetauscht, sondern auch

[1]) STEINBERG u. a. 1985.

Schwermetall- und Aluminiumionen. Da diese im Sediment und Freiwasser des Rachelsees gelöst in hohen Konzentrationen vorkommen, wäre es denkbar, daß dieser Effekt für das seltene Vorkommen von Sphagnen im Rachelsee verantwortlich zu machen ist."

Zur Pflanzenwelt siehe auch „Tagebücher über die Untersuchung der Unterwasserwelt des Rachelsees" C. WEILNER, 1989, S. 223, und 1995, S. 233. Es entstand der Eindruck, daß eine schwache Zunahme der Wasserpflanzen erfolgte.
Eine Seekarte mit den dominierenden Unterwasserpflanzen konnte nicht erstellt werden, da zwei weitere, hierfür geplante Tauchabstiege nicht mehr genehmigt wurden. Deshalb wurde eine Karte mit der Makrophytenvegetation von Melzer, u. a., 1985 beigefügt (S. 231).
Im oben erwähnten Tagebuch von 1989 sind auch Phänomene dokumentiert, die bisher in der Literatur nicht beschrieben wurden. Sie sind beim ersten Tauchabstieg im Juli 1989 entdeckt worden, traten mit größter Häufigkeit im August auf und waren im November wieder völlig verschwunden:

- Es bildeten sich am Seegrund ab ca. 4 m Tiefe vereinzelt bis mehrere Meter lange weißliche Stränge, die kreuzweise verstrickt und schleifenförmig gebündelt den Seegrund besiedelten. Mit zunehmender Tiefe verdichteten sich diese Gespinste und bildeten ab ca. 8 m und bis hinunter in die maximale Seetiefe von 13 m einen geschlossenen Belag, der das gesamte Seebecken in diesem Tiefenbereich auskleidete (Bilder S. 266, 267, 268, 269, 270).
- Überall im See fanden sich oft senkrecht schwebende, wollfadenartige, das Wasser relativ gleichmäßig durchsetzende Gebilde meist bis 10 cm Länge. Im künstlichen Licht reflektieren sie eine weißliche Farbtönung. Ohne künstliches Licht sind sie unsichtbar (vgl. Bild S. 261 unten und oben).

Bei dem Tauchabstieg am 27. Oktober 1995 (Tagebuch S. 233) waren die weißlichen Stränge, die kreuzweise verstrickt und schleifenförmig gebündelt an der tiefsten Stelle des Sees im Sommer 1989 (Tagebuch S. 223) einen dichten Belag bildeten, nicht vorhanden. Es besteht deshalb die Annahme, daß diese nur in den Sommermonaten existieren. Da lediglich in einem Sommer dort getaucht werden konnte[1]) (Tagebuch 1989, S. 223), ist nicht erwiesen, daß dieses Phänomen öfter auftritt.

Im Gegensatz zum 17. November 1989, wo der Seeboden hier keinerlei Belag aufwies (Bild S. 271), fand sich am 27. Oktober 1995 eine feine bräunliche Schicht mit einem zähen, dichtgewobenen Blaualgenfilz, die den Tiefenbereich von 8 m bis 13 m auskleidete (Bilder S. 275 unten, 276, 277).
Bei dem Tauchabstieg am 27. Oktober 1995 (Tagebuch S. 233) wurden auch keine senkrecht schwebenden, wollfadenartigen Gebilde gefunden, wie sie im Sommer 1989 (Tagebuch S. 223) dokumentiert werden konnten. Weil im Sommer 1995 kein Tauchabstieg erlaubt wurde – diesmal hätten Proben entnommen werden sollen – bleibt es ungeklärt, um welche Substanzen es sich bei dem oben erwähnten weißlichen Bodenbelag und bei den schwebenden Gebilden handelt. Vermutlich sind dies Organismen verschiedener Erscheinungsformen.
Am 27. Oktober 1995 wurden gezielt Proben von der Seebodenoberfläche genommen. Die Untersuchungsergebnisse dieser lt. Tagebuch, S. 233, aus dem Rachelsee entnommenen Mikroorganismenproben sind auf S. 237 zusammengefaßt. Entsprechend dieser Resultate ist der Rachelsee arm an Mikroorganismen.

Der heilige See

13. Juli 1989, Mittagszeit – fast schwerelos gleiten wir in die Tiefe des smaragdgrünen Wassers. Das perlende Geräusch der Ausatemluft aus dem Lungenautomaten begleitet uns. Langsam geht das Tageslicht in Dämmerstimmung über. Für einen Moment träume ich. Kann es denn wahr sein, daß der langersehnte Wunsch, im Rachelsee zu tauchen, nun in Er-

[1]) Keine weitere Taucherlaubnis.

füllung geht? Jahrelang war es aus Naturschutzgründen aussichtslos, die Tauchgenehmigung zu bekommen. Die Aufseher der Nationalparkverwaltung führen strenge Kontrollen durch. Zum Schutz der Landschaft können Touristen nur von einer Seite an den See. Die vorgeschriebenen Wege in dieser traumhaften Wildnis dürfen nicht verlassen werden. Das zugängliche Ufer ist absolut saubergehalten. Es darf hier nicht einmal geraucht werden. – Man hat einen Heiligenschein um den Rachelsee gelegt. –
Nun hatten wir die Sondererlaubnis, eine Unterwasserdokumentation zu erstellen. Es gibt bisher nur Aufzeichnungen über die submersen (in das Wasser eingetauchte) Randgebiete geringer Tiefen mit ihrer spärlichen Vegetation.
Die plötzlich eintretende eisige Kälte reißt mich aus meinen Gedanken – es ist ziemlich dunkel, die beiden Tauchpartner Norbert und Hermann schwimmen eng an meiner Seite. Wir sind an der tiefsten Stelle des Sees angekommen. Der Tiefenmesser zeigt 13 m an, die Temperatur liegt bei 5 °C. Der Seeboden ist bedeckt mit einem eigenartigen, im Scheinwerferlicht weißlich erscheinenden, dichten Geflecht aus langen Fäden und schleifenförmig gebündelten Strängen, wie von Kinderhänden spielerisch hingeworfen. Wir lassen soviel Luft aus der Tauchflasche in die Rettungsweste, bis wir knapp über dem See-

boden dahinschweben, ohne Schlamm aufzuwirbeln. Dies würde Sedimentschichten vermischen und die natürlichen Prozesse stören. Das Wasser ist durchsetzt mit oft senkrecht schwebenden, wollfadenartigen Gebilden. Da sie nur im Scheinwerferlicht sichtbar werden, erscheint die Umwelt gespenstisch. Sehr langsam bewegen wir uns vorwärts und betrachten den Bodenbelag. Vereinzelt tauchen im Scheinwerferlicht etwa 5 cm lange, braune Röhrchen auf, die sich gemächlich auf dem fädigen Bodenbelag dahinbewegen. Aus kurzer Entfernung identifizieren wir diese Röhrchen als Köcher der Köcherfliegenlarve. Kopf und Beine der Larve ragen am etwas dickeren Ende aus dem Köcher, in den sie sich bei Gefahr vollkommen zurückziehen kann. Sie ernährt sich von frischen oder verrottenden Pflanzen. Ihren Köcher baut die Larve mit den Mundwerkzeugen und den Vorderbeinen. Dazu verwendet sie verschiedene Materialien, die ihr gerade zur Verfügung stehen, wie beispielsweise Stücke von Blättern, von Schilf, Baumnadeln, Samenkörner, auch Steinchen. Die Larve häutet sich 5- bis 6mal in ihrem Köcher. Nach 2 bis 3 Wochen Verpuppungszeit verläßt das Insekt sein Gehäuse und schwimmt mit Hilfe der Fühler und Flügelscheiden an die Wasseroberfläche. Die Puppenhaut bricht auf, die Köcherfliege schlüpft und startet in eine „andere Welt". Was für ein Erlebnis mag sie wohl hierbei haben – plötzlich in der Luft, die Sonne, die bunte Landschaft – niemand weiß es. Doch falls sie es empfindet, das Traumerlebnis ist nur von kurzer Dauer – Köcherfliegen leben im allgemeinen nicht länger als wenige Wochen.
Wir schweben über riesige Bäume hinweg, die vor vielen Jahren von Stürmen in den See gerissen wurden. Im Wasser isoliert, verrotten sie nur sehr langsam. Auch sie sind, wie der Seeboden, mit diesen weißlichen, teils gebündelten Fäden überdeckt. Gespenstisch ragen die Aststummel in die düstere Stimmung der Tiefe. Wo die Schlammschicht sehr dick ist, versinken die Bäume allmählich. Dann zeugen nur noch die herausstehenden Äste eine Zeitlang von ihrer Existenz.
Wieder gleiten wir dicht über dem Seeboden in 13 m Tiefe dahin. Wir folgen dem Kompaß nach Norden zur Seewand. Die Kälte beißt uns im Gesicht, die Hände sind inzwischen trotz dicker Handschuhe steif geworden. Es fällt mir zunehmend schwerer, die laufend nötigen Kameraeinstellungen vorzunehmen. Da, was war das? Ein schlankes, braunes Insekt verkroch sich rasch in dem eigenartigen, fädigen Geflecht. Wir schwimmen sehr langsam und sehen mehrere Larven, die erst bewegungslos saßen und nun im Scheinwerferlicht sehr schnell in Löcher flüchten. Nur schwer gelingt es, einige Exemplare zu fotografieren. Erst bei der Auswertung der Bilder stellt sich heraus, daß es sich um die Larve der räuberischen Schlammfliege handelt. Ihre Nahrung besteht im wesentlichen aus Zuckmückenlarven, Erbsenmuscheln und Würmern. Mit den Beinen kann sie kriechen und im Schlamm wühlen. Durch die Krümmung des Hinterleibes ist es ihr möglich, einigermaßen gut zu schwimmen. Während der zweijährigen Entwicklungszeit häutet sie sich neunmal. Zur Verpuppung verläßt sie ihr Gewässer und vergräbt sich im Erdboden. Das geflügelte Insekt (Imago) lebt nur wenige Tage.
Während wir uns Richtung Norden weiterbewegen, steigt der Seeboden steil an. Wir sind an der schlammbedeckten Felsbarre angelangt, die das vordere Becken vom hinteren trennt. So schwimmen wir den Hang hinauf. Es wird heller und heller, die Temperatur steigt an. Das den Boden bedeckende Geflecht aus langen Fäden und schleifenförmigen Strängen nimmt mit geringer werdender Tiefe in seiner Dichte ab und ist bei vier Metern nicht mehr vorhanden. Inzwischen haben wir das hintere Becken erreicht. Der Tiefenmesser zeigt nur noch 3 m an. Die Wassertemperatur liegt nun bei 18 °C. Der Seeboden besteht hier aus braunschwarzem Schlamm mit Fallaub und Algen. Auf dem Weg zum nördlichen Seeufer, wo die Tiefe allmählich weiter abnimmt, begegnen uns häufig Rückenschwimmer, vereinzelt Köcherfliegenlarven und in 2 m bis 1 m Tiefe besonders viele Libellenlarven.
Libellenlarven sind Räuber. Sie haben eindrucksvolle Fangwerkzeuge und sind richtige

„Freßmaschinen". Die Fangmaske wird dem Beutetier entgegengeschleudert. Die beiden Haken bohren sich in das Opfer, es wird herangezogen und verspeist. Die jüngsten Libellenlarven fressen Einzeller, später werden Würmer und Wasserinsekten verzehrt. Mit den Beinen ist nur ein langsames Kriechen möglich. In gewissen Zeitabständen häuten sich die Larven. Solange die neue Körperbedeckung weich ist, wächst der Körper. Die Zahl der Häutungen schwankt zwischen 10 und 15. Die gesamte Entwicklungszeit der Larven (vom Schlüpfen aus dem Ei bis zur Verwandlung zum Vollinsekt) kann zwischen einigen Monaten und 5 Jahren betragen. Ein Puppenstadium gibt es bei Libellen nicht. Ist die Larve erwachsen, so kriecht sie für eine gewisse Zeit so weit aus dem Wasser, daß nur noch der Hinterleib eintaucht. Sie stellt nun ihre Atmung um. Bald darauf, meist in den frühen Morgenstunden, verläßt sie das Wasser. Die Haut der Larve platzt. Das fertige Insekt entschlüpft der Larvenhaut. Die Schlupfdauer beträgt zwischen 45 Minuten und 2 Stunden. Bis die Flügel und der Körper soweit erhärtet sind, daß der erste Flug gewagt werden kann, vergehen maximal weitere 4 Stunden.
Wir erreichen das flache Nordufer. Hier in der Randzone ist der Boden mit einer mehrere Zentimeter dicken Fallaubschicht bedeckt, ab und zu spitzen einzelne Torfmoospflanzen hervor. Es hat den Anschein, daß sie um ihr Dasein kämpfen.
Wir haben nun den See von Süden nach Norden durchquert. Bei diesem Tauchgang sind 90 Minuten verstrichen. Unser Filmmaterial ist verbraucht. Das Boot, das uns auf dem ganzen Weg begleitete, nimmt uns auf. Die heiße Sommersonne, die beim Ankleiden so lästig war, ist nun sehr willkommen. Während wir zu unserem Ausgangspunkt, dem Südufer, zurückfahren, fällt kein Wort. Wir sind müde. – In Gedanken durchtauche ich noch einmal das tiefe Seebecken. Das eigenartige weißliche, dichte Geflecht mit seinen teils schleifenartig gebündelten Strängen zieht an mir vorüber. Ich sehe im Scheinwerferlicht die wie in einer Fata Morgana erscheinenden im ganzen See schwimmenden wollfadenartigen Gebilde. Sind es Fadenbakterien, die den tiefen Seegrund besiedeln und im See umhertreiben? Wenn ja, aber welche? Oder war das alles nur ein Spuk? Viele Sagen sind um den See entstanden. In einer wird erzählt, daß die Fische feuerrote Augen haben und reden können. Müde und verträumt fällt mein Blick auf die Heckwelle des Bootes. Ich schaue hindurch bis auf den Seegrund – da habe ich sie erblickt und für einen Moment auch sprechen hören. – Man muß nur daran glauben.

Tauchergruppe der Wasserwacht

In Spiegelau steigen wir in ein Dienstfahrzeug der Nationalparkverwaltung um. Wir werden begleitet von einem Mitarbeiter der Nationalpark-Wacht (li.).

Cletus Weilner
Hofbauerstraße 18, 94209 Regen

10. Dezember 1989

TAGEBUCH

über die Tauchabstiege
vom 13. Juli 1989 bis 17. November 1989

im

Rachelsee

Untersuchung der Unterwasserwelt

Beratung in der Biologie:
Dr. Paul Kestel
Zwieseler Waldhaus 20, 94227 Lindberg

Fotoaufnahmen:	Bei jedem Tauchabstieg wurden Dias angefertigt, gesamt ca. 100 Dias.
Tiefenmessung:	Barometrischer Membran-Tiefenmesser
Anlagen:	Seekarte mit Kurseinzeichnung der Tauchrouten 1 bis 6 und der Position der Ein- und Ausstiege (S. 230)
	Für eine eigene Unterwasserkartierung der Vegetation waren noch zwei Tauchabstiege vorgesehen. Sie wurden nicht mehr genehmigt. Daher Darstellung der Makrophyten-Vegetation des Rachelsees von Melzer, u. a., 1985, S. 231.

1. Tauchabstieg – 13. Juli 1989

Kamera:	Nikonos III / Blitz Oceanic 2003
Foto-Objektiv:	Brennweite 15 mm
Wetter:	bewölkt, hochsommerlich warm
Sichtweite unter Wasser:	ca. 5 m
Wassertemperatur – an der Oberfläche:	ca. 15 °C
in maximaler Tiefe von 13 m:	ca. 6 °C
Tauchzeit:	12.00 Uhr, Dauer: 70 Min.

Tauchroute

Siehe Seekarte S. 230, Tauchabstieg 1

Beobachtungen:

- 2 m Tiefe:
  Laub, Faulschlamm mit Algenbewuchs, Insekten-Larven.
- Ab ca. 4 m Tiefe:
  Mit zunehmender Tiefe mehr und mehr weißliche Fäden und Stränge bis zu einigen Metern Länge, kreuzweise verstrickt und schleifenförmig gebündelt am Seegrund liegend. Vermutlich Bakterien und Pilze (Bilder S. 266, 267, 268, 269).
  Ferner erscheinen im Scheinwerferlicht weißliche, wollfadenartige, oft senkrecht orientierte, schwebende und das Wasser gleichmäßig durchsetzende Gebilde, meist bis 10 cm Länge. Nur im künstlichen Licht sichtbar (vergl. Bilder S. 261).
  Einzelne Baumstämme ohne Borke (30 cm bis 70 cm Durchmesser) am Boden liegend, mehr oder weniger verrottet, so daß die Holzstruktur bei den älteren Exemplaren stark hervortritt (Bild S. 258).

- 13 m Tiefe:
  Wasser grünlich.
  Kreuzweise verstrickte weißliche Fäden und Stränge, welche auch schleifenförmig gebündelt vorkommen. Diese Stränge bedecken den Seeboden des 13 m tiefen Beckens als dichtes Geflecht (Bild S. 269 unten und S. 270).
  Es wurden außerdem wollfadenartige, oft senkrecht orientierte, schwebende Gebilde meist bis 10 cm Länge beobachtet. Im Scheinwerferlicht erscheinen sie weißlich.
  Sehr vereinzelt Köcher von Köcherfliegenlarven.
  Der Schlammboden ist bis Ellenbogentiefe sehr weich. Bei weiterem Nachschieben des Armes stößt man auf etwas steiferen Schlamm. In 1 m Schlammtiefe steigt die Viskosität deutlich an.
  Keine Baumstämme. Vereinzelte, stark mit Mikroorganismen besiedelte Äste.
- 6 m Tiefe:
  Faulschlamm, Baumstämme.
  Fäden und Stränge von Mikroorganismen am Boden nehmen ab. Am Faulschlamm erscheinen allmählich grüne Algen.
- 4 m bis 2 m Tiefe:
  Baumstämme.
  In geringerer Tiefe als ca. 4 m keine Fäden und Stränge mehr gefunden.
  Algen am Faulschlamm nehmen zu.
- 2 m bis 0,5 m Tiefe:
  Verrottendes Laub und Schlamm mit Algen durchsetzt (grüner organischer Schlamm).
  Insektenlarven, Rückenschwimmer.
  Am Ufer Schnabelseggen.

2. Tauchabstieg – 20. Juli 1989

Kamera:	Nikonos III / Blitz Oceanic 2003
Foto-Objektiv:	Brennweite 35 mm mit Makro-Vorsatz 1 : 3 (Bildausschnitt 108 mm x 72 mm)
Wetter:	wolkig, hochsommerlich warm
Sichtweite unter Wasser:	ca. 3 m
Wassertemperatur – an der Oberfläche:	ca. 15 °C
im maximaler Tiefe von 13 m:	ca. 6 °C
Tauchzeit:	12.00 Uhr, Dauer: 90 Min.

Tauchroute

Siehe Seekarte S. 230, Tauchabstieg 2

Ergebnis:

Verhältnisse in allen Tiefen wie beim 1. Tauchabstieg am 13. Juli 1989. Die Fortsetzung der Route ergab die gleichen Strukturen – auch in der Abstufung – wie im vorderen Seegebiet.

3. Tauchabstieg – 24. Juli 1989

Kamera:	Nikonos III / Blitz Oceanic 2003
Foto-Objektiv:	Brennweite 35 mm mit Makro-Vorsatz 1 : 2 (Bildausschnitt 72 mm x 48 mm)
Wetter:	sonnig, hochsommerlich warm
Sichtweite unter Wasser:	ca. 3 m
Wassertemperatur – an der Oberfläche:	ca. 16 °C
in maximaler Tiefe von 13 m:	ca. 7 °C
Tauchzeit:	13.00 Uhr, Dauer: 140 Min.

Tauchrouten

Siehe Seekarte S. 230, Tauchabstieg 3/1, 3/2, 3/3

Beobachtungen:

zu 3/1:

- 4 m bis 3 m Tiefe:
  Grüner, organischer Schlamm.
  Viele Libellenlarven (Bild S. 252 und S. 253 unten), einzelne Köcherfliegenlarven.
  Rückenschwimmer.
  Einige Baumstämme.
- 2 m Tiefe (Randgebiet):
  Laub.
  Einige Libellenlarven.
  Sehr vereinzelt Sphagnen.
- 1 m Tiefe (Randgebiet):
  Sehr vereinzelt Juncus bulbosus f. fluitans.

zu 3/2:

- ca. 7 m Tiefe:
  Kreuzweise verstrickte weißliche Fäden und Stränge am Seegrund. Bestand wie beim 1. Tauchabstieg am 13. Juli 1989.
- 4 m bis 2 m Tiefe:
  Algenrasen auf Schlammboden.
  Libellenlarven nicht mehr so häufig wie im nördlichen Teil des Sees.
  Unterhalb des großen Felsens (ehemaliger Zeltplatz) teils im Schlamm versunken: Stark angerostete Blechbüchsen (zum Teil bereits im Verfall), Plastiksäcke, Plastikbecher, Glasflaschen und anderer Unrat (Entrümpelung unproblematisch. Einiger Unrat wurde bei dieser Gelegenheit entfernt).

- 1 m bis 0 m Tiefe:
  An den Schnabelseggen über und unter Wasser Libellenlarven kurz vor dem Schlüpfen der Imago und Wasserspinnen.
  Sehr vereinzelt Sphagnen.

zu 3/3:

- 13 m Tiefe:
  Bestand wie beim 1. Tauchabstieg am 13. Juli 1989.
- 9 m bis 8 m Tiefe:
  Lange, mächtige Baumstämme ohne Rinde (70 cm bis 100 cm Durchmesser), sehr gut erhalten.
- 2 m Tiefe:
  Bestand wie bisher in dieser Tiefe.
  Keine Insektenlarven.
  Vereinzelt Sphagnen.

4. Tauchabstieg – 4. August 1989

Kamera:	Nikonos III/Blitz Oceanic 2003
Foto-Objektiv:	Brennweite 35 mm mit Makro-Vorsatz 1:2 (Bildausschnitt 72 mm x 48 mm)
Wetter:	wolkig, schwül
Sichtweite unter Wasser:	ca. 3,5 m
Wassertemperatur – an der Oberfläche:	ca. 16 °C
in maximaler Tiefe von 13 m:	ca. 7 °C
Tauchzeit:	13.00 Uhr, Dauer: 90 Min.

Tauchroute

Siehe Seekarte S. 230, Tauchabstieg 4

Beobachtungen:

- 9 m Tiefe:
  Kreuzweise verstrickte weißliche Fäden und Stränge am Seegrund. Bestand wie beim 1. Tauchabstieg am 13. Juli 1989.
  Larven der Schlammfliege, welche sich schnell vorwärts bewegen und in Löchern verkriechen.
  Einzelne Rückenschwimmer.

- 13 m Tiefe:
  Bestand in 13 m Tiefe wie beim 1. Tauchabstieg am 13. Juli 1989.
  Sehr vereinzelt Köcher von Köcherfliegenlarven.
  Schlammfliegenlarven (Bilder S. 255).
- 13 m bis 4 m Tiefe:
  Steile Böschung.
  Bodenbelag wie bei den vorhergehenden Tauchabstiegen in diesem Tiefenbereich, keine Larven.
- 4 m bis 2 m Tiefe:
  In geringerer Tiefe als ca. 4 m keine der weißlichen Fäden und Stränge gefunden.
  Grüner, organischer Schlamm.
  Einige Libellenlarven.
- 2 m bis 0,5 m Tiefe:
  Verrottendes Laub und grüner, organischer Schlamm,
  Libellenlarven,
  viele Hüllen von geschlüpften Insektenlarven.
  Vereinzelt Sphagnen.
- 0,5 m bis 2 m Tiefe:
  Mehrere, stark korrodierte Gneisblöcke (Bild S. 259).
  Verrottendes Laub und grüner, organischer Schlamm.
  Insektenlarven (hauptsächlich Libellenlarven), sehr viele Hüllen von geschlüpften Insektenlarven, zahlreiche, leere Köcher von Köcherfliegenlarven mit einer Länge bis 6 cm und einem Durchmesser bis 8 mm am Boden und auf den Felsen.
  Teils im Schlamm versunken: Ganze und zerbrochene Flaschen alter Herstellung, Blechdosen, Plastikgegenstände (Entrümpelung unproblematisch. Einiger Unrat wurde bei dieser Gelegenheit entfernt und dem Fahrer an die Nationalparkverwaltung mitgegeben).
- An allen Stellen weißliche, oft senkrecht schwebende, wollfadenartige Gebilde meist bis 10 cm Länge. Nur im künstlichen Licht deutlich sichtbar.

5. Tauchabstieg – 25. September 1989

Kamera:	Nikonos III / Blitz Oceanic 2003
Foto-Objektiv:	Brennweite 15 mm
Wetter:	sonnig
Sichtweite unter Wasser:	ca. 5 m
Wassertemperatur –	
an der Oberfläche:	ca. 12 °C
am Seegrund, Tiefe 12 m:	ca. 7 °C
Tauchzeit:	12.00 Uhr, Dauer: 85 Min.

Tauchroute

Siehe Seekarte S. 230, Tauchabstieg 5

Beobachtungen:

Bestand wie beim 4. Tauchabstieg am 4. August 1989.

- 9 m bis 4 m Tiefe:
  Mächtige Baumstämme.

6. Tauchabstieg – 17. November 1989

Kamera:	Nikonos III / Blitz Oceanic 2003
Foto-Objektiv:	Brennweite 15 mm
Wetter:	sonnig, trocken, Temperatur unter 0 °C, sehr kalter Wind Eisansatz vom Ufer her 1 m bis 3 m
Sichtweite unter Wasser:	ca. 3 m
Wassertemperatur – an der Oberfläche:	ca. 0 °C
am Seegrund, Tiefe 12 m:	ca. 4 °C
Tauchzeit:	12.00 Uhr, Dauer: 70 Min.

Tauchroute:

Siehe Seekarte S. 230, Tauchabstieg 6

Beobachtungen:

Die weißlichen Fäden und Stränge, welche im Sommer und Herbst kreuzweise verstrickt und schleifenartig gebündelt in der Tiefe von 13 m bis ca. 4 m am Seegrund lagen, waren völlig verschwunden.
Der Belag auf dem Seegrund zeigte sich

- von 13 m bis ca. 9 m Tiefe nun braun-grünlich und grob krümelig (Bild S. 271)
- von ca. 9 m bis 7 m Tiefe grauschwarz, feinkörnig mit vielen Spuren, vermutlich von Köcherfliegenlarven
- in geringeren Tiefen wie bei den vorhergehenden Tauchgängen in diese Richtung.

Die weißlichen, schwebenden, wollfadenartigen Gebilde waren nicht mehr zu finden.

Abschließende Bemerkung:

Der Artenreichtum der Sphagnen (Torfmoose) ist relativ groß. Es wurden aber nur vereinzelte Exemplare gefunden. Sie kommen in der Flachwasserzone des gesamten Randbereiches vor und sind oft mit Laub bedeckt.
Es war bei keinem Tauchabstieg erlaubt, Proben zur Bestimmung zu entnehmen.

Kartengrundlagen verändert nach Verzeichnis der Seen in Bayern, Teil 2 „Karten" 1982*)
Herausgeber: Bayerisches Landesamt für Wasserwirtschaft

*) Ergänzungslieferung 1987

RACHELSEE

174 1111 – 001

Wsp = 1070,50 m ü. NN
Aufnahme 7. 6. 1984

Uferlinie aus
Flurkarte 1 : 5000

M = 1 : 2500

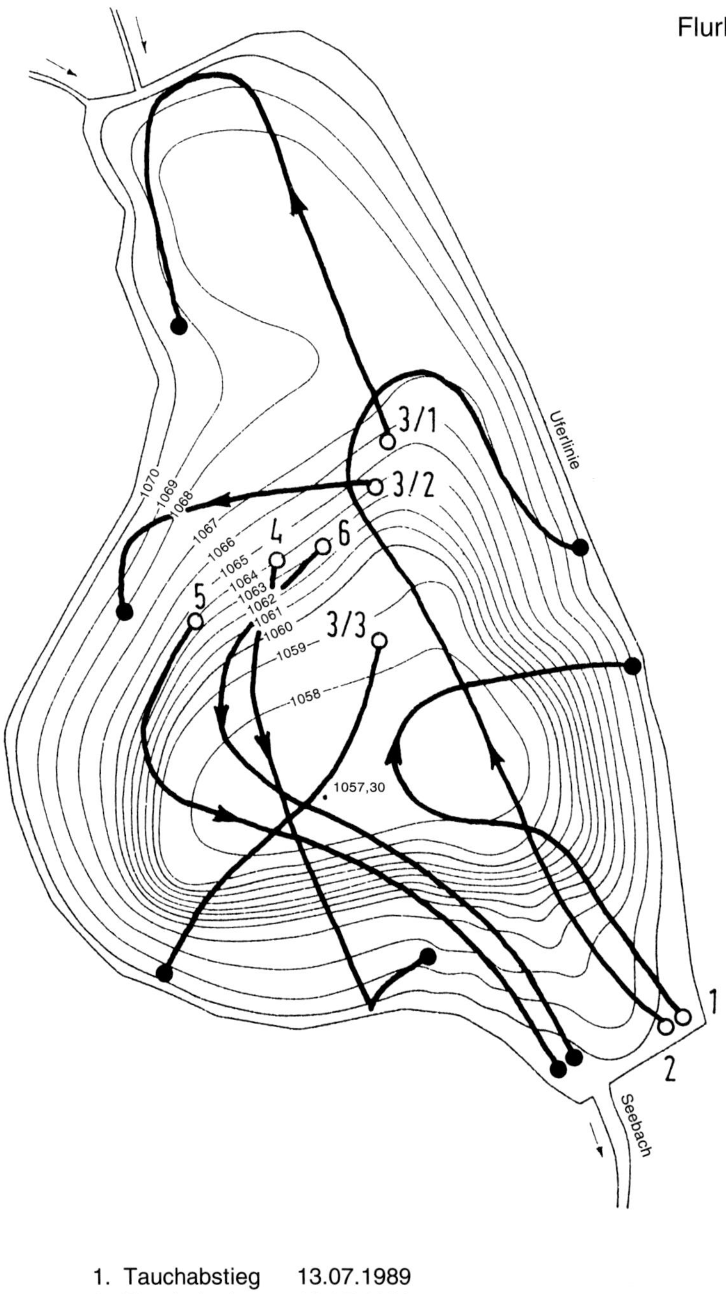

1. Tauchabstieg 13.07.1989
2. Tauchabstieg 20.07.1989
3. Tauchabstieg 24.07.1989
4. Tauchabstieg 04.08.1989
5. Tauchabstieg 25.09.1989
6. Tauchabstieg 17.11.1989

Einstieg
Tauchrichtung
Ausstieg

Die Makrophyten-Vegetation des Rachelsees im Inneren Bayerischen Wald

MELZER, A., HELD, K., HARLACHER, R., 1985
Institut für Botanik und Mikrobiologie, Technische Universität München

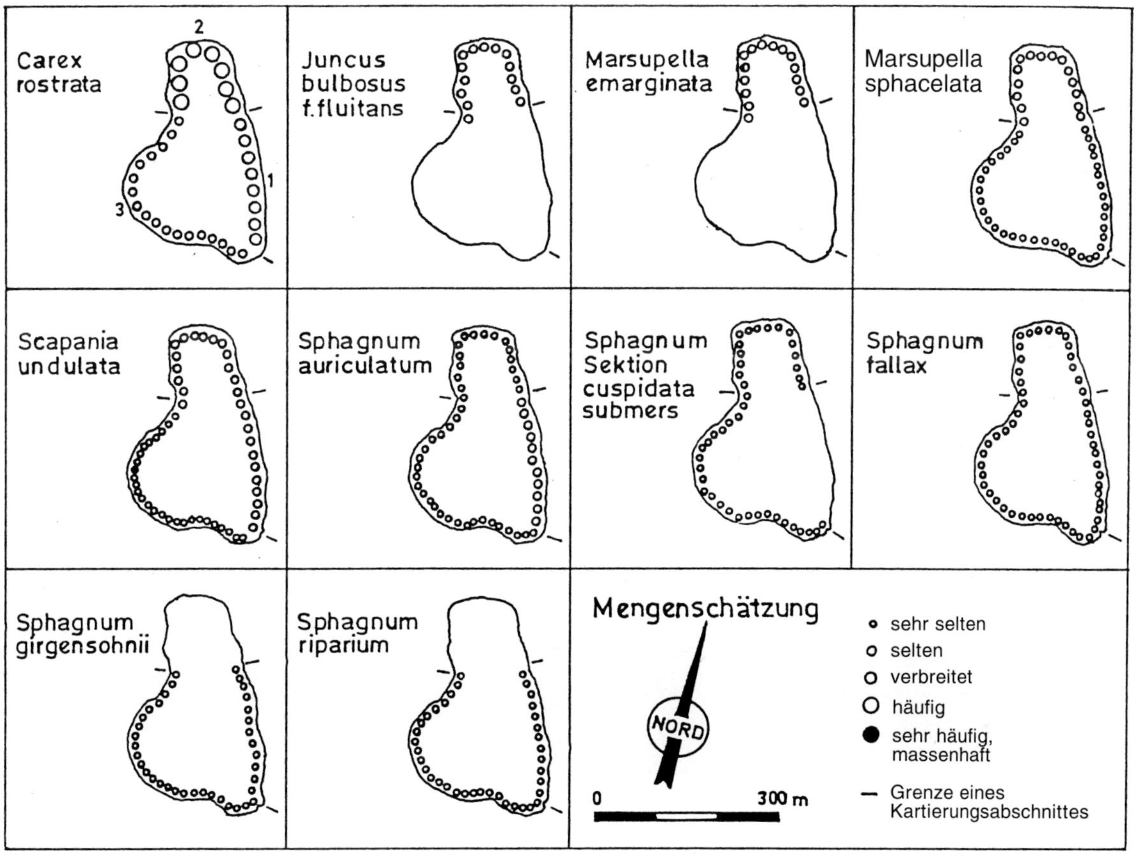

Letzte Absprache für die Durchführung der geplanten Arbeiten

Die relativ steil ansteigende Rachelseewand im Bildhintergrund ist für einen solchen Karsee typisch.

Cletus Weilner
Hofbauerstraße 18, 94209 Regen

27. Oktober 1995

TAGEBUCH

über den Tauchabstieg
vom 27. Oktober 1995

im

Rachelsee

*Untersuchung des Seebodens ab dem Südost-Ufer
bis in die maximale Seetiefe von 13 m*

Fotoaufnahmen: Es wurden ca. 30 Dias vom Seeboden angefertigt.

Tiefenmessung: Barometrischer Membran-Tiefenmesser

Anlage: Seekarte mit Tauchroute und Ort der Probenentnahme (S. 236)

Tauchabstieg – 27. Oktober 1995

Der Tauchgang wurde mit zwei Tauchern durchgeführt

Kamera:	Nikonos III / Blitz Oceanic 2003
Foto-Objektiv:	Brennweite 35 mm mit Makro-Vorsatz 1 : 3 (Bildausschnitt 108 mm x 72 mm)
Wetter:	leicht bewölkt, teils sonnig
Sichtweite unter Wasser:	ca. 2 m
Wassertemperatur – an der Oberfläche:	ca. 7 °C
in maximaler Tiefe von 13 m:	ca. 5 °C
Tauchzeit:	9.00 Uhr, Dauer: 50 Min.

Beobachtungen:

- Bis ca. 2 m Tiefe:
  Dichter Belag von Buchenblättern.
- Ab ca. 2 m Tiefe:
  Teppich von Grünalgen, der sich bis ca. 4 m Tiefe ausdehnt (Bild S. 274). In diesem Bereich und tiefer sind Buchenblätter nur noch vereinzelt zu finden.
- Von ca. 6 m bis ca. 9 m Tiefe:
  Boden grob bis feinkrümelig, sehr locker, braun gefärbt (Bild S. 275 oben). Zahlreiche Bahnen von Köcherfliegenlarven.
- Ab etwa 10 m bis maximale Tiefe (13 m):
  Feine, bräunliche Schicht mit einem zähen, dichtgewobenen Blaualgenfilz.
  Die Algenfäden gehen von einem zentralen, bis 1 cm hohen Algenknäuel aus (Bild S. 275 unten, S. 276). Der Belag erstreckt sich in diesem Tiefenbereich über den gesamten Seeboden. An manchen Stellen schält sich diese Haut (Stärke maximal 1 cm) durch Aufrollen vom lockeren Untergrund ab. Es verbleibt eine sehr weiche, „schäumige", grobporige bräunliche Masse (Bilder S. 277). Der Durchmesser solcher „offener" Stellen wird auf maximal 2 m geschätzt.

Die bei den Tauchabstiegen im Sommer 1989 (Tagebuch S. 223) gefundenen weißlichen Fäden und Stränge, welche kreuzweise verstrickt und schleifenartig gebündelt an der tiefsten Stelle des Sees einen dichten Belag bildeten, waren nicht vorhanden.
Ebenso waren die im Tagebuch 1989 (S. 223) beschriebenen, im Scheinwerferlicht weißlich erscheinenden, wollfadenartigen, oft senkrecht schwebenden Gebilde meist bis 10 cm Länge nicht anzutreffen.

Probenentnahme:

Ort der Probenentnahme siehe Seekarte S. 236.

Mikroorganismen wurden mittels Spritze (Vol. 20 ml) aufgesaugt und unmittelbar danach zur Akademie der Wissenschaften der Tschechischen Republik, Institut für Botanik, Dukelská 145, CZ-37982 Třeboň gebracht.

Ergebnis der Bestimmungen siehe S. 237.

Untersuchung des Seebodens in 13 m Tiefe. Die Temperatur lag bei 5 °C.

Kartengrundlagen verändert nach Verzeichnis der Seen in Bayern, Teil 2 „Karten“ 1982*)
Herausgeber: Bayerisches Landesamt für Wasserwirtschaft

*) Ergänzungslieferung 1987

RACHELSEE

174 1111 – 001

Wsp = 1070,50 m ü. NN
Aufnahme 7. 6. 1984

Uferlinie aus Flurkarte 1 : 5000

M = 1 : 2500

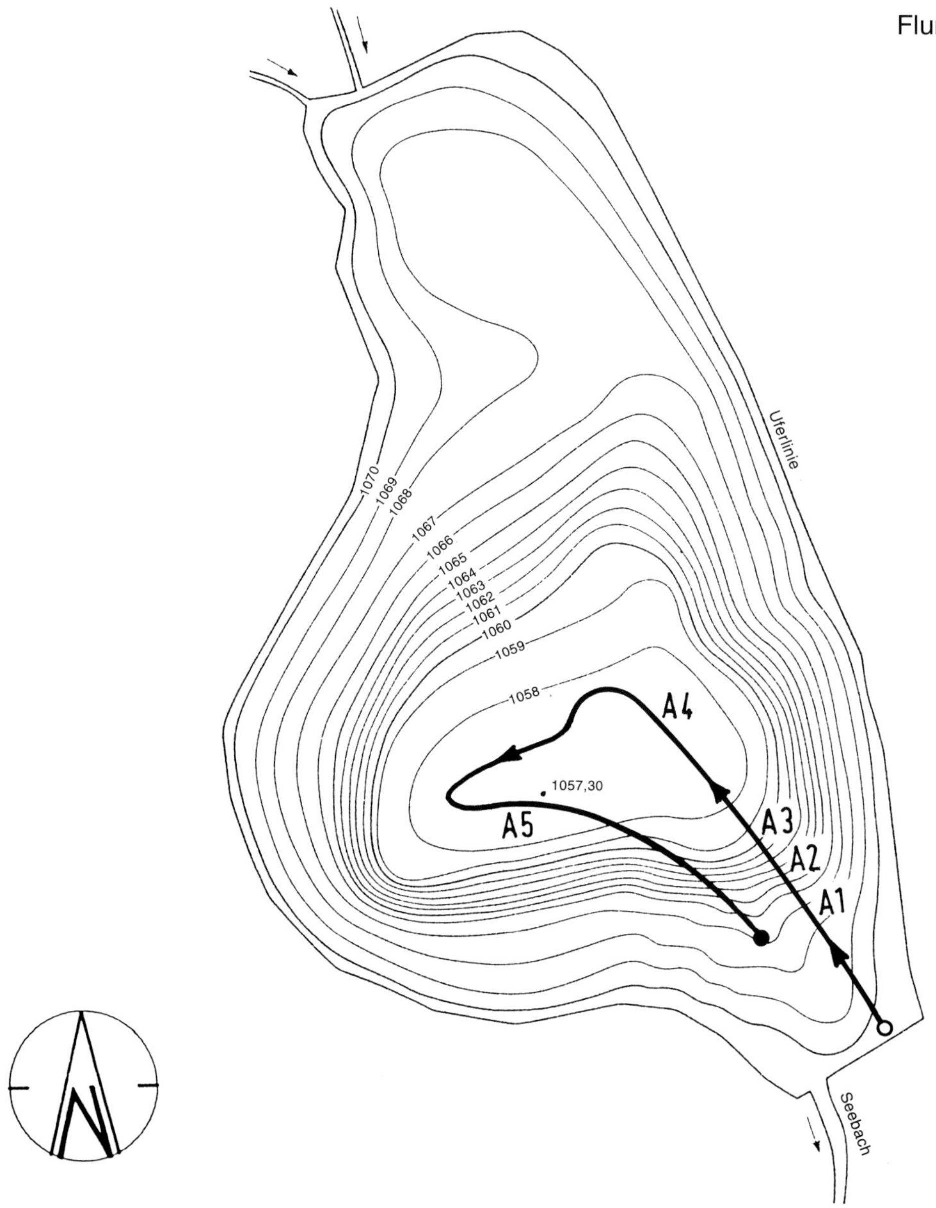

Entnahme von Mikroorganismenproben am 27. 10. 1995

Ort der Probenentnahme: A1 bis A5

Auswertung S. 237

Einstieg
Tauchrichtung
Ausstieg

Auflistung der im Rachelsee gefundenen Mikroorganismen

Ort der Probenentnahme siehe Seekarte S. 236

Probenentnahme vom 27. Oktober 1995 – im Sommer keine Tauchgenehmigung erhalten

(Bestimmung J. LUKAVSKÝ)

RACHELSEE Bezeichnung der Proben und Ort der Probenentnahme					
	A1	A2	A3	A4	A5
FUNGI:					
Torulopsidosira filamentosa GEITL.	x				
CYANOPHYTA:					
Chroococcus sp.		x			
Nostoc sp.		x			
Oscillatoria sp.					x
Phormidium sp.				x	x
Pseudanabaena sp.		x		x2	
DINOPHYTA:					
Peridinium inconspicuum LEMM.	x			x1	x1
Peridinium sp.		x		x	
CHRYSOPHYCEAE:					
Bitrichia ollula (FOTT) FOTT	x3				
Dinobryon divergens IMH.		x		x	
Dinobryon sertularia EHR.	x	x			
Stomatocyst 35 DUFF et SMOL	x	x			x
Stomatocyst 72 DUFF et SMOL	x	x			x
Zyste	x	x	x	x	x
BACILLARIOPHYCEAE:					
Anomoeoneis serians (BRÉB.) CL.		x	x		
Aulacoseira sp.	x2	x1	x	x	x
Cymbella sp.		x			
Eunotia sp. div.	x	x	x		
Frustulia rhomboides (EHR.) DE TONI			x		
Navicula sp.		x			
Nitzschia sp.div.	x	x			
Pinnularia sp. div.	x		x		
Surirella sp. div.		x	x		
Tabellaria flocculosa (ROTH.) KÜTZ.			x		
XANTHOPHYCEAE:					
Isthmochloron sp.					x
CHLOROPHYTA:					
Chlamydomonas sp.	x				
Coelastrum morus sensu SKUJA		x			x
Microspora sp.		x			
Oedogonium sp. steril.	x1	x2		x	x
Pseudococcomyxa simplex (MAINX) FOTT				x	
Scenedesmus sp.	x				
Scotiella cf. palustris	x			x	x
ZYGNEMATOPHYCEAE:					
Mougeotia sp. steril.	x	x		x	x
Staurastrum sp.	x				
EUGLENOPHYTA:					
Petalomonas sp.		x			

x: Vorkommen ohne deutliche Dominanz

x1: Häufigster Mikroorganismus

x2: Zweithäufigster Mikroorganismus

x3: Dritthäufigster Mikroorganismus

Übersicht der im Rachelsee gefundenen Mikroorganismenarten
(Probenentnahme vom 27. Oktober 1995)[1])

36 Arten

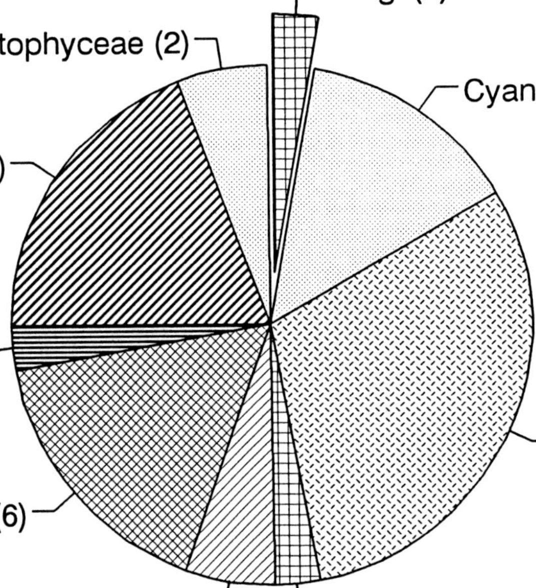

[1]) Im Sommer keine Tauchgenehmigung erhalten.

Bei der mikroskopischen Untersuchung der entnommenen Mikroorganismenproben fertigte Dr. Lukavský zu deren eindeutigen Bestimmung zahlreiche Zeichnungen an.

Einige Beispiele dieser Zeichnungen sind im folgenden wiedergegeben.

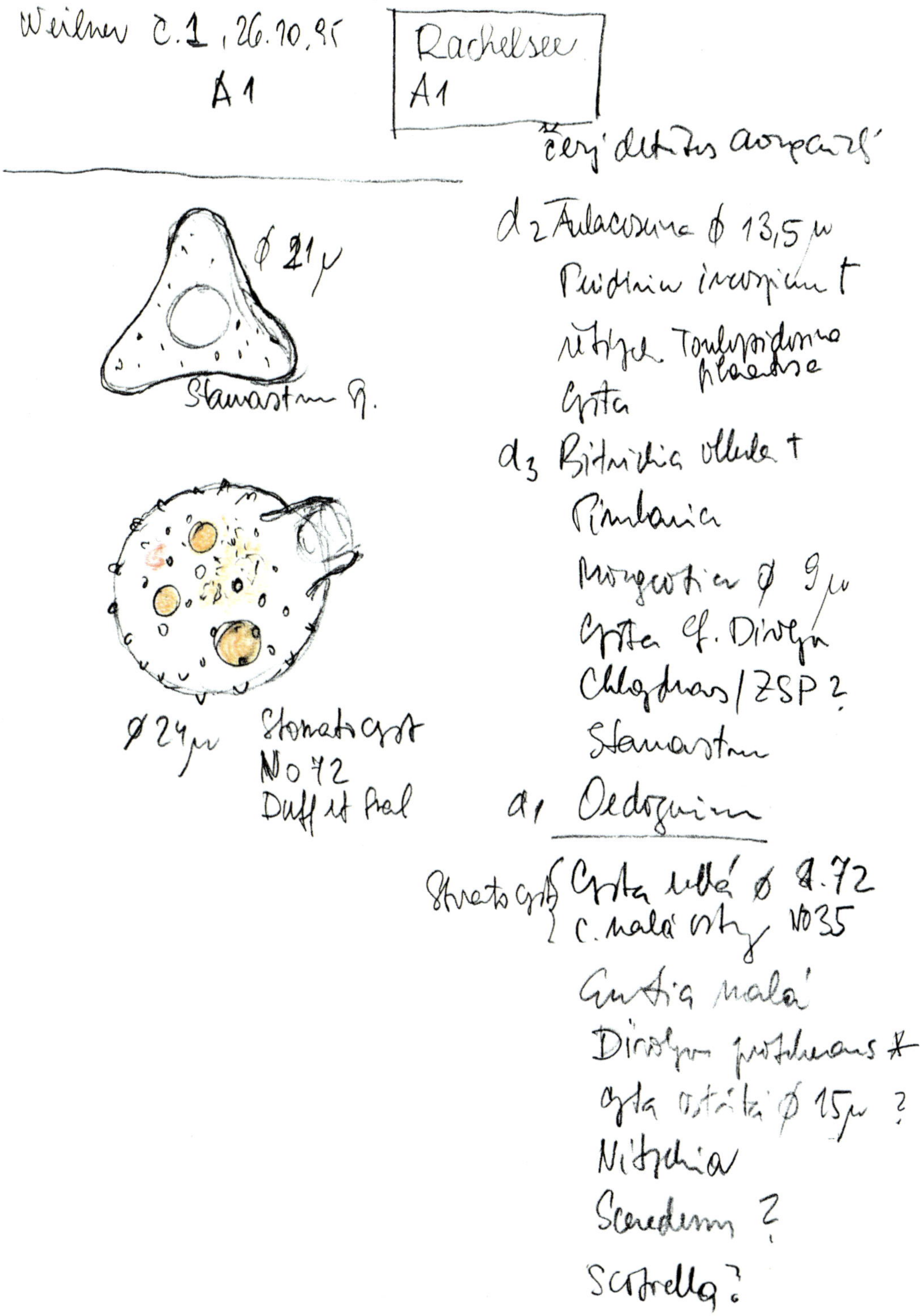

Weiher c. 2 26.X.95

A 2

Rachelsee

D. SEM

Filtr. gef. c. 1

nahe:

Pseudoanabaena

d1 Aulacoseira

Peridinium *

Sunilla

Stomatocyst No 72

Stomatocyst No 355 SEM

⌀ 22 µ

15 x 22,5

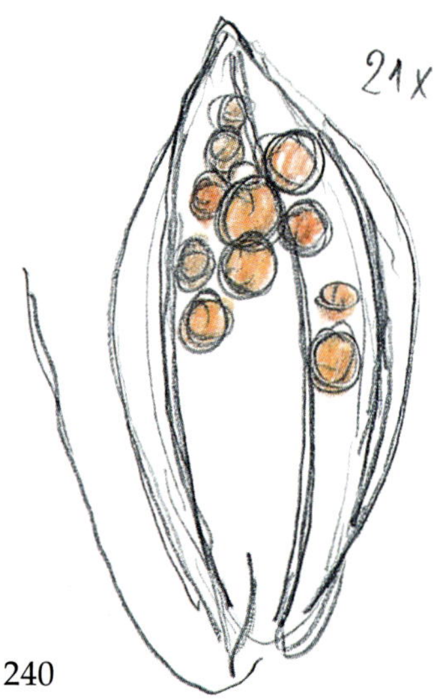

21 x 48 µ

Chroococcus ⌀ 18 µ

Nitzschia

Navicula

Mougeotia sp. steril

Dinobryon sertularia v. protuberans

Anomoeoneis serians

Petalomonas

Gubella mala

Microspora + H

2 Chondrocysta

Weiher č. 4
26.10.95

Rachelsee

Ā 4

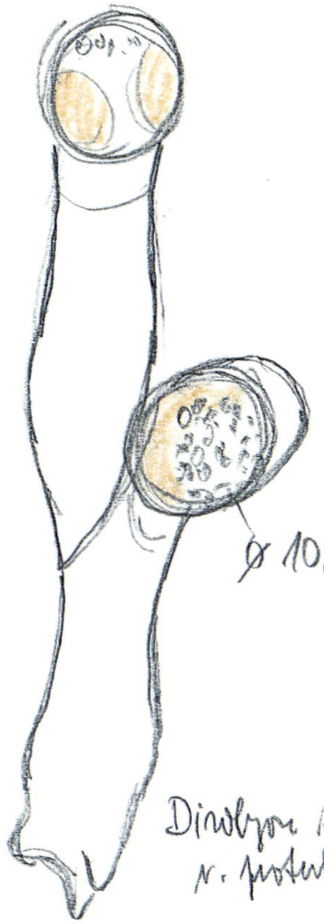

a1 Peridinium inconspicuum + i ×
Oedogonium ⌀ 7,5
Phormidium ⌀ 3µ zahnutý konec
a2 Pseudanabaena 3µ
Scotiella
Aulacoseira
Cysta hladká
Cysta ulla 72
Dinobryon sertularia * v. protuberans
Mougeotia
Hejakovae

kulička pz ! ?

Pseudomurzyxa sp.

RACHELSEE

chemische und physikalische Werte

Meßstelle: Seemitte

Datum	Uhrzeit	Tiefe m	H_2O-Temp. °C	pH	O_2 gelöst mg/l	P ges. mg/l	NH_4-N mg/l	NO_3-N mg/l	Chlorophyll µg/l	Al *) mg/l	Al **) mg/l	Ca mg/l	Mg mg/l
13.06.	11:00	0,1	11,5	4,2	9,5	0,02	0,08	1,0	2	-	-	-	-
1984	11:20	4,0	9,0	4,2	9,4	0,05	0,09	1,0	1	-	-	-	-
	12:00	11,0	5,2	4,9	5,3	0,04	0,30	0,56	0	-	-	-	-
08.08.	10:40	0,1	15,9	4,3	8,2	0,01	0,06	0,63	1	-	-	-	-
1984	11:00	4,0	15,0	4,2	8,8	0,02	0,05	0,66	0	-	-	-	-
	11:40	11,0	6,5	4,6	7,3	0,02	0,24	0,50	1	-	-	-	-
17.10.	11:10	0,1	9,5	4,2	9,8	0,01	0,16	0,56	1	-	-	-	-
1984	11:30	4,0	8,5	4,2	9,8	0,02	0,11	0,52	1	-	-	-	-
	12:10	11,0	7,0	4,7	7,7	0,01	0,39	0,34	0	-	-	-	-
26.06.	10:50	0,1	10,5	4,0	9,7	<0,01	0,15	0,8	0,8	-	-	1,0	0,6
1985	11:00	4,0	10,0	4,2	9,5	<0,01	0,06	0,8	0	-	-	1,0	0,5
	11:30	11,0	5,5	4,4	7,2	0,02	0,17	0,63	2	-	-	1,0	0,5
08.08.	11:10	0,1	14,0	4,2	9,0	0,01	0,04	0,68	2	-	-	0,9	0,4
1985	11:20	4,0	14,0	4,2	9,0	0,01	0,05	0,64	1	-	-	0,9	0,4
	12:00	11,0	7,5	4,5	9,4	0,01	0,11	0,7	3	-	-	1,0	0,5
16.10.	10:50	0,1	10,0	4,6	9,6	<0,01	0,06	0,57	2	-	-	0,9	0,4
1985	11:00	4,0	9,5	4,5	9,7	<0,01	0,05	0,56	3	-	-	0,8	0,4
	11:40	11,0	7,0	4,8	3,3	0,02	0,35	0,48	3	-	-	1,0	0,5

NH_4-N = Stickstoffanteil errechnet aus Ammonium
NO_3-N = Stickstoffanteil errechnet aus Nitrat
Chlorophyll = Chlorophyll a
Al *) = nichtfiltrierte Probe
Al **) = filtrierte Probe (Membranfilter 0,45 µm)

Daten vom Wasserwirtschaftsamt Passau

RACHELSEE

chemische und physikalische Werte

Meßstelle: Seemitte

Datum	Uhrzeit	Tiefe m	H_2O-Temp. °C	pH	O_2 gelöst mg/l	P ges. mg/l	NH_4-N mg/l	NO_3-N mg/l	Chlorophyll µg/l	Al *) mg/l	Al **) mg/l	Ca mg/l	Mg mg/l
19.06.	10:50	0,1	18	4,5	8,6	<0,01	0,10	0,88	2	-	-	0,93	0,45
1986	11:10	4,0	11	4,6	9,4	0,03	0,11	0,79	1	-	-	1,12	0,50
	11:50	11,0	5,0	4,9	5,8	<0,01	0,45	0,58	0	-	-	1,15	0,58
19.08.	11:10	0,1	18,7	4,9	8,0	<0,01	0,41	0,51	0	-	-	0,97	0,47
1986	11:30	4,0	18,3	4,8	8,4	<0,01	0,10	0,54	0	-	-	0,92	0,47
	12:10	11,0	8,4	5,0	7,2	<0,01	0,19	0,55	0	-	-	1,21	0,63
09.10.	11:00	0,1	12,0	5,0	9,4	<0,01	0,13	0,50	0	-	-	0,90	0,44
1986	11:20	4,0	11,0	5,0	9,4	<0,01	0,09	0,45	0	-	-	0,99	0,49
	12:00	11,0	9,0	5,0	8,1	<0,01	0,19	0,45	3	-	-	1,07	0,53
23.06.	10:45	0,1	11,5	3,3	9,5	0,03	0,06	0,86	<1	-	0, 69	0,9	0,4
1987	11:05	4,0	8,5	3,5	10,1	<0,01	0,07	0,93	2	-	0,71	0,8	0,4
	11:45	11,0	5,0	3,9	7,8	<0,01	0,19	0,69	<1	-	0,68	0,8	0,5
03.09.	10:30	0,1	16	3,7	8,3	<0,01	0,07	0,51	<1	-	0,86	0,8	0,3
1987	10:50	4,0	15	3,7	9,0	<0,01	0,06	0,53	<1	-	0,89	0,7	0,3
	11:30	11,0	7	4,3	8,7	<0,01	0,09	0,69	< 1	-	0,93	0,8	0,4
22.10.	10:50	0,1	9	3,7	9,7	<0,01	<0,02	0,54	<1	-	0,62	0,88	0,41
1987	11:10	4,0	9	3,8	9,7	0,01	<0,02	0,50	3	-	0, 60	0,91	0,40
	11:50	11,0	11(?)	4,1	6,0	<0,01	0,16	0,52	<1	-	0,58	1,11	0,47

NH_4-N = Stickstoffanteil errechnet aus Ammonium
NO_3-N = Stickstoffanteil errechnet aus Nitrat
Chlorophyll = Chlorophyll a
Al *) = nichtfiltrierte Probe
Al **) = filtrierte Probe (Membranfilter 0,45 µm)

RACHELSEE

chemische und physikalische Werte

Meßstelle: Seemitte

Datum	Uhrzeit	Tiefe m	H_2O-Temp. °C	pH	O_2 gelöst mg/l	P ges. mg/l	NH_4-N mg/l	NO_3-N mg/l	Chlorophyll µg/l	Al *) mg/l	Al **) mg/l	Ca mg/l	Mg mg/l
16.06.	11:00	0,1	15,0	4,8	9,1	0,01	0,05	0,93	2	-	1,43	0,88	0,41
1988	11:20	4,0	10,0	4,8	10,3	<0,01	0,04	0,89	1	-	0,482	0,86	0,41
	12:00	11,0	5,0	5,2	4,3	0,01	0,26	0,56	2	-	0,385	1,08	0,52
18.08.	10:50	0,0	19,0	4,8	8,3	<0,01	0,05	0,66	0	-	0,658	0,83	0,37
1988	11:10	4,0	17,0	4,9	9,4	<0,01	0,04	0,08	0	-	0,708	0,81	0,37
	11:50	11,0	7,0	5,3	5,9	<0,01	0,22	0,03	5	-	0,622	1,0	0,50
13.10.	10:40	0,0	10	4,7	9,5	<0,01	0,07	0,59	3	-	0,500	0,75	0,40
1988	11:00	4,0	9	4,7	9,6	<0,01	0,07	0,58	3	-	0,500	0,74	0,40
	11:40	11,0	7	5,1	3,2	<0,01	0,22	0,48	5	-	0,421	0,90	0,46
07.06.	11:00	0,0	12,5	4,6	9,3	<0,01	0,07	0,8	2,5	-	0,724	0,83	0,45
1989	11:10	4,0	11,5	4,6	9,8	<0,01	0,08	<0,2	2	-	0,703	0,80	0,43
	11:45	11,0	5,0	4,8	7,2	<0,01	0,16	<0,2	3	-	0,647	0,86	0,45
10.08.	11:15	0,0	16,3	4,9	9,9	0,03	0,06	0,73	0	-	0,58	0,90	0,45
1989	-	4,0	-	-	-	-	-	-	-	-	-	-	-
	11:30	11,0	7,0	4,9	7,0	0,02	0,16	0,63	4	-	0,56	0,96	0,46
26.10.	11:00	0,0	9,1	4,9	10,0	<0,01	0,08	0,7	1	-	0,606	0,84	0,40
1989	11:10	4,0	9,1	4,9	9,9	<0,01	0,09	0,6	1	-	0,587	0,83	0,40
	11:20	8,0	8,6	4,9	9,8	<0,01	0,08	0,6	0	-	0,624	0,83	0,38

NH_4-N = Stickstoffanteil errechnet aus Ammonium
NO_3-N = Stickstoffanteil errechnet aus Nitrat
Chlorophyll = Chlorophyll a
Al *) = nichtfiltrierte Probe
Al **) = filtrierte Probe (Membranfilter 0,45 µm)

RACHELSEE

chemische und physikalische Werte
Meßstelle: Seemitte

Datum	Uhrzeit	Tiefe m	H_2O-Temp. °C	pH	O_2 gelöst mg/l	P ges. mg/l	NH_4-N mg/l	NO_3-N mg/l	Chlorophyll µg/l	Al *) mg/l	Al **) mg/l	Ca mg/l	Mg mg/l
03.07.	11:10	0,0	16,4	4,3	8,5	<0,01	0,02	0,8	<1	-	0,559	0,81	0,43
1990	11:20	4,0	16,2	4,5	8,7	<0,01	0,03	0,78	<1	-	0,520	0,78	0,43
	11:35	10,0	12,2	4,6	9,5	<0,01	0,04	0,79	5	-	0,527	0,77	0,43
16.08.	11:20	0,0	18,6	4,4	8,1	<0,01	0,09	0,65	1	-	0,54	0,82	0,41
1990	11:30	4,0	18,8	4,5	8,0	<0,01	0,06	0,63	3	-	0,54	0,81	0,41
	11:50	11,0	10,0	4,7	11,4	<0,01	0,05	0,68	7	-	0,63	0,81	0,43
25.10.	11:00	0,0	8,4	4,7	9,7	0,01	0,10	0,62	2	-	0,574	0,82	0,43
1990	11:20	4,0	8,4	4,7	10,0	<0,01	0,11	0,51	2	-	0,571	0,80	0,42
	12:00	11,0	8,2	4,7	9,9	<0,01	0,09	0,51	1	-	0,558	0,85	0,42
06.06.	-	0,0	-	-	-	-	-	-	-	-	-	-	-
1991	11:20	4,0	10,0	4,7	10,4	<0,01	0,08	0,73	<1	-	0,79	0,75	0,43
	12:00	11,0	5,5	4,8	8,9	0,02	0,12	0,61	9	-	0,76	0,73	0,42
08.08.	11:00	0,0	19,0	4,7	13,3	<0,01	0,06	0,54	3	-	0,71	0,68	0,40
1991	11:20	4,0	15,5	4,7	8,8	<0,01	0,05	0,56	2	-	0,75	0,66	0,40
	12:00	11,0	7,2	5,0	9,2	<0,01	0,10	0,56	4	-	0,60	0,74	0,42
15.10.	11:00	0,0	12,0	4,8	9,2	<0,01	0,08	0,47	<1	-	0,500	0,83	0,38
1991	11:20	4,0	11,5	4,8	9,4	<0,01	0,10	0,45	2	-	0,515	0,82	0,37
	12:00	11,0	8,0	5,0	6,7	<0,01	0,20	0,42	9	-	0,460	0,85	0,39

NH_4-N = Stickstoffanteil errechnet aus Ammonium
NO_3-N = Stickstoffanteil errechnet aus Nitrat
Chlorophyll = Chlorophyll a
Al *) = nichtfiltrierte Probe
Al **) = filtrierte Probe (Membranfilter 0,45 µm)

RACHELSEE

chemische und physikalische Werte

Meßstelle: Seemitte

Datum	Uhrzeit	Tiefe m	H_2O-Temp. °C	pH	O_2 gelöst mg/l	P ges. mg/l	NH_4-N mg/l	NO_3-N mg/l	Chlorophyll µg/l	Al *) mg/l	Al **) mg/l	Ca mg/l	Mg mg/l
o2.o6.	11:oo	o,o	16,o	4,5	9,2	<o,o1	o,o4	o,94	4	-	o,738	o,72	o,43
1992	11:2o	4,o	9,5	4,7	9,4	<o,o1	o,o9	o,84	2	-	o,752	o,9o	o,5o
	12:oo	11,o	5,o	5,2	4,9	<o,o1	o,23	o,57	2	-	o,7o8	o,86	o,54
o6.o8.	1o:5o	o,o	2o,7	4,8	7,4	<o,o1	o,12	o,5	<1	-	o,43o	o,78	o,42
1992	11:1o	4,o	2o,2	4,9	7,6	<o,o1	o,o8	o,49	<1	-	o,49	o,77	o,44
	11:5o	11,o	8,o	5,1	5,8	<o,o1	o,23	o,48	5	-	o,57o	o,9o	o,52
21.1o.	1o:45	o,o	7,6	5,1	9,9	<o,o1	o,2o	o,4o	1	-	o,373	o,87	o,45
1992	11:o5	4,o	7,6	5,1	9,9	<o,o1	o,21	o,39	<1	-	o,371	o,81	o,43
	11:45	11,o	7,6	5,1	9,9	<o,o1	o,2o	o,39	<1	-	o,3o1	o,79	o,42
25.o5.	11:oo	o,o	14,3	4,8	8,8	<o,o1	o,o8	o,89	3	-	o,8o2	o,78	o,46
1993	11:2o	4,o	12,o	4,9	9,7	<o,o1	o,o8	o,92	2	-	o,7oo	o,75	o,45
	12:oo	11,o	5,2	5,1	5,6	<o,o1	o,21	o,67	2	-	o,548	o,87	o,5o
11.o8.	1o:3o	o,o	16,5	4,8	8,4	<o,o1	o,o3	o,54	29	-	o,581	o,67	o,37
1993	1o:5o	4,o	14,o	4,7	9,6	<o,o1	o,o5	o,51	44	-	o,626	o,66	o,38
	11:3o	11,o	6,5	5,2	3,7	<o,o1	o,25	o,44	6o	-	o,394	o,9o	o,5o
12.1o.	11:1o	o,o	11,4	4,8	9,1	<o,o1	<o,o2	o,42	17	-	o,59o	o,61	o,37
1993	11:3o	4,o	11,3	4,9	9,3	<o,o1	o,o4	o,37	1	-	o,633	o,6o	o,37
	12:1o	11,o	7,o	5,2	1,8	<o,o1	o,32	o,3o	<1	-	o,375	o,85	o,47

NH_4-N = Stickstoffanteil errechnet aus Ammonium

NO_3-N = Stickstoffanteil errechnet aus Nitrat

Chlorophyll = Chlorophyll a

Al *) = nichtfiltrierte Probe

Al **) = filtrierte Probe (Membranfilter 0,45 µm)

RACHELSEE

chemische und physikalische Werte

Meßstelle: Seemitte

Datum	Uhrzeit	Tiefe m	H_2O-Temp. °C	pH	O_2 gelöst mg/l	P ges. mg/l	NH_4-N mg/l	NO_3-N mg/l	Chlorophyll µg/l	Al *) mg/l	Al **) mg/l	Ca mg/l	Mg mg/l
09.06.	10:45	0,0	13,0	4,7	9,5	0,008	0,03	0,61	5	-	0,626	0,94	0,35
1994	11:05	4,0	10,0	4,8	10,1	0,006	0,02	0, 57	3	-	0,623	0,64	0,38
	11:45	11,0	5,0	5,3	3,0	0,007	0,30	0,32	4	-	0,357	0,95	0,44
09.08.	10:40	0,0	21,5	5,1	7,3	<0,005	0,13	0,38	<1	-	0,285	0,68	0,35
1994	11:00	4,0	21,4	5,2	7,4	<0,005	0,10	0,37	<1	-	0,285	0,73	0,36
	11:40	11,0	6,8	5,3	3,4	<0,005	0,24	0,28	11	-	0,310	0,89	0,48
05.10.	09:15	0,0	11,0	4,9	9,4	0,007	0,07	0,48	0	-	0,605	0,54	0,34
1995	09:35	4,0	9,0	4,8	9,6	<0,005	0,07	0,47	0	-	0,612	0,50	0,33
	10:15	11,0	6,0	5,4	3,4	0,005	0,42	0,32	3	-	0,358	0,66	0,41
21.05.	10:00	0,0	12,2	4,7	9,5	<0,005	0,03	1,0	1	-	0,756	0,69	0,42
1996	10:20	4,0	8,0	4,6	10,6	<0,005	0,05	1,0	2	-	0,845	0,73	0,43
	11:00	11,0	4,8	5,1	3,3	0,005	0,33	0,5	5	-	0,624	0,91	0,49
22.08	09:15	0,0	16,6	4,8	8,4	0,008	0,05	0,7	2	-	0,605	0,65	0,39
1996	09:35	4,0	15,4	4,8	8,5	<0,005	0,04	0,7	0	-	0,648	0,62	0,39
	10:15	11,0	6,0	5,4	1,0	0,006	0,45	<0,2	4	-	0,385	0,83	0,47
15.10.	09:30	0,0	9,6	4,9	9,5	0,005	0,04	0,6	3	-	0,600	0,59	0,36
1996	09:50	4,0	9,4	4,9	9,7	<0,005	0,04	0,6	3	-	0,607	0,64	0,38
	10:30	11,0	6,6	5,7	0,5	<0,005	0,7	<0,2	9	-	0,421	0,84	0,44

NH_4-N = Stickstoffanteil errechnet aus Ammonium
NO_3-N = Stickstoffanteil errechnet aus Nitrat
Chlorophyll = Chlorophyll a
Al *) = nichtfiltrierte Probe
Al **) = filtrierte Probe (Membranfilter 0,45 µm)

Bild S. 248 und S. 249 oben

Westufer des Rachelsees mit Schnabelseggenrasen

Mit Hilfe der langen Ausläufer wird Boden festgehalten und die Verlandung des Sees gefördert.

Bild S. 250 und S. 251 oben

Am Seegrund liegen viele Bäume

Als im 19. Jahrhundert der See aufgestaut wurde, standen die Bäume am östlichen Ufer im Überschwemmungsbereich. Nachdem sie abgestorben waren, stürzten sie in den See.

„Bildhauer" Natur

Knorrige Holzstücke unter Wasser lassen etwas von der Urwüchsigkeit der Waldumgebung erkennen.

Libellenlarven in 0,5 m bis 4 m Tiefe

Sie jagen die Larven anderer Insektenarten.
(M 2,1 : 1)

Larve der Schlammfliege Sialis sp. in 2 m Tiefe
(Wirkliche Größe ca. 2 cm)

Larven der Schlammfliege Sialis sp. in 13 m Tiefe →
Sie sind scheu und bewegen sich sehr schnell.
(M 2,1 : 1)

Laubablagerungen am Seeboden

Von den Buchen am Seeufer fällt jedes Jahr Laub in den See, das sich in den Randgebieten ablagert. Die Laubschicht in den seichten Wasserzonen ist dicht mit Algen überzogen.
Zerfallende Köcher von Köcherfliegenlarven.
(Bild S. 256: M 1,4 : 1)
(Bild S. 257: M 2,1 : 1)

Knorrige Holzstruktur unter Wasser
(M 1,4 : 1)

Gneis am Seegrund

In einem äußerst langsamen Verwitterungsprozeß wird bevorzugt der Feldspat angegriffen, Quarz und Glimmerteilchen bleiben zurück.
Der Rachel ist aus einem charakteristisch gefalteten Gneis aufgebaut. Helle quarzreiche und dunkle Lagen wechseln miteinander ab.
(M 1,4 : 1)

Bild S. 260 und 261 unten

Bei künstlichem Licht werden auch die schwebenden, fadenförmigen Kolonien von Mikroorganismen sichtbar

Beide Bilder sind vom gleichen Standort direkt nacheinander aufgenommen →

Aufnahme bei natürlichem Licht. Schwebende Teilchen sind nicht sichtbar.

Im Blitzlicht erscheint das Wasser trüb. Diese Trübung wird durch viele mikroskopisch kleine organische und anorganische Teilchen hervorgerufen. Im künstlichen Licht leuchten sie grell auf.

In langen Zeiträumen wird das tote Holz von organischen Sedimenten begraben. Jedes Jahr wächst die Sedimentschicht um $^1/_2$ Millimeter.

Bild S. 262 und S. 263

Seeboden in 1 m Tiefe

Das Torfmoos (Sphagnum sp.) ist im Rachelsee nur vereinzelt anzutreffen.
Seine Ausbreitung wird durch Laub und vermutlich auch durch die Chemie des Wassers gebremst.
(M 1,4 : 1)

Seeboden in 2 m Tiefe

Überall, wo ausreichend Licht bis zum Seeboden gelangt, ist der Grund von einem lockeren Algenrasen bedeckt. Das Algenwachstum ist jedoch nicht üppig.
(M 1,4 : 1)

Seeboden in 4 m Tiefe

Zwischen die Grünalgen mischen sich fädige Mikroorganismen.
(M 1,4 : 1)

Aufnahme Sommer 1989

Seeboden in 4 m Tiefe

Ab dieser Tiefe erscheinen weißliche, fadenartige Mikroorganismen.
In größeren Seetiefen wird das Licht zunehmend schwächer. Die grüne Färbung nimmt ab, die fadenartigen Strukturen nehmen zu.

Aufnahmen Sommer 1989

Seeboden in 4 m Tiefe

→

Detail des Bildes oben: Stränge fadenartiger Mikroorganismen.
(M 1,4 : 1)

Seeboden in 5 m Tiefe

Fadenartige Mikroorganismen nehmen zu.
(M 1,4 : 1)

Aufnahme Sommer 1989

Seeboden in 8 m Tiefe

Fadenartige Mikroorganismen
(M 1,4 : 1)

Aufnahmen Sommer 1989

Seeboden in 8 m Tiefe →

Die fadenartigen Mikroorganismen überspinnen jede Unebenheit auf dem Seegrund.
(M 1,4 : 1)

Seeboden in 13 m Tiefe

In der größten Seetiefe wachsen die fädigen Mikroorganismen bisweilen zu mächtigen Strängen heran.
(M 1,4 : 1)

Aufnahme Sommer 1989

Seeboden in 13 m Tiefe

Üppige Ausbildung von fädigen Mikroorganismen.
Links Köcher einer Köcherfliegenlarve.
(M 1,4 : 1)

Aufnahme November 1989

Seeboden in 10 m Tiefe

Die kreuzweise verstrickten, weißlichen Fäden und Stränge von Mikroorganismen, welche auch schleifenförmig gebündelt im Sommer vorkamen, waren nicht mehr aufzufinden.
Der Seeboden ist nun krümelig.

Letzter Tauchabstieg im November 1989

Dieser Tauchgang ist der Abschluß der Untersuchungsreihe zur Beobachtung der Unterwasserwelt im Jahreslauf. Im schattigen Seeufer hält sich das Eis bereits den ganzen Tag. Es bläst ein kalter Wind. Trotz Sonnenschein ist die Lufttemperatur unter 0 °C.

Die untergehende Sonne zaubert eine märchenhafte Stimmung →

Blick aus der Seetiefe gegen die Novembersonne

Ausnahmsweise wurde zur Untersuchung des Seebodens im Oktober 1995 noch ein Tauchabstieg genehmigt

Aufnahme 27. Oktober 1995

Seeboden in 4 m Tiefe

Algenteppich mit Köcher einer Köcherfliegenlarve und verrottendem Buchenblatt. Hier leben mehrere Dutzend verschiedener Arten von Mikroorganismen zusammen, wobei Grünalgen dominieren. Diese Biozoenose (Lebensgemeinschaft) ist der Hauptproduzent des Schlammsediments.
(M 1,4 : 1)

Aufnahmen 27. Oktober 1995 →

Seeboden in 6 m Tiefe

Auch bei allen Tauchabstiegen 1989 waren unabhängig von der Jahreszeit keine grünen Algen zu finden. Kieselalgen (Bacillariophyceae), die über den ganzen Seeboden verbreitet sind, leben hier als einzige Algenart. Das immer gleich aussehende, krümelige, braune Sediment liegt sehr locker und wird bei der geringsten Bewegung leicht aufgewirbelt.
(M 1,4 : 1)

Seeboden in 10 m Tiefe

Wo im Sommer 1989 fadenförmige, weißliche Mikroorganismen das Bild bestimmten, wurden am 27. Oktober 1995 Blaualgen beobachtet.
(M 1,4 : 1)

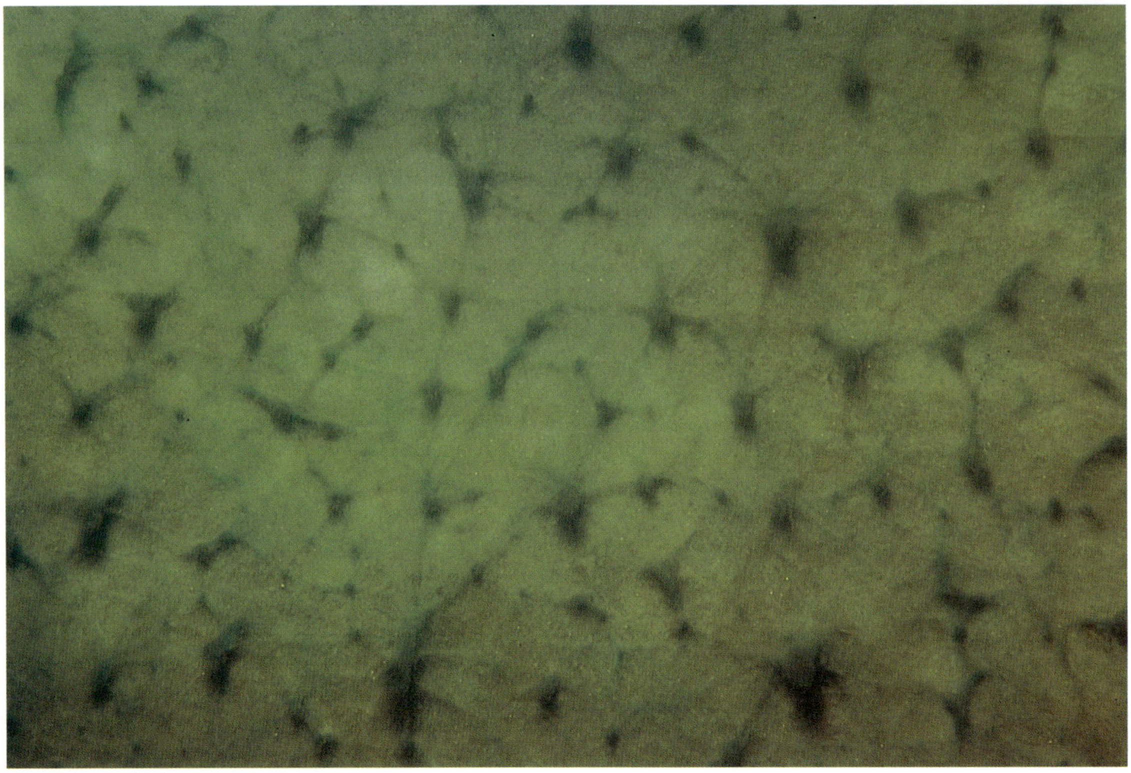

Aufnahme 27. Oktober 1995

Seeboden in maximaler Tiefe von 13 m

Ausgehend von den bis 1 cm hohen Knäueln überziehen die Algenfäden den Boden mit einem zähen, dichtgewobenen Filz. Die Trübung stammt von feinsten organischen und anorganischen Substanzen.
(M 1,4 : 1)

Aufnahmen 27. Oktober 1995 →

Seeboden in maximaler Tiefe von 13 m

Bisweilen reißt der Blaualgenbelag durch seine Zugspannung und rollt sich ein. Die Unterlage besteht im wesentlichen aus totem Material biologischer Herkunft.
(M 1,4 : 1)

Seeboden in maximaler Tiefe von 13 m

Örtlich zerstörter Blaualgenbelag.
(M 1,4 : 1)

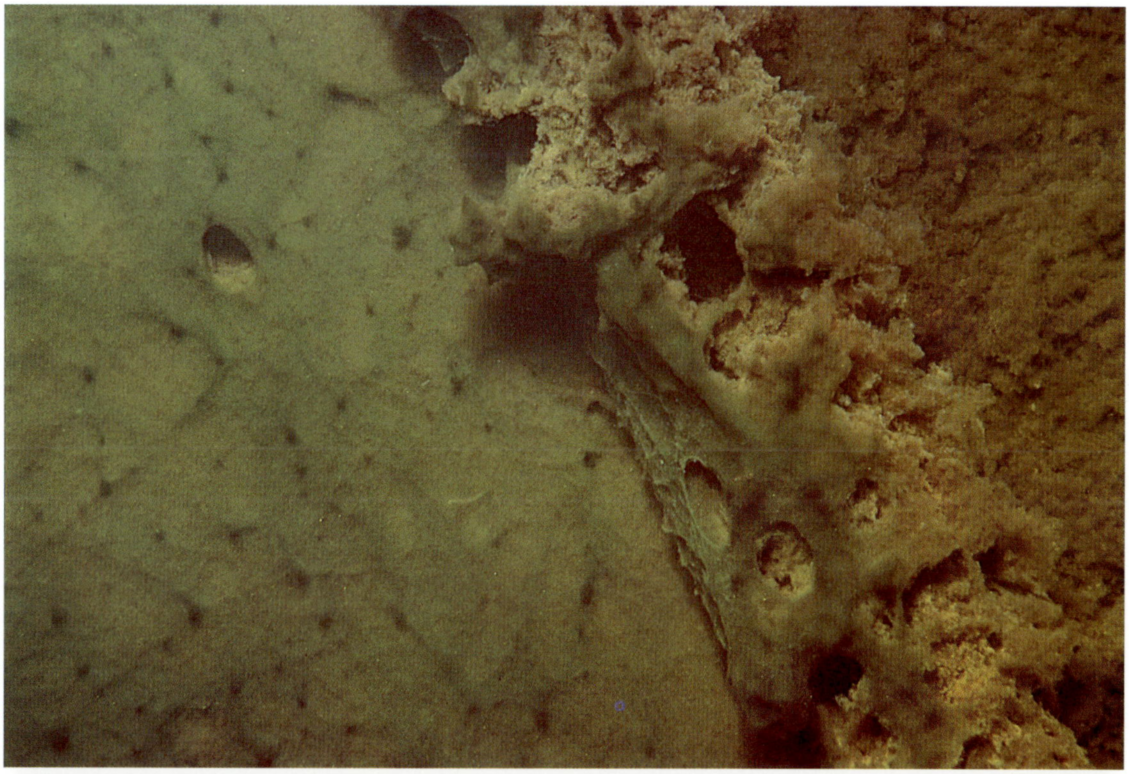

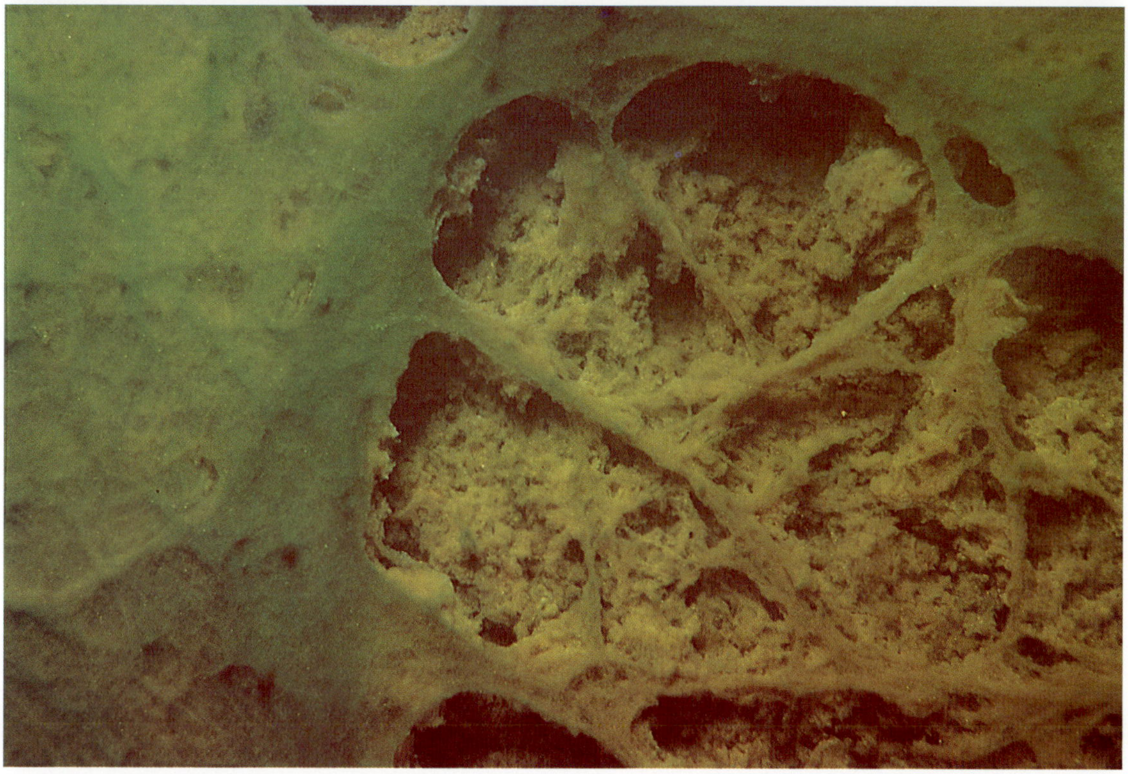

Gegenüberstellung der in den würmeiszeitlichen Karseen des Bayerischen Waldes gefundenen Mikroorganismenarten

GROSSER ARBERSEE

106 Arten

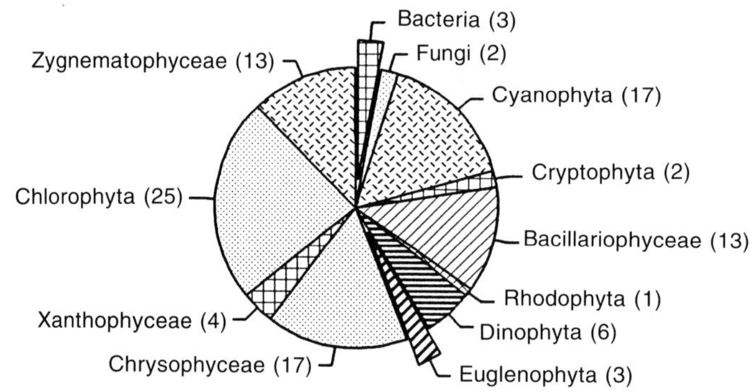

KLEINER ARBERSEE

85 Arten

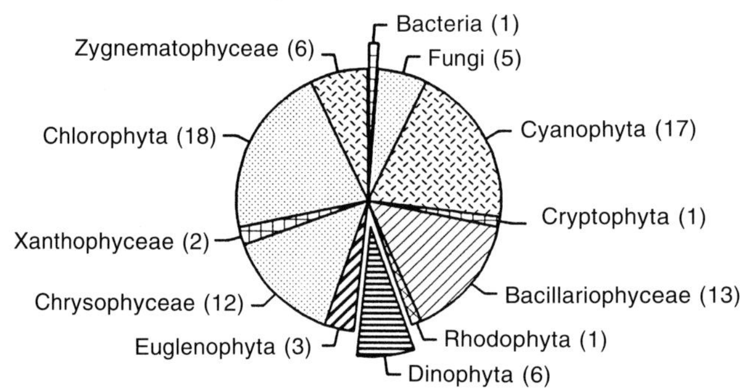

RACHELSEE

36 Arten

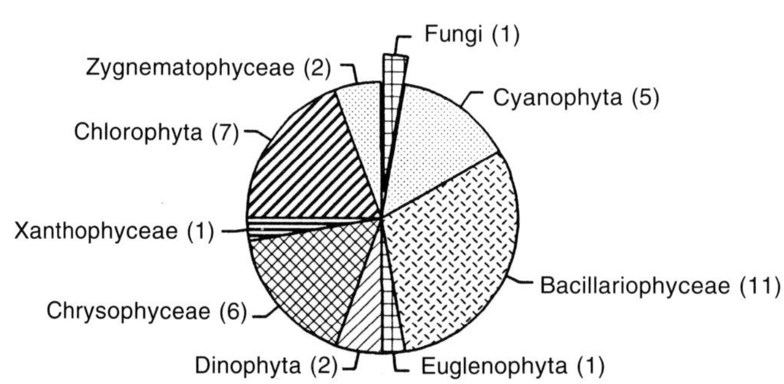

Rückkehr vom letzten Tauchabstieg

Die vielen Erlebnisse und unvergeßlichen Eindrücke aus den Tiefen der Waldseen entschädigten in reichem Maße für die oft technisch aufwendigen und beschwerlichen Unternehmungen.

Zur Bemerkung auf Seite 40 und 127:
Isoëtes lacustris L. (Schwarzer See) und Isoëtes echinospora DURIEU (Plöckensteinsee)

Isoëtes lacustris L.

Aufgenommen 18. September 1996 im östlichen Litoral (3 m Tiefe) des Černé jezero (Schwarzer See) – Tschechische Republik/1008 m über NN, pH 4,5 (Oberfläche). Sie gedeiht zwischen 1,5 m bis 5 m Tiefe. Häufig als Einzelpflanze, bildet aber auch kleinflächige Anhäufungen bis ca. 1 m Durchmesser. Typische Weichwasserpflanze. Kommt in nährstoffarmen, kalten Seen vor (M 1,4 : 1).

Isoëtes echinospora DURIEU

Aufgenommen 19. September 1996 im südwestlichen Litoral (1 m Tiefe) des Plešné jezero (Plöckensteinsee) – Tschechische Republik/1090 m über NN, pH 4,7 (Oberfläche). Sie wächst als Einzelpflanze, breitet sich aber auch als Rasen aus. Blätter bilden ausgezogene Spitzen, heller als die der Isoëtes lacustris. Typische Weichwasserpflanze in nährstoffarmen, kalten Seen (M 1,4 : 1). – Starke Trübung bei Aufnahme.

Literatur

BEUTLER / SCHNEIBERG (1986): Zustandserfassung der Naturschutzgebiete Bayerns, Zoologische Vorkartierung; NSG Großer Arbersee und Arberseewand, NSG-Nummer: 20012
Tag der Begehung: 24. Juli 1986.

GRIMMINGER, H. (1982): Verzeichnis der Seen in Bayern Teil 2 „Karten"; Herausgeber: Bayerisches Landesamt für Wasserwirtschaft, München.

GRUEBER, B., MÜLLER, A. (1846): Der Bayerische Wald, Regensburg 1846.

HALLER, R. (1983): Natur und Landschaft, Sagen aus dem Bayerischen Wald, Grafenau.

HAUNER, U. (1980): Untersuchungen zur klimagesteuerten, tertiären und quartären Morphogenese des Inneren Bayerischen Waldes (Rachel-Lusen) unter besonderer Berücksichtigung pleistozän kaltzeitlicher Formen und Ablagerungen, in: Eiszeitliche Formen und Ablagerungen, Nationalpark Bayerischer Wald, Heft 6, Grafenau.

MANSKE, D. J. (1989): Zur eiszeitlichen Überprägung des Arbergebietes (Bayerischer Wald), Eine glazialmorphologische Lehrwanderung durch das Gebiet des ehemaligen Kleinen und Großen Arbergletschers, Acta Albertina Ratisbonensia Bd. 46, 183–198.

MELZER, A. und ROTHMEYER, E. (1983): Die Auswirkung der Versauerung der beiden Arberseen im Bayerischen Wald auf die Makrophyten-Vegetation, Ber. Bayer. Bot. Ges., 1. Dezember 1983.

MELZER, A., HELD, K., HARLACHER, R. (1985): Die Makrophyten-Vegetation des Rachelsees im Inneren Bayerischen Wald, Forschungen im Nationalpark Bayerischer Wald 1989, Passau 1989.

MURAWSKI, H. (1983): Geologisches Wörterbuch, Stuttgart.

PRAXL, P. (1968): Die Geschichte, in: Der Landkreis Wolfstein.

PRIEHÄUSSER, G. (1965): Die Entstehung der Landschaftsformen; in: Bayerischer Wald und Oberpfälzer Wald, Essen.

PRIEHÄUSSER, G. (1974): Hochmoor mit Hochmoorseen in der Schluttergasse, Die Seen des Bayerischen Waldes und Böhmerwaldes; herausgegeben vom Bayerischen Waldverein, Grafenau.

RATHSBURG, A. (1925/27): Die Gletscher des Böhmerwaldes zur Eiszeit, Ber. d. Natw. Ges. Chemnitz 22, 65–161.

RATHSBURG, A. (1929): Neue Beiträge zur Vergletscherung des Böhmerwaldes während der Eiszeit, Mitt. d. Ver. f. Erdkunde Dresden, 65–161.

ROSENBERGER, J. (1985): Paleoökologische Untersuchungen an Sedimentkernen des Rachelsees, Forschung im Nationalpark Bayerischer Wald, Passau.

RUTTE, E. (1992): Bayerns Erdgeschichte, Der geologische Führer durch Bayern, München.

STEINBERG, Ch., HARTMANN, H., KERN, J., ARZET, K., KALBFUS, W., KRAUSE-DELLIN, D., MAIER, M. (1988): Gewässerversauerung durch Luftschadstoffe, Hohenheimer Arbeiten, Gefährdung und Schutz von Gewässern, Sonderdruck Ulmer 1988; Herausgeber: Alexander Kohler und Hinrich Rahmann.

STEINBERG, Ch., KRAUSE-DELLIN, D., MÖRWALD, R., HOFMUTH, W., MEIER, R., PAUTHNER, S., ARZET, K. (1985): Seenversauerung in Mitteleuropa, Nachweis und Aspekte zur Geochemie, FGU-Seminar „Gewässer- und Bodenversauerung durch Luftschadstoffe" 9.–10. Mai 1985, Berlin.

STEINBERG, Ch. und HARTMANN-ZAHN, H. (1989): Untersuchung über die natürliche und anthropogene Versauerung am Großen Arbersee (Hinterer Bayerischer Wald), Bericht an das Bayerische Staatsministerium des Innern.

WITTMER, M. (1986): NSG Kl. Arbersee, Bayer. Wald; Gewässerversauerung in der Bundesrepublik Deutschland am Beispiel des Kl. Arbersees sowie eine Untersuchung der Odonatenfauna, Naturkundliche Beiträge des DJN, Heft 17.

Zur Bestimmung der Makrophytenproben, die aus dem Großen und Kleinen Arbersee am 11. Juni 1995 und 6. August 1995 entnommen wurden (bestimmt von Š. HUSÁK)

HUDEC, K., HUSÁK, Š., JANDA, J. et PELLANTOVÁ, J. (1993): Wetlands of the Czech Republic. Czech Ramsar Committec. Třeboň.

KAULE G. (1973): Die Vegetation der Moore im Hinteren Bayerischen Wald. Telma 3, 67–100.

MELZER A. et ROTHMEYER E. (1983): Die Auswirkung der Versauerung der beiden Arberseen im Bayerischen Wald auf die Makrophytenvegetation, Ber. Bayer. Bot. Ges. 54, 9–18.

Zur Bestimmung der Proben, die aus dem Großen und Kleinen Arbersee am 11. Juni 1995 und 6. August 1995 entnommen wurden (bestimmt von J. LUKAVSKÝ)

DUFF, K. E., ZEEB, B. A. et SMOL, J. P. (1995): Atlas of chrysophycean cysts; in: DUMONT, H. J. ed. Developments in Hydrobiology 99, Kluver Acad. Press, Dordrecht.

HINDÁK, F. (1978): Sladkovodné riasy. Slov. Pedagog. Nakl. Bratislava [Süßwasseralgen, in slowakisch].

HUBER-PESTALOZZI, G. (1961): Chlorophyceae (Grünalgen), Volvocales; in: HUBER-PESTALOZZI ed. Das Phytoplankton des Süßwassers 5, Stuttgart.

KOMÁREK, J. et FOTT, B. (1983): Chlorophyceae (Grünalgen); in: HUBER-PESTALOZZI ed. Das Phytoplankton des Süßwassers 7/1, Stuttgart.

STARMACH, K. (1966): Cyanophyta – Sinice, Glaucophyta – Glaukofity. – Flora slodkowodna Polski 2, PWN, Warsawa [Süßwasserflora Polens, in polnisch].

Die 1995 aus den drei Seen entnommenen Proben wurden bestimmt von

Štěpán Husák, Jaromír Lukavský und Ladislav Rektoris:
Akademie der Wissenschaften der Tschechischen Republik
Institut für Botanik
Dukelská 145, CZ-37982 Třeboň.

Filip Lederer:
Universität Südböhmen
Biologische Fakultät
Branišovská 31, CZ-37005 Č. Budějovice

Fotoaufnahmen

Umschlagbild, S. 35, 120, 179, 214, 219:
Polizeihubschrauber-Staffel Bayern, 85579 Neubiberg; freundlicherweise überlassen durch Polizeidirektor Werner Lang, Polizeidirektion, D-94315 Straubing

S. 88:
Donatus Mosauer, Lindenstraße 24, D-94486 Osterhofen

S. 61 unten, 122, 125:
Jaromír Lukavský, Akademie der Wissenschaften der Tschechischen Republik, Institut für Botanik, Dukelská 145, CZ-37982 Třeboň

S. 208:
Miroslav Honců, Okresní vlastivědné muzeum, náměstí Osvobození 297, CZ-47001 Česká Lípa

Übrige Aufnahmen:
Cletus Weilner, Im Fuhrtal 13, D-93133 Burglengenfeld

Dank

Das Projekt wurde ermöglicht durch die Genehmigung der Tauchabstiege. Dafür danke ich

- der Regierung von Niederbayern, D-84028 Landshut
- der Regierung von Oberpfalz, D-93039 Regensburg
- dem Landratsamt Cham, D-93413 Cham
- dem Landratsamt Regen, D-94209 Regen
- der Nationalparkverwaltung, D-94481 Grafenau.

Für die Überlassung der chemischen und physikalischen Wasserwerte des Großen Arbersees, Kleinen Arbersees und Rachelsees danke ich dem

- Wasserwirtschaftsamt Deggendorf, D-94469 Deggendorf
- Wasserwirtschaftsamt Regensburg, D-93053 Regensburg
- Wasserwirtschaftsamt Passau, D-94032 Passau.

Für die Unterstützung bei den Tauchabstiegen bedanke ich mich bei der

- Wasserwachtortsgruppe Regen, D-94209 Regen
  speziell bei
  - Peter Pscheidt, Ortsgruppenleiter bis Februar 1993, D-94209 Regen
  - Christian Triffo, Ortsgruppenleiter seit März 1993, D-94209 Regen
  - Hermann Kuchler, Technischem Leiter, Rettungstaucher der Wasserwacht, D-94244 Teisnach
- Wasserwachtortsgruppe Straubing, D-94315 Straubing
  speziell bei
  - Norbert Murr, stellvertretendem Landesausbilder ‚Rettungstauchen' der Wasserwacht, D-94315 Straubing.

Für die Unterstützung bei den Tauchabstiegen und für die Anfertigung der Seekarten bedanke ich mich bei

- Klaus Dieter Fuierer, Ausbilder ‚Rettungstauchen' der Wasserwacht, D-95643 Tirschenreuth.

Ich bedanke mich ferner

für die Durchsicht des Manuskriptes hinsichtlich der Mineralogie bei

Prof. Dr. Anton Forster, Direktor des Staatl. Forschungsinstitutes für angewandte Mineralogie an der Universität D-93047 Regensburg

für petrographische Beratung bei

Dr. Gernot Endlicher, Staatl. Forschungsinstitut für angewandte Mineralogie an der Universität D-93047 Regensburg

für die Beratung auf dem Gebiet der Glazialmorphologie des Ostbayerischen Grenzgebirges bei

Dr. Dietrich Jürgen Manske, Professor für Regionalgeografie am Institut für Geografie der Universität D-93040 Regensburg

für fachliche Diskussionen und Anregungen im botanischen Bereich bei

Michael Haug, Dipl.-Ing., Nationalparkverwaltung, D-94481 Grafenau

für freundschaftliche Beratung in wissenschaftlichen und drucktechnischen Fragen bei

Dr. Georg Spitzlberger, Lehrbeauftragtem an der Ludwig-Maximilians-Universität München

für die Durchsicht des Manuskriptes im Hinblick auf den Naturschutz bei
Herbert Nicolaus, Landesausbilder ‚Naturschutz' der Wasserwacht, D-83236 Übersee-Feldwies.

Sehr herzlich danke ich meiner lieben Frau Eva und Tochter Christina sowie Eva Petersamer, den Kameraden der Wasserwacht Regen und der Volkshochschule Regen für das Schreiben des Manuskriptes. Sie haben die Arbeit mit großer Mühe und Geduld erledigt.

Dank für die Mithilfe bei der Finanzierung der Drucklegung geht an:

- Landratsamt, D-93413 Cham
- Landratsamt, D-94209 Regen
- Lidrema Metallverarbeitungs GmbH, Schönhöh 24, D-94209 Regen
- W. Prenissl KG, Stahl- und Metallbau, Theresienthaler Straße 57, D-94227 Zwiesel
- R. Scheuchl GmbH, Verfahrenstechnik, Umweltschutz, Anlagenbau, Maschinenbau, Königbacherstr. 17, D-94496 Ortenburg
- Schaltanlagenbau Müller, Blaimbergerstr. 22, D-94486 Osterhofen.

Anschrift des Verfassers

CLETUS WEILNER

Im Fuhrtal 13
D-93133 Burglengenfeld